普通高等教育"十一五"国家级规划教材

全国高等医药院校药学类专业第五轮规划教材

U0297504

药用高分子材料学

第5版

（供药学类及相关专业使用）

主　编　徐　晖

副主编　胡巧红

编　者　（以姓氏笔画为序）

刘　超（沈阳药科大学）

关　丽（广东药科大学）

杨　丽（沈阳药科大学）

金向群（吉林大学药学院）

胡巧红（广东药科大学）

姜虎林（中国药科大学）

徐　晖（沈阳药科大学）

魏　刚（复旦大学药学院）

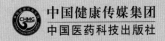中国健康传媒集团

中国医药科技出版社

内容提要

本教材为"全国高等医药院校药学类专业第五轮规划教材"之一。全书共 5 章，主要包括高分子的结构与合成、高分子材料的性质、药用天然高分子材料、药用合成高分子材料等内容。本教材中涉及药用高分子材料相关的法规、方法等内容均为最新规定，为新剂型设计和新剂型处方提供新型高分子材料和新方法。本教材为书网融合教材，即纸质教材有机融合电子教材、教学配套资源（PPT、微课、视频、图片等）、题库系统、数字化教学服务（在线教学、在线作业、在线考试），使教学资源更加多样化、立体化。

本教材内容具有较强的可读性和实用性。主要可供全国高等院校药学类及相关专业师生使用，也可作为从事相关生产、科研和管理人员的重要参考书。

图书在版编目（CIP）数据

药用高分子材料学／徐晖主编. —5 版. —北京：中国医药科技出版社，2019. 12（2024. 11重印）

全国高等医药院校药学类专业第五轮规划教材

ISBN 978-7-5214-1517-9

Ⅰ. ①药… Ⅱ. ①徐… Ⅲ. ①高分子材料-药剂-辅助材料-医学院校-教材 Ⅳ. ①TQ460. 4

中国版本图书馆 CIP 数据核字（2020）第 000806 号

美术编辑　陈君杞

版式设计　友全图文

出版　**中国健康传媒集团**｜中国医药科技出版社

地址　北京市海淀区文慧园北路甲 22 号

邮编　100082

电话　发行：010-62227427　邮购：010-62236938

网址　www.cmstp.com

规格　889×1194mm　1/16

印张　12½

字数　281 千字

初版　1996 年 7 月第 1 版

版次　2019 年 12 月第 5 版

印次　2024 年 11 月第 6 次印刷

印刷　北京印刷集团有限责任公司

经销　全国各地新华书店

书号　ISBN 978-7-5214-1517-9

定价　**39.00 元**

获取新书信息、投稿、为图书纠错，请扫码联系我们。

数字化教材编委会

主　编　徐　晖

副主编　胡巧红

编　者　(以姓氏笔画为序)

　　　　刘　超 (沈阳药科大学)

　　　　关　丽 (广东药科大学)

　　　　杨　丽 (沈阳药科大学)

　　　　金向群 (吉林大学药学院)

　　　　胡巧红 (广东药科大学)

　　　　姜虎林 (中国药科大学)

　　　　徐　晖 (沈阳药科大学)

　　　　魏　刚 (复旦大学药学院)

出版说明

"全国高等医药院校药学类规划教材"，于20世纪90年代启动建设，是在教育部、国家药品监督管理局的领导和指导下，由中国医药科技出版社组织中国药科大学、沈阳药科大学、北京大学药学院、复旦大学药学院、四川大学华西药学院、广东药科大学等20余所院校和医疗单位的领导和权威专家成立教材常务委员会共同规划而成。

本套教材坚持"紧密结合药学类专业培养目标以及行业对人才的需求，借鉴国内外药学教育、教学的经验和成果"的编写思路，近30年来历经四轮编写修订，逐渐完善，形成了一套行业特色鲜明、课程门类齐全、学科系统优化、内容衔接合理的高质量精品教材，深受广大师生的欢迎，其中多数教材入选普通高等教育"十一五""十二五"国家级规划教材，为药学本科教育和药学人才培养做出了积极贡献。

为进一步提升教材质量，紧跟学科发展，建设符合教育部相关教学标准和要求，以及可更好地服务于院校教学的教材，我们在广泛调研和充分论证的基础上，于2019年5月对第三轮和第四轮规划教材的品种进行整合修订，启动"全国高等医药院校药学类专业第五轮规划教材"的编写工作，本套教材共56门，主要供全国高等院校药学类、中药学类专业教学使用。

全国高等医药院校药学类专业第五轮规划教材，是在深入贯彻落实教育部高等教育教学改革精神，依据高等药学教育培养目标及满足新时期医药行业高素质技术型、复合型、创新型人才需求，紧密结合《中国药典》《药品生产质量管理规范》（GMP）、《药品经营质量管理规范》（GSP）等新版国家药品标准、法律法规和《国家执业药师资格考试大纲》进行编写，体现医药行业最新要求，更好地服务于各院校药学教学与人才培养的需要。

本套教材定位清晰、特色鲜明，主要体现在以下方面。

1.契合人才需求，体现行业要求 契合新时期药学人才需求的变化，以培养创新型、应用型人才并重为目标，适应医药行业要求，及时体现新版《中国药典》及新版GMP、新版GSP等国家标准、法规和规范以及新版《国家执业药师资格考试大纲》等行业最新要求。

2.充实完善内容，打造教材精品 专家们在上一轮教材基础上进一步优化、精炼和充实内容，坚持"三基、五性、三特定"，注重整套教材的系统科学性、学科的衔接性，精炼教材内容，突出重点，强调理论与实际需求相结合，进一步提升教材质量。

3.创新编写形式，便于学生学习 本轮教材设有"学习目标""知识拓展""重点小结""复习题"等模块，以增强教材的可读性及学生学习的主动性，提升学习效率。

4.配套增值服务，丰富教学资源 本套教材为书网融合教材，即纸质教材有机融合数字教材，配套教学资源、题库系统、数字化教学服务，使教学资源更加多样化、立体化，满足信息化教学的需求。通过"一书一码"的强关联，为读者提供免费增值服务。按教材封底的提示激活教材后，读者可通过PC、手机阅读电子教材和配套课程资源（PPT、微课、视频、图片等），并可在线进行同步练习，实时反馈答案和解析。同时，读者也可以直接扫描书中二维码，阅读与教材内容关联的课程资源（"扫码学一学"，轻松学习PPT课件；"扫码看一看"，即可浏览微课、视频等教学资源；"扫码练一练"，随时做题检测学习效果），从而丰富学习体验，使学习更便捷。

编写出版本套高质量的全国本科药学类专业规划教材，得到了药学专家的精心指导，以及全国各有关院校领导和编者的大力支持，在此一并表示衷心感谢。希望本套教材的出版，能受到广大师生的欢迎，为促进我国药学类专业教育教学改革和人才培养做出积极贡献。希望广大师生在教学中积极使用本套教材，并提出宝贵意见，以便修订完善，共同打造精品教材。

中国医药科技出版社

2019年9月

前　言

自 1993 年《药用高分子材料学》初版至今已 20 余年。其间，我们经历了药物制剂科学的飞速发展，尤其是定量、定时和定位药物递送产品的深入研究与广泛应用，对药用辅料的安全性和功能性等方面提出了更高的要求。药用高分子材料作为药物制剂和药物递送系统中不可或缺的组成部分，其重要性不言而喻。而药用高分子材料学作为药剂学的一门分支学科恰好适应了药剂学发展的趋势，并随之而进步，已逐渐得到国内药学院校和科研人员的广泛认同。

本教材为"全国高等医药院校药学类专业第五轮规划教材"之一。为了更好地适应教学、同时兼顾科研人员参考的需要，本教材在上版内容的基础上，对教材的内容和结构进行了多方位的调整和修订：增加了药用合成高分子材料聚卡波菲、二共聚维酮的介绍，以及药用高分子相关的新理论、新发展、新实例，同时，结合 2020 年版《中国药典》等最新标准对相关的法规、方法等内容及时更新，使得教材的体系更加合理，内容更加丰富、新颖。同时将教材建设为书网融合教材，即纸质教材有机融合电子教材、教学配套资源（PPT、微课、视频、图片等）、题库系统、数字化教学服务（在线教学、在线作业、在线考试），使教学资源更加多样化、立体化。

本教材共有 5 章，主要包括高分子的结构与合成、高分子材料的性质、药用天然高分子材料、药用合成高分子材料等内容。本教材中涉及药用高分子材料相关的法规、方法等内容均为最新规定，为新剂型设计和新剂型处方提供新型高分子材料和新方法。

本教材内容具有较强的可读性和实用性。主要可供全国高等院校药学类及相关专业师生使用，也可作为从事相关生产、科研和管理人员的重要参考书。

本教材的编写分工如下：徐晖、刘超编写第一章，关丽编写第二章，姜虎林编写第三章的第一至六节，徐晖编写第三章的第七至九节，魏刚编写第四章的第第一至三节，杨丽编写第四章的第四至五节，胡巧红编写第五章的第一至四节，刘超负责第五章的第五、七节，金向群负责第五章的第六、八节；教材配套的数字化资源的整理主要由刘超、关丽、姜虎林和徐晖完成。

在编写本教材的过程中，得到了各编者所在院校的大力支持，在此表示感谢！由于药用高分子材料正处于迅速发展阶段，相关的各种专业知识也处于不断更新中，编者水平所限，书中难免存在疏漏与不妥，恳请有关专家学者提出批评和建议，以使再版修订时进一步完善。

编　者

2019 年 9 月

目 录

第一章 绪 论

扫码"学一学"

一、药用高分子材料概述

药用高分子（pharmaceutical polymers）是具有生物相容性、经过安全评价且应用于药物制剂的一类高分子辅料。药用高分子材料学（pharmaceutical polymer material science）则是研究药用高分子材料的合成与改性、结构、物理和化学性质、制剂工艺性能等的理论和应用的药学专业基础课程。

在药物制剂领域中，高分子的应用具有久远的历史。人类从远古时代在谋求生存和与疾病斗争的过程中，即已广泛地利用天然的动植物来源的高分子材料，如淀粉、多糖、蛋白质、胶质和黏液质等，天然的高分子材料在传统药剂中是不可缺少的黏合剂、赋形剂、乳化剂、助悬剂，在我国古代的医药典籍中已屡见不鲜，不过当时还没有建立高分子科学的概念。1930 年，高分子概念被承认后，随着工业、军事医学及其他民用工业的需求日益迫切，合成高分子材料大量涌现，如 20 世纪 30 年代成功合成聚维酮，1939 年取得专利，作为血浆代用品及在药物制剂工业领域的应用日益广泛，显示了高分子材料的重要性。20 世纪 50~60 年代以来，药物递送（drug delivery）理论有了飞速发展，在现代药物递送系统（drug delivery system）中，高分子材料早已成为递送系统不可分割的组成部分。

药用高分子辅料在制药工业中具有巨大潜能，在药用辅料中占有很大的比重，现代的制剂产品，从药品包装到复杂的药物递送系统的制备，都离不开高分子材料，其品种、规格多样，应用广泛。1940 年，醋酸纤维素开始应用于片剂的包衣，一直延续到 20 世纪 90 年代；20 世纪 50~60 年代，从亲水性水凝胶用于缓释制剂，开启了药用高分子材料在药物制剂应用的一些重要进展，如 1964 年的微囊，1965 年的硅酮胶囊和共沉淀物，1970 年的缓释眼用治疗系统，1973 年的毫微囊、宫内避孕器，1974 年的微泵，1979 年的透皮吸收制剂，1980 年丙烯酸树脂和纤维素衍生物水分散体的应用，以及 20 世纪 80 年代以来，可注射缓释制剂的发明（如局部注射用的亮丙瑞林微球、戈舍瑞林微球等）都借助于高分子材料的应用。高分子作为难溶性药物、多肽类药物制剂的载体材料则是最新研究的热点。

药用功能高分子材料是近年来随着药剂学的发展出现的一类特殊生物功能高分子材料（biofunctional polymers），它与目前广泛使用的药用辅料如淀粉、微晶纤维素等的重要区别在于，除了良好的生物相容性和生物安全性外，还具有一种或多种特殊的生物功能，如生物黏附性、亲和性、穿透性及靶向性等，使药物制剂能够发挥控释、定位、靶向等多种重要作用。对环境 pH、酶、菌群等响应性药用高分子材料的出现，极大促进了药物递送系统的发展。

药用功能高分子材料是药物递送系统研究、开发及生产的基础和平台。药用高分子材料在药剂学领域中研究和应用是提高药物制剂质量、创制高效速效药物新剂型和新品种、发展新的药剂生产工艺和技术，以及改善药品包装的重要推动力。可以认为，没有药用高分子材料，就不可能有药物制剂和剂型的创新，就不可能达到药品高效、低毒、使用方便的目的。药用高分子有别于非药用的高分子材料，应具备一些特殊要求。

（1）对特殊药物有适宜的载药性能。

（2）载药后有适宜的释药性能。

（3）无毒，具有良好的生物相容性。

（4）无抗原性。

（5）为适应制剂加工成型的要求，还需具备适宜的分子质量和物理机械性质。

了解和熟悉药用高分子材料的基本知识，已成为药物制剂技术人员在设计新药，缩短处方设计和开发周期，解决生产的疑难问题等方面的迫切需要。药用高分子的安全性对药物制剂的发展具有特殊的意义。对药用高分子材料的质量和性能要求有别于一般化工原料，其在药物制剂中的多功能性需要深入挖掘。药用高分子材料学是适应药物制剂发展需要而设置的课程。

二、课程的目的、任务和学习范围

本课程的目的是使学生了解高分子材料学的最基本理论和掌握药物制剂中常用高分子材料的结构、物理化学性质及制剂工艺性能、用途、安全性及质量要求，并能初步应用这些基本知识来理解和研究高分子材料在普通药物制剂和药物递送系统中的应用。因此，本课程主要从以下两方面的基本知识加以介绍。

（1）高分子材料的一般知识，如命名、分类、化学结构；高分子的合成反应及化学反应（加聚、共聚、聚合物的改性与老化）；高分子材料的质量要求和制剂成型的物理和力学性能。

（2）药用高分子材料的来源、化学结构、生产、工艺学特性，及其功能性、安全性和在药物制剂中的应用。

本课程着重介绍高分子材料的基础理论知识和药用辅料，至于近年来药用高分子化合物的其他一些重要分支——如高分子药物（polymeric drugs），即把生理活性成分用化学方法连接到高分子上，使其达到持续释放和定位释放药物的目的，或本身具有强活性的高分子化合物等，都不属于本课程讨论的内容。

三、高分子材料在药剂学中的应用

（一）药用高分子材料的分类

1. 按用途分类

（1）传统剂型用高分子材料　如作为片剂的赋形剂、黏合剂、润滑剂等。

（2）药物递送系统用高分子材料　如微丸的赋形剂、缓释包衣膜及特殊给药装置的部件。

（3）包装用高分子材料　如口服固体药用高密度聚乙烯瓶、聚丙烯输液瓶、药用氯化丁基橡胶塞等。

2. 按来源分类

（1）天然高分子材料　主要来自植物和动物，如蛋白质类（明胶）、多糖类（淀粉）、天然树胶（阿拉伯胶、西黄蓍胶）。

（2）半合成高分子材料　如淀粉和纤维素的衍生物（羧甲淀粉、羟丙纤维素）。

（3）合成高分子材料　如热固性树脂、热塑性树脂等。

（二）药用辅料的定义和要求

药用辅料（pharmaceutical excipients）广义上指的是能将药理活性物质制备成药物制剂的各种添加剂，其中具有高分子特征的辅料，一般被称为药用高分子辅料。长久以来，对药用辅料的定义不尽一致，一般都把辅料看作是惰性物质。随着对药物由制剂中释放和被吸收的性能的深入了解，现在已普遍认识到辅料有可能改变药物从制剂中释放的速度或稳定性，从而影响其生物利用度和吸收、分布、代谢、排泄。1991 年，国际药用辅料协会（International Pharmaceutical Excipients Council，IPEC）的定义是：药用辅料是药物制剂中经过合理的安全评价的不包括活性药物或前药的组分。1994 年《药用辅料手册》第二版定义辅料为能将具有药理活性的化合物制成为适合病人使用的药物制剂（剂型）的添加剂。《中国药典》（2020 年版）中将药用辅料定义为生产药品和调配处方时使用的赋形剂和附加剂；是除活性成分或前体以外，在安全性方面已进行了合理评估，一般包含在药物制剂中的物质。

使用药用辅料的目的主要包括：

（1）在药物制剂制备过程中有助于成品的加工。

（2）有助于提高药物制剂稳定性及生物利用度或病人的顺应性。

（3）有助于鉴别药物制剂。

（4）增强药物制剂在贮藏或应用时的安全性和有效性。

尽管对于药用辅料的定义不尽相同，但是有一个共同点就是——辅料是经过安全评价的、有助于剂型的制备以及保护、支持，提高药物或制剂有效成分的稳定性和生物利用度的材料。其中，安全性是药用辅料应用的首要考虑，没有安全性的保证所有的药用辅料都没有存在的价值。1937 年美国市场上磺胺酏剂，因用二乙二醇（二甘醇，diethyleneglycol）作为溶剂造成的大量患者死亡，此后国际上多次报道了二乙二醇引起的不良反应案例，包括：1982 年发现二甘醇能致肾衰；1983 年报道丙二醇具有高渗作用；1988 年印度使用被二甘醇污染的甘油致 14 人死亡；1992 年，尼日利亚发生儿童食用含有二甘醇的甘油而中毒的事件；1996 年，海地由于在对乙酰氨基酚糖浆中使用被二甘醇污染的甘油而致儿童急性肾衰；2006 年 10 月，巴拿马卫生部在该国社会保险局下属制药厂生产的一种祛痰糖浆中发现工业用原料二甘醇；2006 年，我国齐齐哈尔第二制药厂生产的亮菌甲素注射液中误投入二甘醇等。虽然所有的惨剧大部分都是来自于低分子物料，但是在药用高分子辅料中，由于原料不纯，来源不固定，质量不稳定，工艺反应不完全，残留有毒的小分子化合物的分离不完全，有毒物质的掺杂也是可能造成中毒伤亡事故的原因。

2005 年 3 月，国家食品药品监督管理局公布的《化学药物制剂研究基本技术指导原则》第 4 条第 2 项辅料项下指出：辅料不应与主药发生不良相互作用，并需要考虑辅料对制剂含量测定和有关物质检查可能产生的影响；辅料理化性质（包括相对分子质量及其分布、取代度、黏度、粒度及其分布、流动性、水分、pH 等）的变化可能影响制剂的质量，例如，稀释剂的粒度、密度变化可能对固体制剂的含量均匀性产生影响；缓控释制剂中使用的高分子材料的分子质量或黏度变化可能对药物释放行为有较显著的影响。辅料理化性质的变化可能是辅料生产过程造成的，也可能与辅料供货来源改变有关。因此，需要根据制剂的特点及药品给药途径，分析处方中辅料可能影响制剂质量的理化性质，如证实这些参数对保证制剂质量非常重要，为保证辅料质量的稳定，则应制定相应的质控指标，选择适宜的供货来源，明确辅料的规格。

（三）高分子材料在药剂学中的应用

在药物制剂中应用的药用高分子材料涉及品种繁多、规格不一，而且根据用药途径的不同，都有特殊的要求，对于注射、局部、眼用、耳用、鼻用等不同吸收部位应用时，除了要具有安全适用性以外，还有对功能性（functionality）的特殊要求。以下仅从一般使用的情况做简单的分类介绍。

1. 固体制剂的辅料 口服固体制剂，如胶囊剂、片剂在医疗实践中应用最为广泛，最新的资料统计其在市售药物剂型中占有 80% 以上的比例。按照在最终剂型的功能，常见的辅料有：黏合剂、稀释剂、崩解剂、润滑剂和包衣材料等。

（1）黏合剂 淀粉、预胶化淀粉、聚维酮、甲基纤维素、西黄蓍胶、琼脂、明胶、海藻酸、卡波姆、羧甲基纤维素钠、微晶纤维素、糊精、乙基纤维素、瓜尔胶、羟丙甲纤维素等。直接压片的辅料有微晶纤维素、淀粉、全胶化淀粉。

（2）稀释剂 微晶纤维素、粉状纤维素、糊精、淀粉、预胶化淀粉等。

（3）崩解剂 湿法制粒的崩解剂有微晶纤维素、羧甲淀粉钠、羟丙纤维素、甲基纤维素、羟乙基纤维素、乙基纤维素、淀粉、预胶化淀粉、交联羧甲纤维素钠、交联聚维酮等。

（4）润滑剂 聚乙二醇等。

（5）包衣材料 ①肠溶衣材料：是耐胃酸、在肠道内很易溶解的聚合物（常用肠溶衣材料见表 1-1）；②水溶性包衣材料：海藻酸钠、明胶、桃胶、淀粉衍生物、水溶性纤维素衍生物等，另加入泊洛沙姆或聚乙二醇具有增塑等作用；③水溶性胶囊剂材料：明胶、羟丙甲纤维素、聚乙烯醇丙烯酸共聚物、淀粉、壳聚糖等。

表 1-1 国内外已应用的肠溶衣材料

聚合物名称	肠溶 pH	药典或法定文件收载情况
纤维醋法酯（市售商品有水分散体）	6.0	中国药典、USP/NF、EP
醋酸纤维素三苯六甲酸酯（trimellitate）	5.2	FDA 备案
羟丙甲纤维素酞酸酯（市售商品有水分散体）	5.0~5.8	USP/NF、JPE
聚丙烯酸树脂，如 Eudragit L100-55（市售商品有水分散体）	5.5	USP/NF
聚醋酸乙烯酞酸酯	5.0	USP/NF
虫胶（市售商品有漂白虫胶、脱蜡虫胶）	7.0	USP/NF、EP
醋酸羟丙甲纤维素琥珀酸酯（羟丙甲纤维素醋琥酯）	5.5~7.1	USP/NF、JPE

2. 缓控释制剂的辅料 聚合物在现代药剂学中的重要用途之一是作为药物传递系统的组件、膜材或骨架。缓控释给药的机制一般可分 5 类：扩散、溶解、渗透、离子交换和高分子接合。以下介绍前 4 类传递系统常用的高分子材料。

（1）扩散控释材料 扩散控释包括膜控和骨架控释。常用的有纤维素衍生物、壳聚糖、胶原、尼龙、聚烷基氰基丙烯酸酯、聚乙烯、乙烯-乙酸乙烯共聚物、聚羟乙基甲基丙烯酸酯、聚羟丙基乙基甲基丙烯酸酯、聚乙烯醇-甲基丙烯酸酯共聚物、聚氯乙烯、聚脲、硅橡胶等。

（2）溶解、溶蚀或生物降解材料以及能形成水凝胶的材料 常用的有交联羧甲纤维素钠、微晶纤维素、壳聚糖、明胶、羟丙甲纤维素、聚乙二醇、聚乙醇酸、聚乳酸、乙醇酸-乳酸共聚物、聚己内酯、交联聚维酮、黄原胶、卡波姆等，这一类聚合物具水溶性、水不溶性或生物降解性等不同性质，药物释放是通过水膨化层的扩散、高分子链的松弛或高分子链的断裂等作用机制。

（3）具有渗透作用的高分子膜　这些膜具有不同的水蒸气透过性［按每 $25\mu m$ 厚的膜每 $100cm^2$ 的 24 小时水蒸气的透过量（g）］，水蒸气透过性大小顺序为：聚乙烯醇、聚氨酯、乙基纤维素、醋酸纤维素、醋酸纤维素丁酸酯、流延法制的聚氯乙烯、挤出法制的聚氯乙烯、聚碳酸酯、聚氟乙烯、乙烯-乙酸乙烯共聚物、聚酯、聚乙烯涂层的赛璐玢、聚偏二氯乙烯、聚乙烯、乙烯-丙烯共聚物、聚丙烯、硬质聚氯乙烯、聚甲丙烯酸铵酯、聚甲丙烯酸铵酯水分散体。

（4）离子交换树脂　此类高分子载体可用于离子型药物的控制释放，离子交换树脂是由聚电解质（即带有大量离子基团的高分子）交联而成的水不溶性树脂。离子交换树脂具有阳离子或阴离子交换性能，目前药用的有波拉克林交换树脂（如二乙烯苯-甲丙烯酸钾共聚物，英文名 polarilin potassium，商品名 Amberlite IRP）等。

3. 液体或半固体制剂的辅料　如纤维素的酯及醚类、卡波姆、泊洛沙姆、聚乙二醇、聚维酮等，可作共溶剂、脂性溶剂、助悬剂、胶凝剂、乳化剂、分散剂、增溶剂和皮肤保护剂等。

4. 作为生物黏附性材料　包括纤维素醚类（羟丙基纤维素、甲基纤维素、羧甲基纤维素钠）、藻酸钠、卡波姆、聚卡波菲（polycarbophil）、聚氧乙烯（polyethylene oxide，PEO）、壳聚糖及其衍生物、聚乙烯醇及其共聚物、聚维酮及其共聚物、透明质酸、瓜尔胶、羧甲纤维素钠及聚异丁烯共混物等，可黏着于口腔、黏膜等部位。

5. 可生物降解的高分子材料　尽管来源和化学性质不同，所有生物可降解聚合物应具有一些共同的性质：①稳定性和与药物分子的相容性；②生物相容性和生物可降解性；③便于大规模生产；④便于灭菌；⑤具有多种释放特性。

这类材料主要应用于植入剂、新型微粒分散制剂或靶向制剂。生物可降解聚合物分为水溶性和水不溶性两类。如按来源则可分为天然生物可降解聚合物和合成生物可降解聚合物两类。天然生物可降解聚合物包括人血清白蛋白、低密度脂蛋白、牛血清白蛋白、明胶、胶原、血红蛋白、多聚糖、纤维蛋白原、海藻酸盐、壳聚糖、右旋糖酐、透明质酸、淀粉等。由于难以纯化和大规模生产，还可能产生免疫原性副反应，天然生物可降解聚合物应用范围较窄。上述天然生物可降解聚合物中，低密度脂蛋白因其对肿瘤细胞的亲和性成为制备肿瘤靶向药物递送系统的一种最佳选择。合成聚合物中聚乳酸、聚羟基乙酸、乳酸-羟基乙酸共聚物、聚酯、聚内酯、聚氨基酸和聚膦腈以个体溶蚀为主，而聚原酸酯和聚酐则以表面溶蚀为主，主要用于长效植入剂。

6. 新型给药装置的组件　这类聚合物均为水不溶性，有乙烯-醋酸乙烯共聚物、聚酰胺、甲基丙烯酸酯、硅橡胶、对苯二甲酸树脂、聚三氟氯乙烯和聚氨酯树脂等。

7. 药品包装材料　药品包装材料涉及很多热固性树脂和热塑性树脂。常用的塑料包括：高密度聚乙烯、聚丙烯、聚氯乙烯、聚碳酸酯、氯乙烯-偏氯乙烯共聚物、橡胶等。

显而易见，很多高分子材料都具有多功能性，同样一种高分子材料，由于它们的分子质量不同、型号不同，杂质含量不同，在不同药物制剂中起到不同的作用。由于它们在纯度、单体含量、溶剂的残留量以及来源等方面要求不同，应用时应严格考查能否交叉代替，特别是和化工产品的同名产品要区分开来。

四、我国药用高分子材料的发展概况

我国药用辅料的现代研究和应用起步较晚，从 20 世纪 80 年代开始，口服固体制剂药用辅料的研究才得到重视。由于辅料品种较少，规格不全，质量不稳定，严重影响了制剂的质量，如制剂的外观、硬度、崩解度、溶出度、生物利用度以及疗效；药用辅料难以适应新剂型、新品种开发的需要。

近年来，受监管环境不断改善及国内医药市场需求旺盛等因素影响，我国药用辅料产业开始进入快速发展时期，药用辅料的品种日趋丰富，产品质量明显提升，生产企业的规模和效益也在快速增长。但应该引起重视的是，目前我国药用辅料的标准体系、管理体制、市场规范等方面还不尽如人意，药用辅料的质量问题影响和制约了我国制剂发展的水平。

首先，药用辅料标准体系有待进一步健全。我国药用辅料的质量标准有《中国药典》标准、国家标准（国家药品监督管理局颁布）、部颁标准、地方标准、国标（食品标准）、化工标准等，也有以外国药典为依据的企业标准。据不完全统计，我国制剂使用的药用辅料大约有 543 种，但具有药用质量标准的占少数，尤其药典中收载较少。《中国药典》（2020 年版）中收载药用辅料 341 种，约占辅料总数的 62.7%；部颁标准 33 种，占 6.1%；地方标准 31 种，占 5.7%；《美国药典》和《欧洲药典》标准 27 种，占 5.0%；国际、化工和企业标准 173 种，占 32.4%。美国大约有 1500 种辅料在使用，其中大约有 50% 收载于药典，欧洲使用的药用辅料约有 3000 种，其中被各种药典收载的也已经达到 50%。虽然药典不断地增加辅料收载品种，然而，仍有一些包括广泛使用的辅料品种却一直没有相应的标准，这已经成为影响药品安全性的隐患，如注射剂用增溶剂，目前具有批文的很少，已经成为提高中药注射剂安全性的瓶颈。

其次，我国药用辅料的管理体系尚待完善。药用辅料的管理宗旨是正确使用，使用企业应作为第一责任人，应选择安全、功能适合的药用辅料。我国监管部门在药用辅料的许可方面，主要还是注册管理，随着备案管理制度（DMF）的实施，将发挥更有效的监管。生产管理方面，我国于 2007 年颁布了以原料药 GMP 为蓝本的药用辅料 GMP，由企业参照执行。在药用辅料的安全使用方面，我国和发达国家有较大的差距，美国对于 GRAS（美国食品药品主管机构给予的检验登记）收载的药用辅料（有 DMF 号）有一个非活性成分数据库（I—IG），这是根据美国已经批准上市的药品中相应辅料的应用途径和最大用量建立的数据库，目前已经有超过 5000 个条目。日本也有相应的资料，如《日本药用添加剂事典》。而我国由于无权威的使用指南，制剂企业在辅料的使用上存在随意选择和超用量添加的现象，因此建立我国药用辅料使用数据库势在必行。

再者，我国药用辅料产业总体结构还不尽合理，布局比较散乱，产业门槛低，产业集中度不高，特别是与国外药用辅料企业相比，我国药用辅料企业的技术服务水平低。我国不但缺乏专业性强的辅料生产企业，而且大都规模小、品种少、技术含量低，真正符合药典标准的产品很少。

《中国药典》自 1977 年开始收载药用辅料，当时品种很少，只有石蜡、凡士林、白陶土、乳糖、淀粉和糊精等几个品种；1990 年版《中国药典》收载 31 种；1995 年版《中国药典》收载 48 种；2000 年版《中国药典》收载 62 种；2005 年版《中国药典》收载 72 种，其中高分子类的辅料 27 种；2010 年版《中国药典》第二部收载的药用辅料标准更是有了质的飞跃，药用辅料通则从无到有，辅料品种收载数量增至 132 个，其中新增的药用高分子材料 16 种。2015 年版《中国药典》四部将药用辅料另设为正文品种，辅料品种收载数量增至 270 个，其中新增的药用高分子类的辅料 34 种，增订品种 32 种；2020 年版《中国药典》四部新增辅料 71 种（表 1-2），但《中国药典》收载状况仍有提升的空间，如所收载药用辅料方面存在品种不足、品种系列化不够、收载项目不全、级别不清、制法项不够完善等。

表1-2 《中国药典》收载的高分子类药用辅料概况

药典版次		收载品种
2005 年版		乙基纤维素、甲基纤维素、纤维醋法酯、羟丙纤维素、羟丙甲纤维素、微晶纤维素、淀粉、玉米朊、糊精、β-环糊精、预胶化淀粉、羧丙烯酸树脂Ⅱ、聚丙烯酸树脂Ⅲ、聚丙烯酸树脂Ⅳ、聚甲丙烯酸铵酯Ⅰ、聚甲丙烯酸铵酯Ⅱ、卡波姆、泊洛沙姆、聚维酮 K30、聚乙烯醇树脂、聚乙二醇 400、聚乙二醇 600、聚乙二醇 1000、聚乙二醇 1500、聚乙二醇 4000、聚乙二醇 6000
2010 年版	新增	交联羧甲纤维素钠、羧甲纤维素钠、醋酸纤维素、羟丙基-β-环糊精、泊洛沙姆 188、交联聚维酮、聚乙烯醇聚氧乙烯（35）蓖麻油、阿拉伯胶、果胶、胶囊用明胶、明胶空心胶囊、海藻酸钠、黄原胶、琼脂、硬脂酸聚烃氧（40）脂
	删除	泊洛沙姆、聚乙烯醇树脂
2015 年版	新增	粉状纤维素、乙基纤维素水分散体、乙基纤维素水分散体（B）、羟乙纤维素、羟丙甲纤维素邻苯二甲酸酯、硅化微晶纤维素、低取代羟丙纤维素、羧甲纤维素钙、醋酸羟丙甲纤维素琥珀酸酯、小麦淀粉、马铃薯淀粉、氧化淀粉、淀粉水解寡糖、可溶性淀粉、预胶化羟丙基淀粉、磷酸淀粉钠、麦芽糊精、丙烯酸乙酯-甲基丙烯酸甲酯共聚物水分散体、卡波姆共聚物、泊洛沙姆 188、泊洛沙姆 407、聚乙二醇 300（供注射用）、聚乙二醇 400（供注射用）、乙交酯丙交酯共聚物（50/50）（供注射用）、乙交酯丙交酯共聚物（75/25）（供注射用）、乙交酯丙交酯共聚物（85/15）（供注射用）、西黄蓍胶、壳聚糖、肠溶明胶空心胶囊、羟丙基淀粉空心胶囊、海藻酸、海藻糖、聚氧乙烯、维生素 E 琥珀酸聚乙二醇酯
2020 年版	新增	瓜尔胶、聚葡萄糖、阿拉伯胶喷干粉、丙交酯乙交酯共聚物（9010）（供注射用）、丙交酯乙交酯共聚物（6535）（供注射用）、普鲁兰多糖空心胶囊、聚卡波菲、羟丙甲纤维素空心胶囊、乳糖玉米淀粉共处理物、聚氧乙烯（40）氢化蓖麻油、聚氧乙烯（50）硬脂酸酯、聚氧乙烯（60）氢化蓖麻油、共聚维酮、卡波姆间聚物、聚山梨酯 85

药品包装用高分子材料方面，高压聚乙烯、聚丙烯、聚氯乙烯、聚碳酸酯、聚酯等塑料，近年来发展速度相当快，塑料眼药水瓶、软膏管、水剂瓶、薄膜袋、聚氯乙烯和铝箔复合材料泡罩包装等都已普遍使用，有关药品包装的标准也逐步完善。自从 20 世纪 80 年代初，天津大冢公司生产聚丙烯硬塑瓶输液开始，我国其他生产企业也开始采用塑料包装材料来代替传统的玻璃瓶做输液的包装材料。塑料软包装输液具有玻璃瓶输液不可比拟的许多优势，如体积小、重量轻，破损率低，可节约大量的运输和仓储费用，特别是现代输液生产线已将制瓶、灌装、封口等操作工序集中在一台联动设备上，在无菌操作的条件下完成输液的自动化生产，缩短了输液的生产环节，简化了操作步骤，减少了操作人员。目前，我国已经有数十家企业引进了各类塑料软包装输液生产线。非 PVC 软袋于 20 世纪 90 年代初研制成功，成为目前世界上最具安全性的输液包装形式。非 PVC 软袋和 PVC 软袋一样，属完全封闭式包装方式，不与空气和外界环境直接接触，彻底防止了环境对输液的污染。特别是非 PVC 软袋具有不含增塑剂，稳定性好，药物相容性好，透水性和透气性极低等优点。从目前国内外的趋势来看，非 PVC 输液袋必将有广阔的发展前景。

五、药用高分子辅料发展面临的挑战和发展趋势

国内药用辅料产业未来的发展面临诸多挑战，其中主要包括：新剂型开发方面的挑战、安全性挑战、功能性挑战以及国外辅料对国内辅料的竞争。

第一，现代药剂学的迅猛发展对药用辅料提出了更高要求。近10多年来，国外发达国家的制药工业发展迅速，先后开发出新剂型、新递药系统，药物制剂向高效、速效、长效和低剂量、毒副作用小的方向发展，药物剂型向定时、定位、定量给药系统转变，制剂质量有了大幅度提高。药用高分子材料几乎成为调控药物传递与渗透过程必不可少的组分。缓控释制剂的发展虽然与制药设备的不断发展更新有关，但起主要作用的是新辅料的开发与应用。辅料的研发与应用已成为现代制剂生产中重要的一环。开发新辅料，可生产新制剂并带动老产品质量的提高。世界各国对新辅料的开发均很重视，制药工业先进的国家特别注重新辅料的应用研究，紧密结合生产实际，为研制制剂新剂型、新品种服务，为提高产品质量服务。我国药用辅料标准数量少，标准项目不齐全，部分辅料产品质量差，不稳定，供选用的品种较有限，远远不能满足制剂发展要求。

第二，药用辅料的安全性要求越来越高。药用辅料的安全性问题来自两方面，即本身化合物的安全性和与杂质相关的安全性。通常对药物的杂质控制方面要求很严，但药物往往在药品中只占极小部分（可能只有数毫克，而制剂重量可能达数百毫克以上），辅料的安全性则可能构成药品安全性的重要因素。因此，对药物中拟用的新辅料应进行风险-效益评估，并评估其安全性、功能性，建立安全性限度。新材料的研究和应用已经成为药物递送系统（DDS）的研究热点，研究者应关注其安全性，以基因治疗的 DDS 为例，病毒类载体转染效率高，但安全性存在较大风险，而聚阳离子非病毒类聚合物载体的安全性仍然是其应用的主要障碍。

第三，如药物应具备有效性一样，药用辅料应具有功能性。国内对药用辅料的功能性研究比较薄弱。目前，欧美等发达国家的药品管理机构和药典委员会纷纷在药用辅料的正文中增设功能相关性指标。《中国药典》（2020 年版）进一步完善了药用辅料功能性相关指标的指导原则，定义对辅料功能性和制剂性能具有重要影响的物理化学性质为药用辅料的功能性相关指标（functionality-related characteristics，FRCs），如稀释剂的粒径可能影响固体制剂的成型性等，则粒径就属于功能性相关指标。

第四，如何保证药用辅料的生产质量是药用辅料企业面临的另一个挑战。发达国家药用辅料的发展趋势是生产专业化、品种系列化和应用科学化。为了符合这种发展趋势，《欧洲药典》和其他欧洲工业论坛倡导：辅料和活性成分一样被认为是"起始材料"。例如《欧洲药典》的"适用性证明"对辅料和活性成分等同看待，而没有将它们加以区分。欧盟关于制药起始材料的草案要求制药原料的生产条件必须符合 GMP，这些原料包括活性成分和辅料。

第五，药用辅料还面临被化工试剂、食品添加剂替代的挑战。经常有人提出，化学纯、分析纯试剂比药用辅料更纯，所以可以采用化学试剂替代。然而，根据《美国药典》等国外药典可知，药用辅料是具有功能的，其往往是多组分体系，其中除主要成分外，还有必需成分（往往是发挥其功能必需的）。以药用硬脂酸为例，化学纯的并不适合于作为药用，因为药用辅料级的硬脂酸含有其他熔点的脂肪酸，熔程宽，可以有利于其在固体制剂润滑剂方面更好地发挥功能。而且，药用辅料和化学试剂的杂质要求不一样，前者更关注安全性。以乙醇为例，化学纯或分析纯都含有甲醇，而作为药用辅料是不允许含甲醇的。

第六，国外药用辅料对国内药用辅料的冲击不容忽视。目前，美国卡乐康公司、瑞士诺华公司、德国美剂乐集团和法国罗盖特公司等一些发达国家的专业辅料生产商已陆续在我国建立起合资或独资公司，向我国输入其先进的药用辅料产品。外国药用辅料公司已在我国生产数十个品种的新药用辅料。这些国外企业在推动国内制剂工业发展的同时，也对国内药用辅料企业造成了挤压效应。国外药用辅料质量的内涵应包括 GMP、GDP（药用辅料销售质量规范），由于源头不在国内，其监管存在缺失，一旦发生违法添加，可能导致严重后果。因此，促进重要药用辅料的本土化势在必行。

随着国际医药全球化的发展，药物生产制造环节向发展中国家转移的趋势逐渐明显，由于我国具有成本优势、专业技术人员充足、丰富的生产经验、巨大的市场潜力，已经成为全球制药产业转移的重点地区。随着制剂生产规模的扩大，必将带动药用辅料市场规模的增长。在我国药用辅料市场规模逐年扩大的同时，药用辅料市场需求量每年都将以 15%~20% 的速度增长。

医药工业"十二五"规划中明确提出"加强新型药用辅料的开发"，首次将新型药用辅料开发的关键技术列入研究课题，说明国家对药用辅料的研发创新日益重视，辅料创新成为摆在企业面前的一道课题。"十三五"规划进一步提出要提高药用辅料标准，完善药用辅料安全性评价技术指导原则，加强药包材和药用辅料安全性评价研究，对药用原辅料生产企业开展延伸监管。

药用辅料产业的发展趋势表现在以下两个方面。

首先，将向"生产专业化、品种系列化、应用科学化、服务优质化"方向发展。作为全球医药工业大国，随着我国制药工业的不断进步，对新剂型的研发不断深入，要求药用辅料产品质量能符合制剂标准，辅料生产企业能为客户提供技术和应用方面的支持，拥有专业化的管理、销售及运输渠道，并能针对不同药品生产企业的品种、生产特点、质量要求提供相应辅料产品。

其次，产业集中度将明显提高。我国药用辅料行业目前处于"小、散、乱"的局面。国内药用辅料的生产企业达千余家，但中小企业由于产品品牌知名度低，企业技术能力弱，多数处于低端市场。今后随着监管制度的不断完善，例如备案制度的推行，将使得药用辅料生产企业在资质、标准、经营渠道等方面受到严格审核和控制，辅料产业的准入门槛将逐步提高。此外，大企业由于形成规模效应以及产品市场美誉度高，将因品牌、质量、科技创新和规范运作而占据主要市场，并将通过合资、并购、重组或通过资本市场的助力快速成长壮大。

针对药用高分子辅料发展面临的新挑战和发展趋势，应从以下方面改善国内辅料生产的状况。

（一）高分子材料的来源和生产

国内生产药用高分子辅料的大型专业厂家少，其中很多分散于化工、食品工业领域。

国外药用高分子产品一般标有级别，如陶氏公司生产的纤维素醚类产品有如 Premium、Standard（一般 P 代表优级品，即供药用品，而 Standard 代表工业级别）等级别，而纤维素醚则在商品名之首加有 A、E、F、J 或 K 等品种类型，其后则跟有黏度（一般，LV 代表低黏度，C 代表 100mPa·s），商品名后缀 G 代表粒状产品，CR 代表控释型号等。目前，国际上对于药典品种是否要规定型号还在讨论之中，只有个别品种分别按独立的品目收载。

药用高分子材料的来源涉及天然来源，以及合成或改性。所用的加工工艺繁多，市场所售的高分子材料往往不是遵从制药工业的 GMP 规程。由于制药工业对这些材料的需求量不大，所以生产企业往往忽视制药工业所需高分子材料的特殊要求。1995 年，国际药用辅料协会制定了《药用辅料的 GMP 指导准则》（GMP Guide for Excipients）；我国也在 2006 年发布了相应的规定。

凡是按照高要求 GMP 级别生产的高分子辅料，如果它具有致敏性，标签上则应附有对这一类物质过敏的病人慎用的警示，并且生产的厂商则应注意质量控制和质量保证及严格执行 GMP 的生产，以避免严重的、致命的与药用高分子材料相关的毒性反应。必须确定辅料的物理性质，遵守规范的制造方法。根据用户及剂型不同，对辅料功能的要求是不同的，在确定功能性时，制剂公司与辅料公司应保持密切的联系。如聚维酮既可做片剂的黏合剂，也可以作为液体制剂的增黏剂。药物制剂厂如果发现某一个辅料有新的功能应该与辅料生产企业联系，以确定辅料的功能性。对于辅料生产企业来说，要求它在辅料生产上处于什么样的 GMP 水平是至关重要的。生产企业应该确定在特定的药物制剂中所用辅料的每日剂量。辅料在研发时已经做过辅料毒性方面的试验，但是药物制剂厂对产品的质量仍负有重要责任，所以为了确定 GMP 水平，制药企业应该公开辅料在药品中的含量及病人用药时辅料大致的剂量；如果辅料是由生产多种品种辅料的企业生产时，可能出现交叉污染和混料的问题。一般来说，有时食品添加剂也可能在辅料生产企业中生产。很多辅料都是由化工企业来生产的，这时就要求高度重视控制环境，合成的辅料一般是在密闭的反应器中进行，但也存在着同一设备生产不同辅料的可能性。另外，应在严格的管理条件下进行包装。国际辅料协会通过十几年的工作，起草了部分辅料的 GMP 标准，这种标准已经被 FDA（美国食品药品管理局）所接受，如果要生产新的辅料，必须要求生产企业与供应商取得密切联系，提供它在使用中更多的细节。再之，辅料厂商的员工应具备评价制剂厂所提供资料的水平和能力。各国药典或者各国的法定辅料文件，都有辅料品种的质量标准，其间可能会有互相矛盾的地方，在进行国际贸易的时候需要注意。

（二）质量标准

药用高分子材料的质量保证、纯度、残留单体及溶剂、毒性和生物相容性、灭菌、杂质、防污染及变质等问题是药用高分子应用时的依据。保证安全是第一要求，其次根据特殊应用的要求，高分子辅料要保证与制剂中的其他组分有良好的配伍相容性和生物相容性，而且在使用剂量的条件下，不明显影响药物的稳定性和毒副作用，没有可预见到的致癌、致畸、致突变作用。所有的药用高分子辅料的毒性、致死和致残的事故远远比一般药物所出现的低得多，目前已报道的高分子辅料的不良反应或毒性很多属于过敏性反应，其中包括不能耐受的剂量和皮肤反应等。如果所用的剂量不合理或与其他小分子的辅料混合应用时，也可能会有毒性，完善药用高分子辅料的质量标准，全面开展工艺和物理化学性能的研究意义重大。经典的对辅料的研究，一般只限于物理化学方面，如溶解度、吸水性、挥发性和有限的功能性等。而现代的辅料研究，还要利用材料学的方法，进行辅料的多种功能性的研究，如片剂辅料要研究可压性、流动性、成粒性、松密度或实密度、与水分的相互作用等。这类性质对于优化处方，有效地递送药物具有重要的意义。但关于其中有关工艺学或材料学的要求，药典的品目中没有强制性的标准规定，在进行制剂的研究时，一般要考虑下面几点。

1. 剂量 一般来说，在制剂中所用的辅料的量都是以百分比来表示的。在进行初始的处方设计时，特别是口服制剂或者是一些静脉注射剂，要把百分比折算为制剂中的日平均用量。FDA 对一些主要的药用高分子材料一般用可暴露量（exposure dose）来表示平均日剂量（average daily dose，ADD）。

2. 杂质和掺杂物 高分子材料中含有的杂质可能影响药物的吸收，或造成局部刺激和全身毒性。如羧甲纤维素中可能存在二噁英（dioxin），在含氮的化合物中可能含有亚硝胺（nitrosamine）等。ICH 近年来对于各种杂质的限量、有机挥发性杂质残留量、微生物含量以及乙二醛（glyoxal）和硝酸盐的限量都进行了比较深入的研究。由于药用辅料做成的制剂品种繁多，不可能在每一个品目里对每一种杂质、污染物、掺杂物或微生物都规定测试法，而且杂质的来源受所用的原材料的改变、产地的差异、生产过程或者外部因素影响，所以如果上述情况有任何变动时，也可以增加一些特殊杂质的测试法。

残留的有机挥发性杂质可能是由于药用高分子材料在合成、加工以及容器转换等过程中引入的。《中国药典》通则已有专门的"有机溶剂残留量测定法"。用于慢性病并进行系统治疗，特别是长期治疗与全身性治疗相关的一些药用辅料，还要求重视其最大日暴露量。

ICH 在 1996 年 11 月的一次会议上，对残留溶剂提出如下意见：药剂中的残留溶剂定义为在原料药或者辅料的合成中或药物制剂的生产中所使用的，没有被完全除去的有机挥发性化合物（organic volatile chemicals）。NF 将残留溶剂分为四类：第一类残留溶剂，其毒性大，对人有致癌性或严重可疑的致癌性、对环境有危害，不应有此类溶剂残留，如苯、四氯化碳，1,2-二氯乙烷，1,1,1-三氯乙烷；第二类残留溶剂，指对动物没有遗传的致癌毒性或其他不可逆毒性（如神经毒、致畸）的，以及其他毒性明显但可逆的残留溶剂，必须有残余量的规定；第三类残留溶剂，指低毒的，对人的毒性小、不需要规定每日暴露量（若 PDE 在 50mg 以上，则需规定 PDE）；其他残留溶剂，指没有发现毒性的，不需要规定每日暴露量。

《美国药典》(NF) 规定了第一类有机溶剂中的 5 种残余溶剂的残留限量：苯（2 ppm）、四氯化碳（4 ppm）、1,2-二氯乙烷（5 ppm），1,1-二氯乙烷（8 ppm）、三氯甲烷（1500 ppm）。

第二类有机溶剂中有些有机溶剂规定"日暴露量"（PDE，mg/d）和残留限量见表 1-3。

表 1-3　第二类有机溶剂规定日暴露量和残留限量

品名	日暴露量（mg/d）	残留限量（ppm）	品名	日暴露量（mg/d）	残留限量（ppm）
乙腈	4.1	410	氯苯	3.6	360
三氯甲烷	0.6	60	环己烷	38.8	3880
1,2-二氯乙烷	18.7	1870	1,2-二甲氧基乙烷	1.0	100
N,N-二甲基乙酰胺	10.9	1090	N,N-二甲基甲酰胺	8.8	880
1,4-二烷	3.8	380	2-乙氧基乙醇	1.6	160
乙烯二醇	6.2	620	甲酰胺	2.2	220
乙烷	2.9	290	甲醇	30.0	3000
二甲氧基乙醇	0.5	50	甲丁基丙酮	0.5	50
甲基环己醇	11.8	1180	一氯甲烷	6.0	600
N-甲基吡咯烷酮	5.3	530	硝基甲烷	0.5	50
吡啶	2.0	200	二氧噻吩烷	1.6	160
四氢呋喃	7.2	720	四氢萘	1.0	100
甲苯	8.9	890	三氯乙烯	0.8	80
二甲苯	21.7	2170			

关于微生物的要求，药用高分子辅料一般用化学合成法制备，它的细菌污染很少，主

要的来源是在包装和运输过程中的污染。动物、植物来源的高分子辅料，采集、提取、储存过程中都可能染菌，在植物来源的原料中就可能有革兰阳性和革兰阴性菌，虽然不一定都是病原菌，而动物来源的材料，污染最为严重，主要也是非病原菌，偶尔发现一些病原菌。植物来源的高分子材料中，玉米淀粉、阿拉伯胶、明胶、预胶化淀粉、纤维素、西黄蓍胶等辅料，发现细菌污染量都很少，菌数一般在 100 个/g 以下。但是，真菌的污染确实应该作为一个严重问题来考虑。因为真菌污染以后，能够产生各种臭味，而且产生的内毒素对人群危害较大，很难去除，所以必须有相应的标准。NF 规定，一般用途的纤维素类和淀粉类高分子材料，如微晶纤维素、粉状纤维素、淀粉（小麦、马铃薯、大米）、羧甲淀粉钠、交联羧甲纤维素钠，其每克需氧菌的菌落数量限在 1000 以下，酵母菌和霉菌的菌落数量限在 100 以下。

基因毒性物质（genotoxic substance）通常被认为是进入人体内的一种致癌物。欧洲药管局（EMEA）新的指南中，当一种化合物（杂质）的毒性物质限量（Threshold of Toxicological Concern, TTC）值达到每人每天 1.5μg 时，就被归类为基因毒性物质。TTC 值最初由美国 FDA 提出，用来对食品接触性物质的含量制定一个"规定限值"。制定 TTC 值是为了对任何没有得到充分研究的化学物质通常所具备的接触水平做出定义，从而在最大程度上阻止它们产生较大的致癌风险或其他毒性作用。但新指南并不适用于此前已经获批上市的产品，除非某些产品存在着让人担忧的特殊原因。欧洲在药品和辅料的质量管理上，很重视对有基因毒（genotoxic）的化学杂质的限量，这在制药厂和辅料厂中已经引起了很大的反响。

3. 用药途径 用药途径不同对药用高分子材料的质量要求不同，如注射、植入、吸入、经皮或黏膜、口服等。但是从大量、长期的市场或者医疗经验来看，传统用的一些辅料，在通常应用的浓度水平上，大部分都是生物学惰性的，但是必须经常注意临床上的特殊过敏性，近年来国外有关于新开发辅料的研究报道：如用于口服的辅料是否可能改变胃的排空时间以及对于黏膜有否黏附性；辅料反复使用后，是否有蓄积或其他作用；聚氧乙烯蓖麻油作注射用辅料具有致敏性；谷蛋白（gluten）的不耐受性和 PEG 的皮肤过敏性已是众所周知的事实。明胶一直被认为是安全的辅料，自从英国发现疯牛病以后，其安全性也受到重视。

（三）开发国外已收载入法定文件中的药用高分子辅料

一方面，弥补国内药用高分子辅料品种的不足，如高黏度羟丙基纤维素、甲基纤维素、乙基纤维素、羟丙甲纤维素酞酸酯、醋酸羟丙甲纤维素琥珀酸酯、聚醋酸乙烯酞酸酯、交联聚维酮、聚乳酸、聚乳酸-聚乙醇酸共聚物、高黏度壳聚糖、聚卡波菲等。另一方面，利用天然资源及化学修饰方法，寻找新的可供药用的高分子材料，特别是能改善药物释放及传递性能，提高溶出度和释放度、生物黏附性及溶胀性，较小的毒性、刺激性和免疫抗原性的高分子辅料。

（四）开发适合于特殊用途的不同功能和型号的产品

关于辅料的不同型号或规格的要求，近年来国外的药剂专业杂志上进行了热烈的讨论，争论的主要焦点是在药典的同一品目中是否要包含不同功能性的叙述。国际市场的微晶纤维素的不同型号在粒子大小和含水量等方面有差异，可以适应不同制剂和制片工艺的要求。我国药典有关细度的规定已涵盖了大部分产品。不同型号的微晶纤维素或者具有快速崩解性、较好的流动性、可减少片重差异等优点，或者具有可以提高片剂硬度、降低磨损性、少量添加适于在低压力下压片等优点，制剂厂根据制剂的需要，可方便地购买所需功能的特定型号的产品。此外，羟丙甲纤维素（HPMC）有 1828、2208、2906、2910 等不同型号；卡波姆（carbomer）有 910、934、934P、940、941、1342 等不同型号；泊洛沙姆（poloxamer）有 188、237、338、407 等不同型号。

（五）开发新化学实体（NCE）的新型高分子辅料

我国有自主知识产权的新辅料有限，必须开发新辅料以适应制剂不断发展的需要。将传统制剂上曾经使用的安全的天然高分子辅料加以改性可能是一条捷径。某些国外药典中已经收载的这类品种有：梧桐树胶粉、聚羧甲纤维素钠（钾）盐、羟丙淀粉钠、醋酸乙烯酯与巴豆酸共聚物、羟乙基纤维素、麦芽糖糊精、海藻酸丙二醇酯、角豆胶等。

（六）开展辅料再加工产品的研究和生产

根据多年来国内外制剂生产的经验，利用市场上成熟的辅料，组合成预混材料，使其能够在制剂处方上具有更优良的功能，高分子辅料与其他辅料混合应用是一个有待发展的广阔空间。

已有多种高分子复合辅料上市，如 2-乙基己基丙烯酸酯、2-乙基己基甲基丙烯酸酯和十二烷基甲基丙烯酸酯共聚物的压敏胶液，羟丙甲纤维素、二氧化钛和聚乙二醇 400 的共混物，乳糖与纤维素的共混物，纤维素、微晶纤维素与羧甲纤维素钠的复合物，纤维素与微晶纤维素的复合物，微粉硅胶与微晶纤维素，微晶纤维素与瓜尔胶复合物，乳糖与聚维酮的共混物，微晶纤维素与角叉菜胶复合薄膜等。水分散体，如聚甲丙烯酸铵酯水分散体，丙烯酸 2-乙基己酯与接枝聚维酮共聚物的水分散体，微晶纤维素与羧甲纤维素钠水分散液，甲基丙烯酸共聚物 LD 水分散体干粉等，在片剂包衣中已广泛使用。

高分子辅料新制品，如淀粉的球形颗粒、微晶纤维素的球形颗粒为微丸的制备提供一个方便的平台。

六、有关药用高分子材料的法规和参考资料

药品是人类防病治病的重要武器，作为药品的重要组成部分，药用辅料在药物制剂中起到举足轻重的作用。新中国成立以来，中国政府非常重视对药品及其有关的辅料的管理，1985 年 7 月 1 日起实施的《中华人民共和国药品管理法》，全面系统地规定了对药品及其有关材料的管理。根据我国原卫生部 1988 年 1 月 20 日发布的《关于新药审批管理的若干补充规定》第七条的规定：新辅料分为两类，第一类指我国创制的或国外仅有文献报道的，以及已有的化学物质首次作为辅料应用于制剂的药物辅料；第二类指国外已批准生产并应用于制剂的，以及已有的食品添加剂首次作为辅料应用于制剂的药用辅料。生产这两类辅料应提供的申报资料要求也有具体规定。此外，国家药典及国家法定标准也收录有药用高分子材料。

用于医药品的包装材料，2000 年 4 月原国家药品监督管理局颁布了《药品包装用材料容器管理办法（暂行）》，规定了药品包装材料的分类与标准，注册管理和监督管理。

2001 年 2 月 28 日全国人大常委会通过了修改的《中华人民共和国药品管理法》，其中第二章第十一条规定生产药品所需的原料辅料必须符合药典要求。第六章第四条还专门规定了有关药品包装的管理等事项。2002 年 8 月，国务院颁布了《中华人民共和国药品管

法实施条例》，明确指出生产药品所需的原料、辅料以及直接接触药品的容器和包装材料，必须符合国家的相关规定。从事药物制剂研究与生产人员，不但要了解国家药品立法的重要意义，而且要懂得如何更好地去执行。

2006 年 3 月 23 日，原国家食品药品监督管理局在总结多年来的药用辅料管理工作中的经验后，参考了国外的有关资料，发布了《药用辅料生产质量管理规范》，这是我国第一次由监管部门全面系统的有关药用辅料 GMP 管理的文件，由于药用高分子材料很多都属于药用辅料，其生产质量也必须遵从其中的有关规定，该条例规范地规定了药用辅料生产企业实施 GMP 质量管理的基本范围和要点。以下列举较重要的一些内容加以简介。

第二十七条中规定企业"应制定辅料生产所用物料购入、储存、发放、使用等管理制度。物料应有质量标准，企业应按质量标准对物料进行检验，并审核供应商的检查报告，以确保物料的规格和质量满足辅料生产的质量要求"。

第二十八条中规定"成品和对成品质量有影响的关键物料应有明确的标识，以便通过文件系统对其进行追溯，质量体系应保证辅料产品的双向可追溯性。应能运用批/编号系统或其他途径，借助原料的标识（名称、编号）对辅料生产过程中所使用的原料追溯查询。对连续法生产所用的原料，应明确一定数量的原料作为一个批并给定具体批号。难以精确按批号分开的大批量、大容量原料、溶媒等物料入库时应编号，其收、发、存、用应有相应的管理制度"。

第三十二条中规定"生产药用明胶或其他辅料所用的动物组织或植物，应有文件或记录表明其没有受过有害化学物质的污染，如要求供应商提供卫生检疫部门的动物健康证明或其他检疫、检验证明材料"。

第五十六条中规定"无菌药品用辅料的生产环境应与制剂的生产环境相似，并制定相应的环境监测规程。无菌辅料灭菌后的操作必须使用无菌操作技术，无菌生产过程中有关灭菌及无菌操作区环境监控的结果，应纳入批生产记录中，并作为最终产品质量评估的重要依据"。

第五十七条中规定"生产过程中的工艺用水应符合产品工艺要求，一般情况下，工艺用水应符合饮用水质量标准，当产品工艺对水质有更高要求时，企业应建立包括理化特性、细菌总数、不可检出微生物等的标准。如由企业自行处理工艺用水使其达到标准，应对水处理工艺进行验证，并对系统的运行进行监控。如企业生产的非无菌辅料用于生产无菌药品，应对辅料最终分离和精制的工艺用水进行监测，同时应控制细菌总数及内毒素"。

第五十八条中规定"如企业采用加热或辐射的方式来减少非无菌辅料微生物污染时，辅料在灭菌前应达到规定的微生物限度标准，且灭菌工艺处于受控状态。应对采用的灭菌方法进行验证，以证明达到设定的要求。不应将辅料产品的最终灭菌替代工艺过程的微生物控制"。

这些规定借鉴了国内外药用辅料监管的经验，吸取了药用辅料应用的教训。我国药品监管机构目前正在整顿提高药用辅料标准和注册办法。

我国国家标准总局和化学工业部发布的有关树脂、塑料及试验方法的国家标准和部颁标准中也有部分涉及药用高分子材料的质量管理，包括一些药用高分子辅料、包装材料的质量管理。

对于药物及其相关材料的研究和开发，发达国家在几十年的实践中已逐步形成一套比较完整的技术要求，积累了丰富的经验。国际标准化组织制定了统一标准的方法（ISO

9000)，1995 年药用辅料协会经过协商发布了大批量生产辅料的 GMP 指导原则（Good Manufacturing Practices Guide for Bulk Pharmaceutical Excipients)，2001 年经过修改以适应 ISO 9000：2000 的要求。历经 4 年，IPEC 以 ISO 9001 为基础，继续进行 GMP 指导原则的研究，其初稿先后经过 IPEC 欧洲委员会和日本委员会的评阅，最后形成了全球性大部分国家可接受的原则。依据这一原则，一般认为可以保证辅料生产的安全并符合大部分国家药典的规定，在《美国药典》或《欧洲药典》中现已得到体现。IPEC 组织还将它的有关 GMP 生产辅料的指导原则提交给世界卫生组织，供欠发达国家参照执行。目前最新版本为 ISO9001：2015，并于 2017 年对其进行了修订。

IPEC 的辅料 GMP 生产指导原则虽然被国际上大多数的国家所接受，但是也有一些国家的质量研究机构提出更高的要求。如历史悠久的机构——英国质量保证研究所（Institute of Quality Assurance）的药物质量委员会（Pharmaceutical Quality Group，PQG）提出了药用辅料应用的标准 PS 9000：2002。PQG 制定的辅料 GMP 管理指导原则中，辅料的生产应有不同的质量标准，根据用药途径分三个水平：最高级别（注射用）、中等级别和基本级别，一般认为 IPEC 的辅料 GMP 生产标准相当于中等级别。这些标准执行起来涉及技术、投资和人员的素质，问题复杂，不容易为辅料厂家所接受。2006 年 IPEC 和 PQG 联合重新修改了药用辅料和药品包装 GMP 的指导原则。符合 ISO 9001：2000 要求的、全球一致性的药用辅料和药品包装 GMP 管理指导原则有待建立。

由于各国对药用高分子材料的检测标准不一致，造成国际市场上的供货混乱，近年来，世界上一些主要工业发达国家（美国，欧盟国家，日本）的药品管理部门和生产部门组成"人用药品注册技术规范国际协调会"（International Conference on Harmonization of Technical Requirement for Registration of Pharmaceuticals for Human Use，ICH），以对药品及药用辅料标准进行协调。辅料标准的国际协调与药品标准一样，也是一个很复杂的问题，因为标准不仅要具有科学性、技术性，而且还要具有法律的约束力。各国药典在方法、工艺以及政策上的差异使得国际协调工作极为困难，其原因之一在于大多数药用高分子辅料都不是单一的化学实体，而往往是含多种化学结构相似化合物的混合物，其来源有天然的、也有人工合成的，由很多不同的厂家生产，生产工艺也不尽相同。药用辅料往往在食品、化学、化妆品工业及农业等领域同时应用，其标准不一，其中药用高分子辅料仅占很小的比例。ICH 之所以同意在这方面进行协商统一，是因为在国际上标准的统一有利于全球药品的注册、生产和运输。

1991 年以来，ICH 经过数年的研讨、协商，已经协调了一些高分子辅料的标准法规，如以《美国药典》为蓝本的有微晶纤维素、玉米淀粉、羧甲基纤维素钙、羧甲基纤维素钠、粉状纤维素、醋酸纤维素、醋酸纤维素酞酸单酯、羟丙基纤维素、低取代羟丙基纤维素；以《欧洲药典》为蓝本的有乙基纤维素和羟乙基纤维素；以《日本药典》为蓝本的有聚维酮、羟丙甲纤维素、甲基纤维素等。药用辅料手册标准实验法（HPE laboratory methods）包括有粉末压制特性、密度、松密度及摇实密度、流动性、平衡水分、颗粒脆碎度、粒度、扫描电镜、溶解度、吸水及脱水图像、吸附等温线、比表面积等粉体学及物理化学性能测定法，在欧美国家的辅料和制剂工业领域具有通用性。

Bugay 及 Findlay 编写的《药用辅料》一书，以精美的红外光谱、拉曼光谱及核磁共振谱表征了一些药用辅料，如微晶纤维素、淀粉、乙基纤维素、羟丙甲纤维素、甲基纤维素、聚乙二醇、预胶化淀粉等，这提供了一个很有价值的研究手段，在药剂的研究过程如需要验证辅料的真伪，这是不可缺少的一部参考书。通过美国 Nicolet 公司的网站可以查到为个人计算机提供的光谱图书馆（spectral laboratory library）资料。美国药学会和英国药学会编写的《简明药物手册》中，介绍了近十年来有关药用高分子辅料的光谱图和系统的有关物理化学性质、药物动力学性质和分析方法等，都极有参考价值。

药用高分子辅料应用于人体时的安全评价及行政管理机构的许可是该辅料被应用于实践的前提。英国药学会与美国药学会合编的《药用辅料手册》中，每一品种都收载有批准国家或地区有关安全性和许可应用的范围，对于保证生产出安全有效的制剂是可参考的资料。本书对诸如毒性范围、动物源性辅料、色素的应用现状和限制，以及在安全操作过程中的注意事项等，也提供了有充分依据的资料。《药用辅料手册》2003 年第 4 版收录了高分子辅料 38 种，2012 年第 7 版达到 74 种。在研究和开发工作中遵从有关的工作规范，参考国际上通用的标准和资料，可保证试验数据的可靠性和正确性，这也是促进试验数据国际承认的可行途径。

参考文献

［1］郑俊民 等［译］. 药用辅料手册［M］. 4 版. 北京：化学工业出版社，2005.

［2］Park H，Park K. Polymers in Pharmaceutical Products，in：Shalaby W，Polymers of biological and biomedical significance［M］. Washington：American Chemical Society，1994.

［3］United States Pharmacopeial Convention. USP40/NF35［S］. NewYork：2017.

［4］Weiner M L，Kotkoskie L A. Excipient toxicity and safety［M］. New York：Marcel Dekker，2000.

［5］Bugay D E，Findlay W. Pharmaceutical Excipients［M］. New York：Marcel Dekker，1999.

［6］Memill A. A good manufacturing practices guide for bulk pharmaceutical excipient［J］. *Pharm Tech*，1995，19（12）：34-40.

［7］Florey K. Analytical profiles of drug substance（Vol 1～22）［M］. New York：Academic Press.

［8］Nalwa S H. Handbook of nanostructured materials and nanotechnology（Vol. 5）［M］. San Diego：Academic Press，2000.

［9］Uchegbu I F，Schtzlein A G. Polymers in Drug Delivery［M］. Boca Raton：CRC Press，Taylor & Francis Group，2006.

［10］涂家生. 知不足而奋进——试论我国药用辅料产业的现状及未来［J］. 中国制药信息，2011，27（3）：6-9.

扫码"练一练"

第二章 高分子的结构与合成

本章主要介绍高分子科学的基本概念，聚合反应类型、特征和高分子化学反应，高分子链结构、聚集态结构，相对分子质量和相对分子质量分布及其测定，以及高分子材料的表征方法等知识。这些内容对药用高分子材料的加工和使用有实际意义。

第一节 高分子科学概论

一、高分子科学简介

扫码"学一学"

高分子科学是人们在长期的生产实践和科学实验的基础上逐渐发展起来的一门学科。高分子一般由碳、氢、氧、氮、硅、硫等元素构成，原子间以共价键连接，是具有重复结构单元的长链化合物，其相对分子质量从几千到几十万甚至几百万。按来源可分为天然、半合成（天然高分子改性）和合成高分子。

天然高分子是生命起源和进化的基础。从远古时期开始，人们就已经开始直接或通过简单的加工使用一些天然高分子材料。如植物果实、各种动物可直接作为食物，为人们提供能量，动物的皮毛、蚕丝、棉花通过简单的裁切编织可作为裹身的衣物用于抵御寒冷，木材经过一定的加工处理可为人们提供栖身的住所。早在公元前3500年前，埃及人就已经开始利用各种天然的胶原类聚合物用于伤口的缝合。可以说，天然高分子的原始利用涉及人类生活的各个方面，极大地改善了人类的生存生活条件，同时推动了人类社会进步。19世纪中叶以后，人们发明了加工和改性天然高分子的方法，出现了半合成高分子材料，其中，最具代表性的是硫化天然橡胶和硝酸纤维素的发现。

1839年，美国人Charles Goodyear发现天然橡胶与硫黄共热后性能发生了显著的变化，原本硬度较低、遇冷发脆断裂、遇热发黏软化的不实用性质，变为具有功能性的富有弹性、可塑性强的性质。1869年，美国人John Wesley Hyatt在硝酸纤维素中加入樟脑增塑，用这种方法改性得到的角质状材料不仅韧性好，还可热塑加工。这是历史上第一种塑料，称为"赛璐珞"，并在1872年实现工业化生产。

1907年，美国人Leo Baekeland用苯酚与甲醛反应制造出第一种完全人工合成的塑料——酚醛树脂，拉开了人类应用合成高分子材料的序幕。从此，高分子科学理论和高分子合成工业进入了飞速发展时期。在出产大量科研成果与工业产品的同时，先后共有9位科学家在高分子科学领域荣获诺贝尔奖。

1920年，德国科学家Hermann Staudinger在对橡胶结构进行深入研究的基础上提出"大分子假说"：高分子化合物是由具有相同化学结构的单体经过化学反应（聚合），通过化学键连接在一起的大分子物质。1932年他总结了大分子理论，出版了划时代的巨著《有机高分子化合物》，标志着现代高分子科学的正式诞生。从此，他把"高分子"这个概念引进科学领域，并确立了高分子溶液的黏度与分子质量之间的关系，创立了确定分子质量黏度的理论。为表彰他对高分子科学做出的巨大贡献，1953年Staudinger荣获诺贝尔化学奖，成为世界上获此殊荣的第一位高分子学者。

1953 年德国人 Karl Ziegler 与意大利人 Giulio Natta 发明了三乙基铝和三氧化钛组成的金属络合物催化剂，从而使低压聚乙烯、全同聚丙烯和顺丁橡胶的合成成为可能。1963 年，他们共享了诺贝尔化学奖。

1948 年，美国高分子物理化学家 Paul Flory 建立了高分子长链结构的数学理论，提出了缩聚和加聚机理的系统化、高分子溶液的格子理论和高分子溶液的排除体积效应等一系列高分子理论，其著作《高分子化学原理》被称作高分子学科中的圣经。因其在高分子物理性质与结构的研究方面取得的巨大成就，Flory 荣获了 1974 年的诺贝尔化学奖。

1974 年，美国生物化学家 Merrifield 将功能化的聚苯乙烯用于多肽和蛋白质的合成，建立了合成多肽的固相法，大大提高了涉及生命物质合成的效率，开创了功能高分子材料与生命物质合成领域的新纪元。Merrifield 在高分子科学和生命科学领域作出的突出贡献，1984 年瑞典皇家科学院将诺贝尔化学奖授予了他。

1974 法国科学家 de Gennes 编著了《液晶物理学》，成功地将研究简单体系中有序现象的方法推广到液晶、聚合物等复杂体系。因其在研究超导体、液晶和聚合物等方面取得的成就，他获得了 1991 年的诺贝尔物理学奖。

1977 年，日本人白川英树、美国人 Heeger 和 Macdiarmid 合成了具有导电功能的高分子材料。由于对导电聚合物的发现和发展做出的贡献，他们共同获得了 2000 年度的诺贝尔化学奖。

这一时期，合成高分子材料的工业化也取得了突飞猛进的发展。如 1935 年，杜邦公司的 H. Carothers 合成出聚酰胺 66（即尼龙-66），并在 1938 年实现工业化生产。1937 年，合成聚苯乙烯诞生。随后，聚醋酸乙烯酯，聚甲基丙烯酸甲酯，氯丁、丁苯和丁腈橡胶等相继工业化。1950 年，杜邦公司首次将丙烯腈纤维商品化，1962 年，合成出聚酰亚胺树脂。此后，各种合成高分子材料开辟了材料学的新窗口，高分子科学全面走向繁荣。

进入 21 世纪后，高分子材料向着高性能、高功能、生物化、智能化和绿色化方向发展，出现了许多性能优异的新型高分子材料。如生物医学领域中的人工组织支架、药物缓控释骨架和纳米药物载体材料等生物可降解高分子材料，光电信息领域中的光功能高分子材料、高分子磁性材料，分析分离技术领域中的高分子分离膜材料等。与此同时，在高分子材料的生产加工中也引进了许多先进技术，如超声波技术、激光技术、生物酶技术等。且有关结构与性能的研究也不断取得新的突破，高分子的微观三维立体结构不再神秘，并有望在分子水平上实现新型功能高分子材料的控制合成。总之，随着科技的进步，高分子科学的发展也将更加深入，进一步推动社会的进步。

二、高分子链的构成与定义

高分子化合物简称高分子，是指相对分子质量很高的一类化合物。明胶、淀粉、纤维素是常见的天然高分子。聚乙烯醇、甲基丙烯酸树脂和聚乳酸等则是通过聚合反应制备的合成高分子。

大多数高分子的相对分子质量在 $1 \times 10^4 \sim 1 \times 10^6$，其分子链是由许多简单的结构单元通过共价键重复连接而成。例如，聚氯乙烯是由许多氯乙烯结构单元重复连接而成；聚苯乙烯是由许多苯乙烯结构单元重复连接而成，它们的结构式可以表示如下：

$$\sim\!CH_2\!-\!CH\!-\!CH_2\!-\!CH\!-\!CH_2\!-\!CH_2\!\sim$$

聚氯乙烯

$$\sim\!CH_2\!-\!CH\!-\!CH_2\!-\!CH\!-\!CH_2\!-\!CH\!-\!CH_2\!-\!CH\!\sim$$

聚苯乙烯

为方便起见，聚氯乙烯和聚苯乙烯的结构式可缩写成：

$$\left.\begin{array}{c}\!\!-\!CH_2\!-\!CH\!\!-\end{array}\right._n \qquad \left.\begin{array}{c}\!\!-\!CH_2\!-\!CH\!\!-\end{array}\right._n$$

聚氯乙烯　　　　　　聚苯乙烯

括号内表示重复结构单元，简称为重复单元（repeating unit）。重复单元连接成的线型大分子，类似一条长链，因此重复单元又称为链节（link）。形成结构单元的小分子化合物称为单体（monomer），单体是合成聚合物的原料。

n 代表重复单元数，又称为聚合度（degree of polymerization，DP），是衡量聚合物大小的一个指标，它是一个统计平均值。

聚合物的相对分子质量 M 是重复单元相对分子质量 M_0 与聚合度 DP 的乘积：

$$M = DP \times M_0 \tag{2-1}$$

式（2-1）也可用来计算平均聚合度，例如常用的聚氯乙烯的相对分子质量为 $5\times10^4 \sim 1.5\times10^5$，其重复单元的相对分子质量为 62.5，据此可算出其平均聚合度为 800~2400。

由一种单体聚合而成的高分子称为均聚物（homopolymer），如聚氯乙烯和聚苯乙烯，它们的重复单元分别是各自的结构单元。可用重复单元表示高分子的结构式。

由两种或两种以上的单体聚合而成的聚合物称为共聚物（copolymer），如乙烯-醋酸乙烯共聚物。它们也可用重复单元表示高分子的结构式。

$$\left.\begin{array}{c}\!\!-\!CH_2\!-\!CH_2\!\!-\end{array}\right._m\!\left.\begin{array}{c}\!\!-\!CH_2\!-\!CH\!\!-\\ \quad\;\; |\\ \quad\; OCOCH_3\end{array}\right._n$$

乙烯-醋酸乙烯共聚物

但在另一些聚合物中，基本结构单元与重复结构单元不同。如己二胺和己二酸缩聚制得的聚酰胺：

$$n\mathrm{H_2N(CH_2)_6NH_2} + n\mathrm{HCOO(CH_2)_4COOH} \longrightarrow \left.\begin{array}{c}\!\!-\!HN(CH_2)_6NHCO(CH_2)_4CO\!\!-\end{array}\right.$$
$$+ (2n-1)\mathrm{H_2O}$$

重复结构单元由—HN（CH₂）₆NH—与—CO（CH₂）₄CO—两种基本结构单元组成。

高分子化合物习惯上又称聚合物（polymer）。但比较确切地说，聚合物是高聚物（high polymer）和低聚物（oligomer）二者的总称。如果一个大分子的重复单元很多，增减几个单元不影响其物理性质，则称此种聚合物为高聚物；如果组成该大分子的单元数较少，增减几个单元对其物理性质有显著影响或分子中仅有少数几个重复单元，其性质无显著的高分子特性，类同于一般低分子化合物，则称其为低聚物。对于大多数高分子化合物而言，它们实际上是不同相对分子质量的同系混合物，以高聚物为主体，含有少量低聚物，但在总体上表现出高分子的物理-力学特征。本书中，除特别指明外，仍按传统习惯，称高分子为聚合物。

大分子（macromolecule）指的是相对分子质量大的化合物，但不一定有聚合物所具备的重复结构单元，如胰岛素是大分子，但它没有重复单元，因此它不是聚合物。而聚合物则属于大分子。

由于高分子的巨大相对分子质量和它们的特殊结构，高分子具备着低分子化合物所没有的一系列独特的物理-力学性能。高分子具有很大的分子间作用力，不能气化，通常只能以黏稠的液态或者固态存在；在固态时，其力学性质是弹性与黏性的综合，在一定条件下可以发生相当大的可逆力学形变；在溶剂中表现出溶胀特性，形成介于固态与液态的中间态，如果在溶剂中溶解，其溶液具有很高的黏度，在适当条件下可以加工成纤维和薄膜材料，表现出高度的各向异性等。高分子的相对分子质量具有多分散性，是一个统计平均值，高分子没有小分子化合物的精确相对分子质量。通常在相对分子质量前加"平均"两字。

大多数高分子具有机械强度，能够直接作为材料使用，或者经过某些加工手段以及加入某些添加剂，使其具有高机械强度、高弹性和可塑性等使用性能。

三、高分子的分类与命名

（一）分类

高分子化合物的种类繁多，性质各不相同。可从单体来源、合成方法、性能和用途、高分子结构等不同角度对其分类。

根据所制成材料的性能和用途，常将高分子分成塑料、橡胶、纤维三大合成材料，如加上涂料和黏合剂则可分为 5 大类。

塑料、橡胶、纤维三种材料之间并无严格的界限，如聚氯乙烯、聚丙烯主要用作塑料，也可用作纤维，甚至可以制成橡胶制品，而一些橡胶在较低温度下亦可作为塑料使用。

根据高分子的主链结构，可分为有机高分子、元素有机高分子和无机高分子 3 大类，它们可以反映各类高分子的基本特性，是一种较好的分类方法，又称为科学分类法。

1. 有机高分子 该类大分子的主链结构完全由碳原子或由碳、氧、氮、硫、磷等有机化合物中常见的原子组成。

主链纯为碳原子构成的高分子称为碳链高分子。如聚乙烯、聚甲基丙烯酸甲酯等；主链中含有碳原子及氧、氮、硫、磷等原子的高分子称为杂链高分子，如聚酰胺、纤维素等。

2. 元素有机高分子 该类大分子的主链结构中不含碳原子，主要由硅、硼、铝和氧、硫、氮、磷等原子构成。但侧链却由有机基团组成，如甲基、乙基、乙烯基、芳环、杂环等。如聚二甲基硅氧烷是由硅、氧原子构成主链的元素有机高分子。

3. 无机高分子 该类大分子在主链和侧链结构中均无碳原子，一般呈规则交联的面型结构或体型结构。如石英、玻璃等为无机高分子。

表 2-1 根据这种分类方法列出了一些常见的高分子及其结构。

表 2-1 常见高分子材料的结构和名称

链的组成	重复单元	习惯名称，系统命名	英文缩写
（1）C-C 主链	—CH_2–CH_2—	聚乙烯，聚亚甲基	PE
	—CH–CH_2— $\overset{\vert}{CH_3}$	聚丙烯，聚 1-甲基乙烯	PP

续表

链的组成	重复单元	习惯名称,系统命名	英文缩写
	$-\underset{\underset{CH_3}{\vert}}{\overset{\overset{CH_3}{\vert}}{C}}-CH_2-$	聚异丁烯,聚1,1-二甲基乙烯	PIB
	$-\underset{\underset{C_6H_5}{\vert}}{CH}-CH_2-$	聚苯乙烯,聚(1-苯乙烯)	PS
	$-\underset{\underset{Cl}{\vert}}{CH}-CH_2-$	聚氯乙烯,聚(1-氯化乙烯)	PVC
	$-\underset{\underset{Cl}{\vert}}{\overset{\overset{Cl}{\vert}}{C}}-CH_2-$	聚偏氯乙烯	PVDC
	$-CF_2-CF_2-$	聚四氟乙烯	PTFE
	$-\underset{\underset{COOH}{\vert}}{CH}-CH_2-$	聚丙烯酸	PAA
	$-\underset{\underset{COOCH_3}{\vert}}{CH}-CH_2-$	聚丙烯酸甲酯	PMA
	$-\underset{\underset{COOCH_3}{\vert}}{\overset{\overset{CH_3}{\vert}}{C}}-CH_2-$	聚甲基丙烯酸甲酯,聚[(1-甲氧酰基)-1-甲基乙烯	PMMA
	$-\underset{\underset{COOC_2H_4OH}{\vert}}{\overset{\overset{CH_3}{\vert}}{C}}-CH_2-$	聚甲基丙烯酸羟乙基酯	p-HEMA
	$-\underset{\underset{OCOCH_3}{\vert}}{CH}-CH_2-$	聚乙酸乙烯酯	PVAc
(1) C-C 主链	$-\underset{\underset{OH}{\vert}}{CH}-CH_2-$	聚乙烯醇,聚(1-羟基乙烯)	PVA
(2) C-O 主链	$-O-CH_2-$	聚甲醛,聚(氧亚甲基)	POM
	$-O-CH_2-CH_2-$	聚氧乙烯(聚环氧乙烷)	PEO
	$-O-CH_2-CH_2-$	聚乙二醇	PEG
	$-OCH_2CH_2O-\overset{\overset{O}{\parallel}}{C}-\!\!\!\!\raisebox{0pt}{⬡}\!\!\!\!-\overset{\overset{O}{\parallel}}{C}-$	聚对苯二甲酸乙二酯	PET
	$-O-\!\!\raisebox{0pt}{⬡}\!\!-\underset{\underset{CH_3}{\vert}}{\overset{\overset{CH_3}{\vert}}{C}}-\!\!\raisebox{0pt}{⬡}\!\!-O-\overset{\overset{O}{\parallel}}{C}-$	聚碳酸酯	PC
	$-O-\underset{\underset{CH_3}{\vert}}{CH}-CO-$	聚乳酸	PLA

续表

链的组成	重复单元	习惯名称，系统命名	英文缩写
		纤维素	
（3）C-N 主链	—NH(CH$_2$)$_5$CO—	聚己内酰胺，聚［亚氨基（1-氧代六亚甲基）］	Nylon-6
	—C(CH$_2$)$_4$—C—NH（CH$_2$)$_6$NH—	聚己二酰己二胺	Nylon-66
	—O(CH$_2$)$_2$OC—NH(CH$_2$)$_6$NHC—	聚氨酯	PU/PUR
（4）Si-O 主链	—O—Si—O—（CH$_3$，CH$_3$）	聚二甲基硅氧烷	SI

（二）命名

长期以来高分子化合物没有统一的命名法，按照习惯根据所用单体或聚合物的结构来命名，另外还有商品名或俗名。直至 1972 年，国际纯化学和应用化学联合会（IUPAC）提出了以化学结构为基础的系统命名法。

1. **习惯命名** 天然高分子大都有其专门的名称，例如纤维素、淀粉、木质素及蛋白质等。某些天然高分子的名称则与其来源有关，例如壳聚糖、阿拉伯胶及海藻酸等。但这些名称一般不能反映高分子的结构。

一些高分子化合物系由天然高分子衍生或改性而来，它们的名称则是在天然高分子的名称前冠以衍生的基团名，例如羧甲基纤维素、羧甲基淀粉等。

最常用的简单命名是以单体名称为基础进行命名。由一种单体聚合得到的高分子，可以在单体名称前冠以"聚"字，如聚乙烯、聚丙烯、聚乳酸、聚甲基丙烯酸甲酯等，它们分别是乙烯、丙烯、乳酸、甲基丙烯酸甲酯的高分子化合物。这种方法在一定程度上反映高分子的化学结构特征，比较简便。

也有以高分子结构特征来命名，如聚酰胺、聚酯、聚醚、聚砜、聚氨酯、聚碳酸酯等。这些命名代表的是一类聚合物。根据具体品种有详细的名称。如聚己二酰己二胺，是己二胺和己二酸的缩聚产物，商业上称为尼龙-66，尼龙代表属于聚酰胺的一大类高分子。前一个数字代表二元胺的碳原子数，第二个或以后数字则代表二元酸的碳原子数。如聚癸二酰己二胺可写作尼龙-610。尼龙后只附一个数字则代表氨基酸或内酰胺的高分子化合物。如尼龙-6 是己内酰胺或 ω-氨基己酸的聚合物。

2. **商品名** 许多高分子材料都有它们各自的商品名。在药用高分子材料中，有一些材料也有它们的商品名，如 BASF 公司的氧乙烯-氧丙烯-氧乙烯共聚物的商品名为 Lutrol（药用）或 Pluronic（一般用途），聚二甲基硅氧烷亦称硅油等。

我国习惯以"纶"字作为合成纤维商品名称的后缀字，如尼龙称为锦纶；涤纶即聚对苯二甲酸乙二醇酯纤维等。另外，一些外观类似于天然树脂的缩聚物商品名称的后缀字为"树脂"，前面取其原料简名，如丙烯酸树脂是（甲基）丙烯酸及其酯等单体的共聚物；许多经共聚合生产的合成橡胶，商品名直接称为橡胶，在"橡胶"前面加上共聚单体简名或代表性的字，如乙丙橡胶、丁腈橡胶。

3. 系统命名 习惯命名和商品名称应用普遍，但不够科学化。例如聚乙烯醇，容易使人误解其单体是乙烯醇，而事实上乙烯醇单体并不存在，聚乙烯醇是聚醋酸乙烯酯的醇解产物。又如聚 ε-己内酰胺和聚 ε-氨基己酸虽由两种不同单体合成，却是同一种聚合物。至于商品名就更容易引起混乱，同一种聚合物，在不同国家，甚至不同生产厂家之间亦称谓不一。所以，IUPAC 提出系统命名法，其规则如下：①确定重复单元结构；②排好重复单元中次级单元（subunit）的次序；③根据化学结构命名重复单元；④在重复单元名称前加一个"聚"字即为高分子名称。

根据 IUPAC 命名原则，如聚氯乙烯应为聚（1-氯代乙烯），书写其重复单元时，应写成—CHCl—CH$_2$—，即先写有取代基的部分；又如聚丁二烯命名为聚（1-次丁烯基），重复单元应写成—CH══CH—CH$_2$—CH$_2$—，即把与其他元素连接最少的单元排列在前。这些规则也适合其他聚合物重复单元中次级单元次序的排列。一些常见聚合物的系统命名见表 2-1。

IUPAC 命名严谨，但较繁琐，目前尚未广泛使用，但 IUPAC 提倡在学术交流中尽量少用俗名。

高分子化合物名称有时很长，往往用英文缩写符号表示，如聚乳酸缩写为 PLA，聚乙二醇缩写为 PEG，每一字母均应大写。两种聚合物具有相同缩写时，应加以区别。

第二节 高分子链结构

扫码"学一学"

一、高分子的结构特点

高分子的结构按其研究单元不同分为高分子链结构和高分子聚集态结构两大类。

链结构是指单个分子的结构和形态，即分子内结构。分子内结构又包含两个层次：近程结构和远程结构。近程结构是指单个大分子链结构单元的化学结构和立体化学结构，是反映高分子各种特性的最主要结构层次，直接影响高分子的熔点、密度、溶解性、黏度、黏附性等许多性能。远程结构是指分子的大小（分子质量）与构象。高分子的构象则与其链的柔性有关。

聚集态结构是指高分子材料整体的内部结构，包括晶态结构、非晶态结构、取向结构和织态结构等。

二、高分子链的近程结构

近程结构是指分子链中较小范围的结构状态，包括高分子结构单元的化学组成和键接方式、空间排列以及支化和交联等。近程结构是高分子最基础的微观结构，而且与结构单元有着直接的联系，所以又称为一次结构或化学结构。

（一）高分子链结构单元的键接顺序

键接顺序是指高分子链各结构单元相互连接的方式。在两种单体之间进行缩聚时，结构单元的键接方式一般都不会有多种形式。例如，聚酰胺结构单元的键接顺序只能是氨基与羧基的结合。但在加聚过程中，即使只有一种单体存在，键接顺序也有所不同。在两种或两种以上单体发生聚合，得到的共聚物可能具有多种键接方式。不同键接方式的聚合物具有不同的性能。可以用核磁共振谱表征键接方式。

1. 均聚物结构单元的键接顺序　在合成高分子时，由一种单体发生聚合反应生成的聚合物称为均聚物。在加聚反应中，如果参加反应的是结构完全对称的单体，如乙烯、四氟乙烯等，则只有一种键接方式。如果参加反应的是具有不对称取代结构的单体（如氯乙烯），把带取代基的碳原子叫做头，不带取代基的碳原子称作尾，则形成高分子链时就可能有三种不同的键接顺序：头—头键接、尾—尾键接和头—尾键接。

$$头—头键接 \quad \sim H_2C—CH—CH—CH_2 \sim$$
$$\underset{Cl}{|} \quad \underset{Cl}{|}$$

$$头—尾键接 \quad \sim H_2C—CH—CH_2—CH \sim$$
$$\underset{Cl}{|} \quad \underset{Cl}{|}$$

$$尾—尾键接 \quad \sim HC—CH_2—CH_2—CH \sim$$
$$\underset{Cl}{|} \quad \underset{Cl}{|}$$

在烯类单体（$CH_2 = CHR$）参加的加成聚合中，聚合物分子大多数是头—尾键接，但也存在少量头—头键接或尾—尾键接的聚合物分子。像聚氟乙烯等个别聚合物，分子链中头—头键接有较高的比例；而非烯类单体，如环氧丙烷，在一定的催化剂作用下，也生成较多头—头键接的大分子。

双烯类单体在加成聚合中结构单元的键接顺序更为复杂。例如，丁二烯 $\overset{1}{C}H_2 = \overset{2}{C}H—\overset{3}{C}H = \overset{4}{C}H_2$ 在聚合过程中有：

$$—CH_2—CH—CH_2—CH— \qquad \underset{|}{CH=CH} \quad \underset{|}{CH=CH}$$
$$\underset{||}{\underset{CH_2}{|}\overset{CH}{|}} \quad \underset{||}{\underset{CH_2}{|}\overset{CH}{|}} \qquad —CH_2 \quad CH_2—CH_2 \quad CH_2—$$

1,2-加聚　　　　　　　　　1,4-顺式加聚

1,4-反式加聚

当双烯类单体中第二或第三碳原子上有取代基时，如异戊二烯 $\underset{CH_3}{\overset{CH_2=C—CH=CH_2}{|}}$ 可能有 1，4、1，2 及 3，4 加成 3 种键接顺序。

结构单元的键接顺序对高分子材料的性能有比较显著的影响。例如，双烯 1，2 加成生成支链高分子；1，4 加成生成线型高分子，两种材料的弹性不同。又如只有头—尾键接的聚乙烯醇才能与甲醛缩合生成聚乙烯醇缩甲醛，而头—头键接的羟基不能发生缩醛化反应。

2. 共聚物的序列结构　由两种或两种以上单体发生聚合反应得到的高分子称为共聚物。共聚物不是各种均聚物的混合物，而是两种或两种以上单体以共价键相连的新型聚合物。含 M_1、M_2 两种单体的共聚物分子链的结构单元有以下 4 种典型的排列方式。

无规共聚物（random copolymer）：共聚物中两单元 M_1、M_2 无规排列。

$$—M_1—M_2—M_2—M_1—M_2—M_1—M_1—M_1—M_2—M_1—M_1—M_2—M_1$$

交替共聚物（alternating copolymer）：共聚物中两单元 M_1、M_2 严格相间。

$$—M_1—M_2—M_1—M_2—M_1—M_2—M_1—M_2—M_1—M_2—M_1—M_2—M_1$$

嵌段共聚物（block copolymer）：由较长的 M_1 链段和另一较长的 M_2 链段构成大分子。每链段由几百或几千结构单元组成。

$$—M_1—M_1—M_1—M_1—M_2—M_2—M_2—M_2—M_2—M_1—M_1—M_1—M_1$$

接枝共聚物（graft copolymer）：主链由单元 M_1 组成，而支链由另一单元 M_2 组成。

$$
\begin{array}{c}
\quad\quad\quad M_2—M_2—M_2— \\
\quad\quad\quad | \\
—M_1—M_1—M_1—M_1—M_1—M_1—M_1—M_1—M_1—M_1—M_1—M_1—M_1— \\
\quad\quad\quad | \quad\quad\quad\quad\quad\quad\quad\quad\quad | \\
\quad\quad\quad M_2 \quad\quad\quad\quad\quad\quad\quad\quad\quad M_2 \\
\quad\quad\quad | \quad\quad\quad\quad\quad\quad\quad\quad\quad | \\
\quad\quad\quad M_2 \quad\quad\quad\quad\quad\quad\quad\quad\quad M_2 \\
\quad\quad\quad | \quad\quad\quad\quad\quad\quad\quad\quad\quad |
\end{array}
$$

实际上，共聚物的结构不可能像上面所写的那样明确，共聚物的重复单元是很难确定的。在一个分子链中可能同时存在几种键接方式，以何种方式为主则与单体的配比、聚合过程及聚合条件等多种因素有关。

共聚物的命名原则系将两单体名称以短线相连，前面冠以"聚"字，例如：丁二烯和苯乙烯的共聚物，命名为聚丁二烯-苯乙烯，或丁二烯-苯乙烯共聚物，常用-co-、-alt-、-b-和-g-分别来表示无规、交替、嵌段和接枝共聚物。

共聚物分子链的键接顺序对材料性能的影响极其显著。在无规共聚物的分子链中，两种单体单元无规则排列，既改变了结构单元的相互作用，也改变了分子间的相互作用，因此无论在溶液性质、结晶性质和力学性质（有时甚至在化学性质）方面都与均聚物有很大差异。例如，75% 丁二烯和 25% 苯乙烯的无规共聚物，即丁苯橡胶，如果用特殊方法合成二者的嵌段共聚物，即每一个高分子两链端是聚苯乙烯，中间部分是聚顺丁二烯，得到所谓的"热塑性弹性体"，高温时可以熔融成型，低温时仍具高弹性；若用 20% 丁二烯和80% 苯乙烯接枝共聚，可以得到韧性很好的"耐冲击聚苯乙烯"塑料。由此可见，改变共聚物的组成和结构，可以提高材料的性能，合成具有特殊性能的新材料。

（二）支链、交联和端基

高分子的化学结构除键接顺序和序列结构外，还包括支链、交联、互穿和端基等结构。

1. 支链　在高分子的链节结构中，如果每个重复单元仅与另外两个单元相连接，形成的分子犹如一根线型长链，这类高分子称为线型高分子（linear polymer）。当分子内重复单元并不都是线型排列时，在分子链上带有一些长短不一的支链，这类高分子称为支化高分子。支链的存在使支化高分子在性能上与线型高分子有很大差异。高压聚乙烯是具有较多支链的高分子，低压聚乙烯是支链很少的线型高分子。高压聚乙烯的结晶性和密度都较低，韧性、抗拉强度和耐溶剂性等都不如低压聚乙烯。

2. 交联　线型高分子或支化高分子上若干点彼此通过支链或化学键相键接可形成三维网状结构的大分子，称为体型高分子，或交联高分子、网状高分子（cross-linked polymer）。

交联聚维酮、交联聚丙烯酸及交联羧甲基纤维素，具有不溶解和不熔融的特点。这与线型高分子和支化高分子有很大差别，一旦发生交联，材料的形状就不易改变。

体型聚合物虽然不能溶解，但按其交联程度不同在一些溶剂中能发生不同程度的溶胀，即溶剂分子进入网状结构内导致体积胀大。此外，高度交联的材料刚硬、不易变形、难以软化；低度交联的材料溶胀度较大、柔韧性好、加热易软化。

3. 互穿　互穿（interpenetration）是一种不同于支化、交联或共聚反应形成的互穿聚合物网络（interpenetration network，IPN）。最普通的制法是在一种交联聚合物网络中溶胀进第二种单体，其中混有交联剂和引发剂，使之聚合和交联。也有把两个线型聚合物的胶乳混合后进行胶凝和交联，这样得到互穿弹性网络（IEN）。

4. **端基** 端基（end group）是指高分子链末端的化学基团，虽然端基在高分子链中所占比例很少，但端基可以直接影响高分子链性能，如热稳定性。链断裂可以从端基开始，所以有些高分子需要封端，以提高其耐热性能。例如聚甲醛的端基（—OH）被酯化后可以得到热稳定的聚甲醛。在缩合聚合反应中加入可与端基反应的单官能团化合物，可以起到封端及控制相对分子质量的作用。

（三）高分子链的构型

链的构型是指分子中由化学键所固定的原子在空间的几何排列，这种排列是稳定的，除非化学键断裂，构型才会改变。化学组成相同的高分子可因链的构型不同而形成旋光异构体和几何异构体。

1. **旋光异构** 与低相对分子质量有机化合物相类似，当分子中存在一个不对称碳原子时，就产生了互为镜像的旋光异构体。在取代的烯类单体形成的聚合物中，如果单体双键的一个碳原子带有两个不同取代基时，则聚合物就存在旋光异构现象（图2-1）。

若每一个链节中有一个不对称碳原子，每个链节就有两种旋光异构单元存在，它们组成的高分子链就有3种键接方式：以聚丙烯为例（图2-2），全部由一种旋光异构单元键接而成的高分子称为全同立构（isotactic），甲基R全部位于平面的一侧；由两种旋光异构单元交替键接成的高分子称间同立构（syndiotactic），其R交替处于平面两侧；两种旋光异构单元完全无规则键接成的高分子则称无规立构（atactic），R无规则地处于平面两侧。

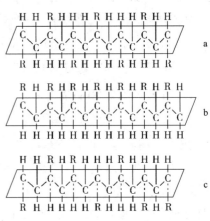

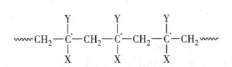

图2-1 聚合物旋光异构现象

图2-2 乙烯类高分子链的构型
a. 间同立构；b. 全同立构；c. 无规立构

虽然一些聚合物的链中含有许多不对称碳原子，具有多种空间构型，但由于分子链中的内消旋或外消旋作用，这类聚合物多数并没有旋光性。

2. **几何异构** 几何异构是由于双键不能内旋转而引起的异构现象。例如前述双烯类单体丁二烯聚合有1，4-顺式加成和1，4-反式加成两种几何异构体。如果在双烯类单体结构上还包含有不对称碳原子，例如C2或C3取代的丁二烯衍生物，在聚合得到的每一链节上既具双键又具两个不对称碳原子，则聚合物同时有几何异构和旋光异构。

三、高分子链的远程结构

远程结构是指整个分子链范围内的结构状态，又称二次结构。形成二次结构的单元是由若干重复单元组成的链段。远程结构通常包括高分子链的长短（即相对分子质量大小及其分布）和分子链的构象。前者对高分子材料物理性能及力学性能的特殊意义将在本章第四节专门讨论，这里着重介绍高分子链的构象。

（一）高分子链的构象

高分子主链中的单键可以绕键轴旋转，这种现象称为单键内旋转。由于内旋而产生的分子在空间的不同形态称为构象。通过分子热运动，各种构象之间转换速度极快。在没有外力作用且温度一定时，各种内旋异构体的相对含量达到平衡，而呈现出伸展链无规线团、折叠链、螺旋链等构象。构象不同于构型，构象改变不引起化学键断裂，它是由热运动引起的单键内旋转造成的。

（二）高分子链的柔性

高分子链每一个单键的内旋转都与其前一个单键的位置相关，如图 2-3 所示，可把高分子视为许多链段自由联结而成，各自具有相对运动的独立性。结果高分子链在没有外力作用下总是自发地采取卷曲状态。这种由于内旋转而使高分子链表现不同程度卷曲的特性称为柔性。

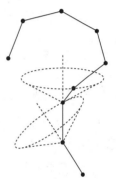

如果高分子链能完全自由旋转，分子的构象数最大，是完全柔性链；相反，高分子链处于伸直状态，构象只有 1 种，这时链极端刚性。实际上高分子链处于这两种极端情况之间。

高分子链的柔性与其分子结构密切相关，如主链结构、取代基、交联等；分子间作用力、温度等也是影响链柔性的重要因素。大分子链的柔性对材料的许多物理-力学性能，如耐热性、高弹性、强度等有影响。

图 2-3　键角固定的高分子链的内旋转

1. **主链结构**　主链中含有 C—O、C—N 和 Si—O 键，其内旋转均比 C—C 键容易，故聚醚、聚氨酯分子链均为柔性链。Si—O—Si 的键角和键长均大于 C—C 键，所以聚二甲基硅氧烷（硅橡胶）分子链柔性很大，在低温下还具有良好的弹性。

主链中含有双键的高分子，虽然双键本身不发生旋转，但却使相邻单键的内旋转变得容易，因此聚丁二烯、聚异戊二烯在室温下有良好的弹性。

主链中的共轭双键、苯环或杂环使柔性下降，如，聚乙炔、聚苯分子链均为刚性链，能够耐受较高温度。

2. **侧链**　侧链极性越强，数量越多，相互作用就越大，链的柔性也越差。如聚乙烯、氯代聚乙烯和聚氯乙烯，柔性依次减弱。非极性侧基，体积越大，空间位阻就越大，链的刚性增大。如聚苯乙烯的柔性比聚丙烯、聚乙烯差。如果侧基对称，使主链间距离增大，链间作用力减少，柔性增大。如聚异丁烯柔性优于聚丙烯。

3. **交联**　交联程度较低时，两交联点之间距离远大于链段长，分子仍保持一定柔性，交联程度较高时则失去柔性。一些在分子内或分子间能够形成强氢键的高分子也趋向于转变成刚性链。例如纤维素分子链就是因为氢键作用成为刚性链。

4. **温度**　温度越高，分子热运动能量越大，分子链内旋转越自由，构象数越多，链的柔性越大。例如在室温下柔性较橡胶差的塑料分子链，在加热至一定温度时也可呈现类似橡胶的弹性。而聚丁二烯、聚异戊二烯、硅橡胶等柔性分子链冷至某一温度时，其柔性消

扫码"学一学"

失，变得脆硬。但是高度交联的聚合物和氢键等相互作用很强的聚合物，在高温下柔性也很差。

第三节　高分子聚集态结构

聚合物的链结构是决定聚合物基本性质的主要因素，而聚集态结构是决定材料性能的主要因素。

聚集态结构是指高分子链间的几何排列，又称三次结构，也称为超分子结构。聚集态结构包括晶态结构（crystalline state）、非晶态结构（amorphous state）、取向态结构（oriented state）和织态结构（textures）等。

聚集态结构是在聚合物加工成型过程中形成的。即使具有相同链结构的同一聚合物，由于加工成型工艺或条件不同，可能产生不同的聚集态结构，如结晶程度、晶粒大小和形态的差异等。这些结构直接影响材料的力学性能、机械强度、开裂性能和透明性。

一、聚合物的结晶态结构

（一）结晶聚合物的主要特征

许多聚合物在一定条件下能够结晶。如聚乙烯、等规聚丙烯、聚酰胺、聚乳酸、聚对苯二甲酸乙二酯等。结晶后聚合物的宏观物理性质也发生一系列改变，如比容减小、密度增加、透明度降低、耐热性和刚硬性提高等。

与低分子结晶物质相比，结晶聚合物有其特征。聚合物结晶结构的基本单元是链段，仅有少数聚合物是以整个分子链排入晶格。链段的运动及整齐堆砌必然受到整个分子长链的牵制，因此，聚合物只能部分结晶，或者说聚合物结晶往往是不完全的。在多数结晶聚合物中，结晶部分和非晶部分共存，并且结晶的比例受结晶条件影响，在一定范围内变化。随着晶相和非晶相之间平衡的改变，聚合物的熔点也相应改变。结晶聚合物的熔点不是单一温度值，而是从预熔到全熔的一个温度范围，即熔程。聚合物的熔点是指完全熔化时的温度。熔程与熔点的大小除与聚合物近程结构有关外，受热温度也有很大的影响。结晶温度越低，熔点越低，熔程越宽；相反，结晶温度越高，熔点也越高，熔程也较窄。

聚合物中晶相的比例可用结晶度（X_c）表示：

$$X_c = 1 - X_a = \frac{晶相的含量}{晶相的含量 + 非晶相的含量} \times 100\%$$

$$= \frac{晶相的含量}{试样总质量} \times 100\% \tag{2-2}$$

式中，X 的下标 c、a 分别表示晶相和非晶相。

结晶度的测试方法很多，如 X 射线衍射、红外吸收光谱、密度法、热分析法等（表 2-2），但测得的结果不一定相同，有时甚至有较大出入，仅作为工艺指标。

表 2-2　根据不同性质测试结晶度的方法

性质	计算式
比容 $\nu = 1/\rho$（密度）	$X_c = \dfrac{\nu_a - \nu}{\nu_a - \nu_c}$

性质	计算式
比热 C_p（等压比热）	$X_c = \dfrac{C_{p,a} - C_p}{C_{p,a} - C_{p,e}}$
比焓 h	$X_c = \dfrac{h_a - h}{h_a - h_c}$
红外消光系数（ε）	$X_c = \dfrac{\varepsilon_\lambda}{\varepsilon_{\lambda,c}} = 1 - \dfrac{\varepsilon_\lambda}{\varepsilon_{\lambda,a}}$
X-射线衍射强度 I（I 为选定峰的面积）	$X_c = \dfrac{I_c}{I_c + I_a} \approx 1 - \dfrac{I_a}{(I_a)_{熔体}}$
核磁共振 A（A 为吸收带的面积，A_B 为宽吸收带面积，A_N 为窄吸收带面积）	$X_c = \dfrac{A_B}{A_B + A_N}$

（二）聚合物的结晶过程

凡能结晶的聚合物从熔体冷却到熔点（T_m）与玻璃化转变温度（T_g）之间的某一温度，都能产生结晶。与低分子化合物相似，聚合物的结晶也分为成核阶段和生长阶段。

成核阶段，高分子链规则排列生成热力学稳定的晶核。成核方式有均相成核和异相成核两种，均相成核是指处于无定形状态的高分子链由于过冷或过饱和形成晶核的过程；异相成核是指高分子链吸附在外来固体物质表面或吸附在熔体未破坏晶种表面形成晶核的过程。

生长阶段，高分子链进一步在晶核表面凝集使晶核长大。

成核过程和生长过程均与结晶温度有关。最合适的结晶温度范围为 $T_g \sim T_m$。如图 2-4 所示，聚合物熔体由高温冷却下来的一段过冷温度区间内（Ⅰ区，约 T_m 以下 $10 \sim 30K$），无晶核形成，即使加入外来晶核也由于分子较强的热运动而不产生结晶。在Ⅰ区以下 $30 \sim 60K$（Ⅱ区），主要是异相成核，均相成核速率很慢，温度相差几开尔文，结晶速率有很大变化。随温度下降至Ⅲ区，均相成核速率迅速增

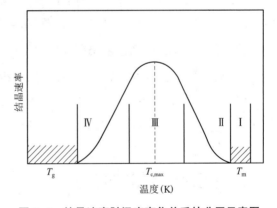

图 2-4　结晶速率随温度变化关系的分区示意图

大，分子链段热运动减弱，结晶速率很大。在温度达 $T_{c,max}$（约 $0.85T_m$）时结晶速率出现最大值。该区是聚合物成型加工时发生结晶的主要温度区。当温度下降至Ⅳ区时，尽管成核速率很大，但体系黏度增加使链段扩散困难，结晶速率越来越小。当温度接近 T_g 时，结晶速率已经非常小了。

聚合物的结晶过程除上述主结晶阶段外，还有次结晶阶段。次结晶是主结晶完成后在一些残留非晶部分和结晶结构不完善部分继续进行的结晶过程。次结晶使晶粒堆砌更紧密，消除晶体内部缺陷，使结晶进一步完整化或者晶体发生重新排列改变结晶结构。次结晶是一个很慢的过程，有的长达几年甚至几十年。如果次结晶未完成，聚合物制品会随着结晶度的改变造成密度、硬度、强度、渗透性等性能变化，严重的可以引起变形、开裂。在实际生产中，常在最大结晶温度 $T_{c,max}$ 条件下对材料或制品进行热处理，加速次结晶过程，提

高产品质量。

（三）影响结晶过程的因素

1. 链对称性　高分子的化学结构越简单、链取代基越小以及链节对称性越高就越易形成结晶。例如聚乙烯、聚四氟乙烯非常容易结晶，而且可以达到很高的结晶度（96%）。聚氯乙烯和聚三氟乙烯的结晶能力则明显下降。与聚氯乙烯相比，聚偏二氯乙烯的结晶度有所提高（约75%）。

2. 链规整性　链规整性越高，结晶越容易。无规立构聚丙烯和聚苯乙烯不能结晶，全同立构和间同立构的上述两种聚合物容易结晶。缩聚物分子链一般较加聚物规整，结晶性亦较高。与均聚物相比，共聚物的结晶能力较低。但当共聚物中的结晶结构单元相似时也可以结晶。嵌段共聚物中各嵌段的结晶性一般不因共聚而改变，例如A-B-A型嵌段共聚物中，若A是聚酯嵌段，B是聚丁二烯嵌段，则A、B分别保持其结晶性和高弹性。

3. 分子间相互作用　分子间作用力较强的聚合物链的柔性较差，链段不容易在晶核表面聚集形成结晶结构，但一旦结晶则结构稳定，例如聚酰胺、聚乙烯醇在结晶时都形成强氢键。

除上述结构因素外，温度、应力、杂质等对结晶均有不同程度的影响。温度除改变结晶速度外，也对结晶度有很大影响。聚癸二酸癸二醇酯的结晶速率常数在温度相差仅1℃时竟相差约1000倍，聚乙烯60℃和110℃结晶的结晶度分别为55%和25%。应力能使分子链按力的方向有序排列，一些不易结晶的聚合物在应力作用下能加速结晶。涤纶薄膜在80~100℃进行拉伸，结晶速度可提高1000倍。杂质有两方面的影响：例如固态的苯甲酸镉、水杨酸铋、草酸钛等在聚丙烯结晶过程中可作为成核剂；而一些可溶性添加剂，如有机染料和长链脂肪酸的碱金属盐，在与聚合物共溶时作为稀释剂，延缓结晶过程。

（四）结晶对聚合物性能的影响

大多数结晶聚合物的结晶度在50%左右，少数在80%以上。聚合物结晶度越大，其熔点、密度增加，抗张强度、硬度增强，溶解性降低。这是高分子链间紧密敛聚，分子间作用力增强的结果。另一方面，由于分子链运动受限制，聚合物的高弹性、断裂伸长、抗冲击强度等均有所下降。

二、聚合物的取向态结构

1. 聚合物的取向模型　聚合物在外力作用下，分子链沿外力方向平行排列形成的结构，称为聚合物的取向态结构。未取向聚合物是各向同性的，取向后材料呈各向异性。

取向可分为单轴取向和双轴取向。单轴取向是聚合物沿一个方向拉伸，分子链沿拉伸力平行方向排列；双轴取向是聚合物在纵横两个相互垂直方向拉伸，分子链排列平行于材料平面。

非晶态聚合物的取向按取向单元不同分成整链取向和链段取向。前者是指整个分子链沿受力方向取向，其局部链段不一定取向，又称大尺寸取向。后者则是链段取向，又称小尺寸取向。

晶态聚合物取向是结晶形变过程，经外力拉伸后形成新的结晶结构，如折叠链结晶结构或伸展链结晶结构等。

取向与结晶的大分子链或链段的整齐排列有本质的不同。在结晶态，分子链的原子相互间均有周期性和规则的排布，而取向态的分子仅需成行排列，不需要原子在特定位置上定位。所以在晶态聚合物的非晶区也能观察到取向现象。

聚合物的取向程度可以用取向度表示。材料在取向后呈各向异性，可以采用X-射线衍射、光双折射、红外二向色性、小角光散射、偏振荧光和声传播等方法测定取向度。

2. 聚合物取向后的性能变化 聚合物拉伸取向后在取向方向上的机械强度增大。单轴取向只提高其拉伸方向强度。双轴取向对两个方向强度均有改善。在实际应用时，纤维材料常作单轴拉伸取向，而薄膜材料常作双轴取向。单轴取向纤维在长轴方向具有很大强度又保持一定弹性；双轴取向薄膜各向有相等强度，耐折叠，提高了透明度，防止了存放中的不均匀收缩。

取向是一种分子链有序化的过程，取向有利于聚合物的结晶。另外，取向也是一种分子热运动过程。如果取向过程处理不当，材料中可能残留较大的应力和热收缩率，在贮存或使用时材料可能发生收缩、翘曲或开裂。

三、聚合物的织态结构

1. 织态结构的形成 在聚合物内掺杂添加剂或其他杂质，或将性质不同的两种聚合物混合起来成为多组分复合材料，这种不同聚合物之间或聚合物与其他成分之间的堆砌排列称为织态结构。

将两种或两种以上的高分子材料加以物理混合使之形成混合物的过程称为共混，得到的混合物称为共混聚合物。共混聚合物、嵌段共聚物和接枝共聚物也称为高分子合金。

共混聚合物各组分的混合情况、形态及其精细结构可通过电子显微镜观察。大多数聚合物相互共混只能得到表观均匀的共混物而很难获得完全均匀的单相共混物。在混合过程中，只有异种分子间的相互作用大于同种分子间的相互作用，二者才可能完全相容。聚合物分子间作用力的大小，可用内聚能或内聚能密度来表征。聚合物分子间内聚能越接近，完全混合的可能性越大。结晶聚合物共混需要克服晶格能，很难形成单相共混物。所以，大多数共混聚合物都是非均相体系。这些非均相体系在贮存、使用条件下不发生分相是因为高分子的黏性、相界面分子链段的相互扩散以及共混过程中共聚物或交联键的生成等因素的综合作用。

2. 共混聚合物的性能 共混聚合物的性能取决于各组分的性质、配比和混合状态。如果两组分的内聚能相差很大、相容性很差，不能相互均匀分散，共混后不可能有良好的性能。但是内聚能很接近，相容性很好的聚合物共混后的性能也不会有较大程度的改善。选择性能不同但仍有一定相容性的聚合物共混，得到的共混材料具有较优良的性质。例如聚苯乙烯是一种脆性材料，如果在聚苯乙烯聚合时加入5%～10%的橡胶，使之在聚苯乙烯中以颗粒分散，可以形成具有韧性和耐冲击性能的共混聚合物。

共混聚合物的比例与其性能有很大关系。一般地说，共混聚合物中体积或含量超过70%的聚合物构成连续相，30%以下的构成分散相。如果要求共混材料具有较大的强度和一定韧性，应以塑料为连续相；而要求以弹性为主的共混材料中应以橡胶为连续相。分散相中聚合物的分散程度也对性能改善有影响。

此外，共混聚合物的性能与温度、共混工艺等亦有关系。实施共混的方法通常有干粉共混、溶液共混、乳液共混及熔融共混。

共混可改变原聚合物的光学、力学、热、电、加工性能、溶解性与结晶度，并使材料更加耐老化，延长使用寿命。

第四节　高分子的相对分子质量及其分布

扫码"学一学"

一、概述

（一）相对分子质量特点

高分子的相对分子质量与小分子相比，有以下两个特点：①相对分子质量大，聚合物的相对分子质量通常高达 $1\times10^4 \sim 1\times10^6$；②具有多分散性，聚合物的相对分子质量只是统计平均值，这种相对分子质量的不均一性称为多分散性（heterodispersity）。

对同一聚合物采取不同的测定方法得到的平均相对分子质量各不相同，其原因是各种方法的原理不同，且符合不同的统计数学模型。按照不同统计方法，聚合物平均相对分子质量有以下几种常用表达方法。

1. **数均相对分子质量（$\overline{M}_n$）**　假设某种聚合物中，相对分子质量为 M_1、M_2……M_i 的分子数分别为 n_1、n_2……n_i 个。按分子数目统计得到平均相对分子质量为：

$$\overline{M}_n = \frac{M_1 n_1 + M n_2 + \cdots + M_i n_i + \cdots}{n_1 + n_2 + \cdots + n_i + \cdots}$$

$$= \frac{\sum M_i n_i}{\sum n_i} = \sum N_i M_i \tag{2-3}$$

式中，N_i 为相对分子质量为 M_i 的组分的数量分数。

2. **重均相对分子质量（$\overline{M}_w$）**　按重量分布的统计平均相对分子质量，为重均相对分子质量。

$$\overline{M}_w = \frac{\sum W_i M_i}{\sum W_i} = \frac{\sum n_i M_i^2}{\sum n_i M_i} \tag{2-4}$$

式中，W_i 为相对分子质量为 M_i 级分的重量分数。

重均相对分子质量大于数均相对分子质量，因为一个相对分子质量较高的分子，其重量分数大于相对分子质量较低者。

3. **黏均相对分子质量（$\overline{M}_\eta$）**　用溶液黏度法测得的相对分子质量称为黏均相对分子质量，定义为：

$$\overline{M}_\eta = \left[\sum \frac{W_i}{\sum M_i} M_i^a \right]^{1/a} \tag{2-5}$$

式中，a 为相对分子质量常数，其值与高分子和溶剂的性质有关，一般在 0.5～1 之间，在一定相对分子质量范围内 a 为常数，其值可由 Mark-Houwink 方程 $[\eta] = kM^a$ 求得。

同一多分散性聚合物的各种相对分子质量存在如下关系：$\overline{M}_n < \overline{M}_\eta < \overline{M}_w$，其中低相对分子质量的聚合物对 $\overline{M}_n$ 的影响较大，而对 $\overline{M}_w$ 的影响较小。相反，$\overline{M}_w$ 则主要取决于高相对分子质量级分。

单分散性聚合物各种平均相对分子质量的数值相同，即：$\overline{M}_n = \overline{M}_\eta = \overline{M}_w$

（二）相对分子质量分布表示方法

对于平均相对分子质量相同的聚合物，其相对分子质量分布也有可能不同，所以以只用平均相对分子质量不足以表征聚合物的分子质量特征，还需要明确其相对分子质量分布。

以 $\overline{M}_w/\overline{M}_n$ 的比值来表示相对分子质量分布指数。对于单分散性聚合物，$\overline{M}_w=\overline{M}_n$，比值为1，阴离子型聚合产物的分布指数就接近1，不同方法制得的聚合物分布指数常在 1.5~2.0 之间，有时也可高达 20~50。比值越大，分布越宽。

（三）相对分子质量及其分布对聚合物性能的影响

聚合物的相对分子质量是衡量高分子材料的基本结构参数之一，聚合物许多物理性质与其相对分子质量的大小及其分布有着密切的关系，如物态（液体或固体）、力学性能和黏度等，特别是相对分子质量对高分子材料的加工性能有着重要的影响。相对分子质量相当低或特别高的级分对性能影响尤为明显。一般而言，聚合物的力学性能，如抗张强度、抗冲击强度、弹性模量、硬度以及黏合强度，随聚合物相对分子质量的增加而增加，当相对分子质量大到某一程度时，上述各种性能的提高速度减慢，最后趋于某一极限值。而某些性能，如黏度、弯曲强度等，随相对分子质量增加而不断提高。

相对分子质量分布对材料的机械性能也有很大影响，如材料的抗张强度、抗冲击强度、耐疲劳性以及加工过程中的流动性和成膜性，都与相对分子质量分布有密切的关系。

对于高分子材料，并不是说相对分子质量愈高，相对分子质量分布愈窄，作为药物制剂的辅料就越理想。实际应用中，应兼顾高分子材料的使用性能和加工工艺对相对分子质量及其分布加以控制。很多药用高分子材料的规格都是根据相对分子质量不同进行分类的，如聚维酮 K15~K90，卡波姆（carbomer）940、934 或 941 等，使用时应根据用途加以选择。

二、高分子相对分子质量及分布的测定方法

（一）相对分子质量测定方法

1. 数均相对分子质量　凡是采用依数性为实验原理的方法所测得平均相对分子质量为数均相对分子质量，如冰点下降法、沸点升高法、渗透压法和端基分析法等。

端基分析法适用于聚合物分子中分子链末端有明确数目，可以用化学法定量测定的端基，其适用相对分子质量范围 $<3\times10^4$。一定重量的聚合物中分子链的数目可以通过端基的数目计算得到，从而计算得到聚合物的相对分子质量。端基分析法对缩聚物的相对分子质量测定应用较广。

泊洛沙姆是由环氧丙烷和环氧乙烷共聚而得到的线型聚醚，其分子两端以氧乙烯醇封端，大分子两端都含有羟基。测定方法为：在一定重量的试样中加入定量的酞酸（邻苯二甲酸）使成酞酸半酯，再用简单的标准碱液滴定。测定时设每一分子中所含端基数为 Z（$Z=2$），如以一定体积（ml）标准碱液滴定泊洛沙姆达到滴定终点时，该聚醚的数均相对分子质量应为：

$$M=\frac{WZ}{NV/1000} \tag{2-6}$$

式中，V 为试样消耗 NaOH 标准液的体积（ml）；W 为试样质量（g）；N 为试样中端基的摩尔数。

采用其他方法测定的数均相对分子质量的范围如下：渗透压法（$2\times10^4\sim1\times10^6$）、气相渗透法（$<3\times10^4$）、冰点降低法（$<1\times10^4$）和沸点升高法（$1\times10^4$）。

2. 重均相对分子质量　光散射法是测定重均相对分子质量的一种经典方法，利用溶液的光散射性质可测定溶质的相对分子质量、分子大小及形状。现代激光光散射包括静态和动态光散射。静态光散射通过测定时间平均散射光强的角度和浓度的依赖性，可以精确地得到聚合物的重均相对分子质量，均方根旋转半径和第二维利系数。动态光散射可利用快速数字时间相关仪记录散射光光强随时间的涨落（时间相关函数），得到散射光的特性衰减时间，然后可求得平均扩散系数及与之相对应的流体力学半径。静态和动态光散射的结合运用可研究高分子以及胶体粒子的质量和流体力学体积变化，如聚集与分散、结晶与溶解、吸附与解吸附、高分子链的伸展以及蛋白质长链的折叠，可得到许多独特的微观参数。

光散射法可测定的相对分子质量范围为 $1\times10^4\sim1\times10^7$。相对分子质量较低时，由于灰尘和杂质的干扰，测定的可靠性较差。

3. 黏均相对分子质量　实验证明，高分子的特性黏度取决于测定温度、溶剂的性质和高分子的相对分子质量、形状及分子间作用力等，当聚合物、溶剂和温度确定后，特性黏数 $[\eta]$ 数值仅与试样的相对分子质量（M）有关，称为 Mark-Houwink 方程。

$$[\eta]=kM^a \text{ 或 } [\eta]=k'P^a \tag{2-7}$$

式中，P 为聚合度；a、k 和 k' 为在一定的相对分子质量范围内与相对分子质量无关的常数。所以如果已知 k 和 a 值，即可根据所测得的聚合物的 $[\eta]$ 计算出试样的相对分子质量，所得结果为黏均相对分子质量（$\overline{M_\eta}$）。

确定每种聚合物-溶剂体系的 k 和 a 值时需先用其他绝对方法（如渗透压法、光散射法或超速离心法）测定一系列试样的平均相对分子质量，按《中国药典》黏度测定法测出 $[\eta]$ 值，根据式（2-7）求出 k 和 a 值。许多高分子-溶剂体系的 k 和 a 值可以从常用物理化学手册查阅。如醋酸纤维素丙酮液，20℃时 k 为 6.71×10^{-3}，a 值为 1；甲基纤维素二甲基亚砜液，k 为 33.8×10^{-3}，a 值为 0.84。

用黏度测定法测定相对分子质量不是一种绝对方法，需借助其他方法确定 k 和 a 值。同一种高分子的特性黏度方程，随确定 k 和 a 值所用样品是否分级及分级的程度不同而不同。这一方法所用仪器设备简单，操作方便快速，而且准确度较高，所测的相对分子质量和聚合度范围很宽（$1\times10^3\sim1\times10^8$），因此，这也是目前应用最广泛的一种方法。

（二）相对分子质量分布测定法

为了测定聚合物的相对分子质量分布，不仅需要按照相对分子质量的大小分级，还需要测定各级分的含量与相对分子质量。

凝胶渗透色谱法（GPC），是按溶质分子大小（即体积不同）进行分离的一种色谱法，实际上是液相色谱法的一种特殊形式。在其色谱柱内填充有一定孔隙率和一定粒度的交联型凝胶颗粒（或表面多孔粒子），这种凝胶颗粒构成了适当的孔径分布，它的分布与试样中溶质分子大小分布的情况相适应，随着溶剂的淋洗，由于凝胶的排阻效应进行不同分子大小的分离，因此又称为体积排除色谱（size exclusion chromatography，SEC）。对于 GPC 来说，级分的量即是淋洗液的浓度。可用示差折光仪测定淋洗液的折光指数与纯溶剂的折光指数差值以表征淋洗液的浓度。纵坐标为淋洗液的浓度、横坐标为淋出体积（表征分子尺寸）的 GPC 谱图可反映出相对分子质量分布曲线。如需要测定相对分子质量，则需使用单分散的聚合物作为标准样品（脂溶性的聚苯乙烯，水溶性的葡聚糖和 PEG）来标定相对分子质量-淋出体积标定曲线。

凝胶色谱法的特点是快速、简便、数据可靠、重现性好，能够同时测定相对分子质量及相对分子质量分布。

第五节　聚合反应

扫码"学一学"

聚合反应（polymerization）是指由单体合成聚合物的化学反应。按照单体与聚合物在元素组成和结构上的变化，聚合反应分为加聚反应（additive polymerization）和缩聚反应（condensation polymerization）。

加聚反应是指单体经过加成聚合反应，所得产物称为加聚物，加聚物的元素组成与其单体相同，只是电子结构有所改变，加聚物的相对分子质量是单体相对分子质量的整数倍。一些烯类、炔类、醛类等具有不饱和键的单体，通常进行加成聚合反应而生成加聚物，如聚乙烯吡咯烷酮的合成。

缩聚反应是指单体间通过缩合反应，脱去小分子，聚合成高分子的反应，所得产物称为缩聚物。缩聚物的化学组成与单体不同，其相对分子质量也不是单体的整数倍。大多数的杂链聚合物是由缩聚反应合成的，容易被水、醇、酸等试剂水解或醇解。

聚合反应按照聚合机理的不同分为连锁聚合反应（chain reaction polymerization）和逐步聚合反应（step reaction polymerization）。连锁聚合反应是指整个聚合反应是由链引发、链增长和链终止等基元反应组成。其特征是瞬间形成相对分子质量很高的聚合物，相对分子质量随反应时间变化不大，反应需要活性中心。连锁聚合反应根据反应活性中心的不同又可分为自由基聚合、阳离子聚合和阴离子聚合反应，它们的反应活性中心分别为自由基、阳离子、阴离子。烯类单体的加聚反应大多数属于连锁聚合反应。

逐步聚合反应反映大分子形成过程中的逐步性。反应初期单体很快消失，形成二聚体、三聚体、四聚体等低聚物，随后这些低聚物间进行反应，相对分子质量随反应时间逐步增加。在逐步聚合全过程中，体系由单体和相对分子质量递增的一系列中间产物所组成。绝大多数的缩聚反应属逐步聚合反应。

随着高分子化学的发展，又出现了许多新的聚合反应，如开环聚合反应、成环聚合和原子转移聚合等。

一、自由基聚合反应

自由基聚合反应是单体经外因作用形成单体自由基活性中心，再与单体连锁聚合形成聚合物的化学反应。其特点是反应开始时必须首先产生自由基活性中心。

（一）自由基的产生与活性

引发单体成为自由基而进行反应的方法很多，如烯类单体可以在热、光或高能辐射作用下直接形成自由基。而目前工业上广泛应用的是用少量的引发剂来产生自由基活性中心，引发聚合反应。

1. 引发剂　引发剂（initiator）是在一定条件下能打开碳-碳双键进行连锁聚合反应的化合物。自由基聚合引发剂一般结构上具有弱键，容易分解成自由基。它通常分为热解型引发剂和氧化还原型引发剂两类。

（1）**热解型引发剂** 热解型引发剂是指由于受热在弱键处均裂而生成初级自由基的化合物。常用的有偶氮化合物，如偶氮二异丁腈（2，2′-azo-isobutyronitrile，AIBN），和过氧化合物，如过氧化苯甲酰（benzoyl peroxide，BPO），等两类。

偶氮类和过氧化物类引发剂均属油溶性引发剂，常用于本体聚合、悬浮聚合和溶液聚合。

（2）**氧化还原型引发剂** 许多氧化还原反应可以产生自由基，用来引发聚合，这类引发剂称为氧化还原型引发剂。优点是活化能较低，可在 $0 \sim 50℃$ 引发聚合反应，提高引发和聚合速率，减少聚合副反应。

乳液聚合常采用氧化还原体系，如丙烯酸类聚合物在乳液聚合时选用过硫酸铵和亚硫酸钠为引发体系。

2. **引发活性与引发效率** 引发剂的活性可用分解速率常数或半衰期来表示。分解速率常数愈大或半衰期愈短，则引发剂活性愈高。

引发剂分解后，只有一部分用于引发单体聚合，还有一部分由于聚合副反应而损耗。引发单体聚合的自由基数与分解的自由基数的比值为引发剂的引发效率。引发效率与聚合体系和引发剂本身的结构有关。

3. **引发剂的选择** 首先要根据聚合反应实施的方法来选择。一般本体聚合、悬浮聚合和有机溶液聚合选择偶氮类和过氧化物类油溶性引发剂，乳液聚合和水溶液聚合则要选择过硫酸盐类的水溶性引发剂。其次要根据聚合温度选择活化能或半衰期适当的引发剂，使聚合时间适宜。

（二）自由基聚合反应机制

1. **链引发反应** 链引发是形成单体活性中心的反应。引发剂引发时，包括以下两步反应。

（1）引发剂 I 分解生成初级自由基 R·。

$$I \rightarrow 2R· \qquad 活化能（E）：105 \sim 150kJ/mol$$

（2）初级自由基与单体加成，形成单体自由基。

以上两步反应中，形成初级自由基反应的活化能高于形成单体自由基反应的活化能，引发剂的分解反应是控速步骤，也是整个自由基聚合反应的控速步骤。

2. **链增长反应** 单体自由基能打开另一单体的 π 键形成新的自由基，该自由基活性不变，继续与其他单体加成反应结合生成单元更多的链自由基，这个过程称为链增长反应。

链增长反应的活化能较低，因此链增长速率极快，在瞬间即可形成聚合度较大的链自由基，而后终止为大分子。因此，在聚合体系中只存在单体和聚合物两种组分，不存在相对分子质量递增的一系列中间产物，这也是连锁反应的特征。

3. 链终止反应 链自由基失去活性形成聚合物的反应称为链终止反应。链终止反应有偶合终止反应和歧化终止反应两种方式。

两链自由基的独电子相互结合成共价键的终止反应称为偶合终止反应。偶合终止反应产物的聚合度为链自由基重复单元数的两倍。链自由基夺取另一链自由基的氢原子或其他原子的终止反应称为歧化终止反应。歧化终止反应所得聚合物的聚合度与链自由基中的单元数相同。

链终止方式与聚合条件和单体种类有关。

$$\sim CH_3\dot{C}H + \dot{C}CH_2 \sim \longrightarrow \sim CH_2CHCHCH_2 \sim$$
$$\underset{X}{|} \quad \underset{X}{|} \qquad\qquad \underset{X}{|}\ \underset{X}{|}$$

偶合终止

$$\sim CH_3\dot{C}H + \dot{C}HCH_3 \sim \longrightarrow \sim CH_3CH_2 + HC\!=\!CH \sim$$
$$\underset{X}{|} \quad \underset{X}{|} \qquad\qquad \underset{X}{|} \quad \underset{X}{|}$$

歧化终止

链终止反应活化能很低，为 $8.4\sim21kJ/mol$，因此链终止速率常数极高。在聚合反应中链增长反应与链终止反应是一对竞争反应。在这两个反应中，虽然终止速率远大于增长速率，但从整个聚合体系来看，因为反应速率与反应物浓度成正比，所以在聚合的初、中期，由于单体浓度远远大于自由基浓度，而使增长总速率远大于终止总速率；但在反应末期，由于单体浓度很低，自由基碰撞几率增加，而使聚合以终止反应为主。

4. 链转移反应 链转移反应是指链自由基从单体、引发剂、溶剂等低分子或大分子上夺取一个原子而终止并使这些失去原子的分子成为自由基，继续新的链增长反应。链转移和链增长是一对竞争反应。

链转移只是活性中心的转移，并未减少活性中心的数目，所以链转移的结果通常不影响聚合速率，但却降低了聚合物的相对分子质量，或可能形成支化、交联产物。

链转移反应是自由基聚合中常见的副反应，但有时也可利用它来调节聚合物的相对分子质量。

5. 阻聚反应 自由基与某些物质反应形成稳定的分子或稳定的自由基，使聚合速率下降为零的反应称为阻聚反应，这些物质称为阻聚剂。阻聚反应不是聚合的基元反应，但很重要。

自由基聚合的阻聚剂有 3 种类型：①稳定自由基，本身不能引发聚合，但能与活性自由基结合而终止，如 2，2-二苯基-1-三硝基苯肼基（DPPH）；②带有强吸电子基团的芳香族化合物，如醌类、芳硝基类（如硝基苯，二硝基氯苯，苦味酸等）、酚类、芳胺等；③某些杂质，如空气中的氧，因此聚合反应要在惰性气体中进行。此外，三价铁离子能氧化自由基，使其失去引发能力，因而自由基聚合不能在含铁的容器中进行。有时单体中含有的少量杂质也可成为阻聚剂，所以要选择高纯度的单体进行自由基聚合反应。

（三）自由基聚合反应的特征

自由基聚合反应的特征可概括为慢引发、快增长、速终止。引发速率是控制总聚合速率的关键；聚合体系中只有单体和聚合物组成，在聚合过程中，聚合度变化较小。

药用高分子材料如聚维酮及包装材料聚氯乙烯、聚苯乙烯、聚丙烯等均采用自由基聚合反应来制备。

（四）自由基聚合产物的相对分子质量

自由基聚合过程中，影响相对分子质量的主要因素有：单体的浓度、引发剂的浓度和反应温度。在没有链转移反应和除去杂质的条件下，自由基聚合产物的相对分子质量与单体的浓度成正比；与引发剂浓度的平方根成反比；温度升高，相对分子质量下降；因此，在较低温度下，可获得较高相对分子质量的聚合物。

二、自由基共聚合

由一种单体参加的聚合反应，称作均聚（homopolymerization），所形成的聚合物称为均聚物（homopolymer）。

由两种或两种以上单体共同参加的聚合反应，称作共聚（copolymerization），所形成的聚合物称为共聚物（copolymer）。根据聚合物的微观结构，常见的共聚物可分为无规、交替、嵌段和接枝共聚物等类型。

共聚物若使用自由基作为聚合的引发剂时，称为自由基共聚合。共聚反应与均聚反应同样具有链引发、增长和终止 3 个基元反应，但是在反应速率和反应历程均与均聚反应有显著的区别。在均聚反应中，聚合速率、平均相对分子质量及其分布是研究的重要内容，但在共聚反应中共聚物的组成和序列结构则是研究的首要问题。共聚物中单体的序列结构可采用红外、核磁（尤其是^{13}C 核磁）方法测定。

共聚从有限的单体出发，根据需要，可制备出具有各种不同性能的共聚物。通过共聚，可以改变聚合物许多性能，如结晶度、机械强度、弹性、柔性、玻璃化温度、熔点、溶解性、表面性能和降解速度等。如聚乙醇酸（PGA）、聚乳酸（PLA）的降解时间分别为 28天和 3~6 个月，而它们的共聚物聚乙醇酸–乳酸（PLGA）当单体比例为 50∶50 时降解速度达到最快，比均聚物 PGA 和 PLA 要快。PGA 不溶于有机溶剂，但 PLGA（50∶50）可溶于一般的有机溶剂，如氯仿、甲苯、四氢呋喃、乙酸乙酯等。共聚物性能改变的程度与单体的种类、数量以及排列方式有关。

药用高分子材料中的丙烯酸共聚树脂、乙烯–醋酸乙烯共聚物等均采用自由基共聚反应制得。

三、离子型聚合及开环聚合

（一）离子型聚合

链增长活性中心为离子的聚合反应称为离子型聚合，根据链增长活性中心的种类不同可分成 3 类：即阴离子型、阳离子型和配位离子型聚合，本书只介绍阴离子型聚合。

1. 阴离子型聚合适用的引发剂和单体 能进行阴离子型聚合的单体在结构中都具有吸电子基团，使双键电子云密度减少，适合阴离子活性中心与双键进行加成反应，如甲基丙烯酸甲酯、丙烯腈等。共轭烯烃、含羰基的化合物以及杂环化合物往往既可以进行阴离子聚合、又可进行阳离子聚合。

阴离子聚合引发剂是电子给予体，亲核试剂，属于碱类。作为阴离子型聚合引发剂的碱有 3 种类型，如表 2-3 所示。

表 2-3　阴离子型聚合的引发剂与单体

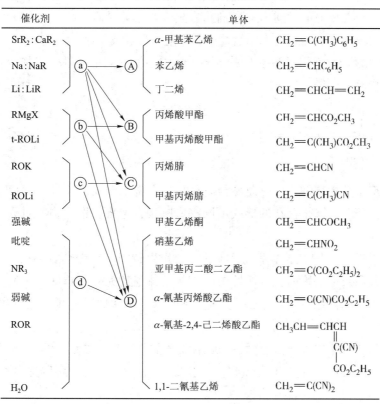

催化剂	单体	
$SrR_2 : CaR_2$	α-甲基苯乙烯	$CH_2=C(CH_3)C_6H_5$
$Na : NaR$	苯乙烯	$CH_2=CHC_6H_5$
$Li : LiR$	丁二烯	$CH_2=CHCH=CH_2$
$RMgX$	丙烯酸甲酯	$CH_2=CHCO_2CH_3$
$t\text{-}ROLi$	甲基丙烯酸甲酯	$CH_2=C(CH_3)CO_2CH_3$
ROK	丙烯腈	$CH_2=CHCN$
$ROLi$	甲基丙烯腈	$CH_2=C(CH_3)CN$
强碱	甲基乙烯酮	$CH_2=CHCOCH_3$
吡啶	硝基乙烯	$CH_2=CHNO_2$
NR_3	亚甲基丙二酸二乙酯	$CH_2=C(CO_2C_2H_5)_2$
弱碱	α-氰基丙烯酸乙酯	$CH_2=C(CN)CO_2C_2H_5$
ROR	α-氰基-2,4-己二烯酸乙酯	$CH_3CH=CHCH \underset{\underset{CO_2C_2H_5}{\overset{\|}{C(CN)}}}{\overset{\|}{}}$
H_2O	1,1-二氰基乙烯	$CH_2=C(CN)_2$

（1）碱金属、碱土金属及其烷基化物如表 2-3 中 a 组。碱性极强，聚合活性最大，由此可引发各种活性单体进行阴离子聚合。

（2）碱金属的烷基氧化物及强碱如表 2-3 的 b 组和 c 组。为强碱，只能引发活性较强的单体聚合。

（3）弱碱类如表 2-3 中 d 组。只能引发最活泼的单体。

阴离子型聚合中单体对引发剂具有强烈的选择性。

2. 阴离子型聚合反应的机制　阴离子型聚合反应属于连锁聚合反应，因此也由链引发、链增长和链终止基元反应组成。

（1）链引发反应

①碱金属引发单体的结果通常可生成两个活性中心，如金属钠引发苯乙烯。

$$2Na \ + \ \underset{\underset{C_6H_5}{\overset{\|}{}}}{H_2C=CH} \longrightarrow \overset{+ \ -}{Na}CHCH_2 \underset{\underset{C_6H_5}{}}{\overset{}{}} - CH_2\overset{- \ +}{C}Na$$

这种活性中心可沿两个方向同时进行链增长，可先引发一种单体聚合，达到一定聚合度后，再加入另一种单体，生成三嵌段共聚物。

②金属烷基化合物引发反应工业上广泛应用的是烷基锂，如丁基锂可引发苯乙烯。

$$C_4H_9Li \ + \ \underset{\underset{C_6H_5}{\overset{\|}{}}}{H_2C=CH} \longrightarrow C_4H_9CH_2 - \overset{\overset{H}{\|}}{\underset{\underset{C_6H_5}{\|}}{C}} - Li$$

③活性高分子链引发高分子阴离子有强的解离和亲核能力，也能引发单体聚合。

$$P^-A^+ + M \longrightarrow PM^-A^+$$

阴离子型聚合的引发反应不需加热，在常温甚至低温下即能分解而引发单体聚合，并且引发速率很高，在极短的时间内引发剂几乎全部与单体结合，生成单体活性链，开始链增长反应。此时反离子总是在链末端活性中心附近，形成离子对。

（2）链增长反应　链引发产生的阴离子活性中心继续同单体进一步加成，形成活性增长链，如苯乙烯聚合的增长反应。

$$C_4H_9CH_2\overset{\underset{|}{H}}{\underset{|}{C_6H_5}}\text{—}Li^+ + n\,CH_2\text{=}\overset{\underset{|}{CH}}{\underset{|}{C_6H_5}} \longrightarrow C_4H_9CH_2CH\overset{\underset{|}{}}{\underset{|}{C_6H_5}}\text{—}\Big[CH_2\text{—}CH\Big]_{n-1}\overset{}{\underset{|}{C_6H_5}}CH_2\overset{\underset{|}{H}}{\underset{|}{C_6H_5}}C\text{—}Li^+$$

链增长反应活化能很低，反应速率很高。与自由基增长反应不同，阴离子型聚合活性链端是一对反离子，反离子存在的形式不同将影响聚合速率、聚合物相对分子质量及立构规整度。

（3）链终止反应　阴离子型聚合反应的一个重要特征是在无杂质存在条件下不发生链终止反应或链转移反应。因而，链活性中心直至单体消耗完仍保持活性，通常把这种链称作"活性链"。阴离子型聚合反应无终止的重要原因是从活性链上脱去负氢离子（H^-）非常困难。

虽然活性链本身不能终止，但微量的含有质子的化合物，如水、醇、CO_2等，都可立即终止聚合反应。因此阴离子型聚合需在高真空或惰性气氛下、试剂和玻璃器皿非常洁净、无水的条件下进行。

阴离子型聚合机制的特点是快引发、快增长、无终止。

阴离子型聚合反应的相对分子质量分布很窄，多分散指数为1.1左右，接近单分散性。

（二）开环聚合

环状单体在引发剂或催化剂作用下开环，聚合形成线型聚合物的反应，称为开环聚合，其通式如下：

$$n\boxed{R\text{—}X} \longrightarrow \Big[R\text{-}X\Big]_n$$

式中，X 是杂原子（O、P、N、S、Si 等）或官能团（—CH=CH—，$\overset{O}{\overset{\|}{—C\text{-}O—}}$，$\overset{O}{\overset{\|}{—C—NH—}}$等）。能进行开环聚合的单体有环醚、环内酰胺、环内酯等杂环化合物。开环聚合的难易程度主要取决于环和聚合物结构的稳定性。

开环聚合的引发剂可用离子型引发剂（包括阴离子和阳离子），也可用分子型引发剂如水，离子型引发剂比分子型活泼，只有很活泼的环状单体才能用分子型引发剂。

开环聚合的特点不同于加聚和缩聚，但是有些方面又和它们类似。如无小分子生成、可用离子型催化剂、有链转移、无自发终止这些方面与加聚反应类似；而生成杂链聚合物、单体消失快而分子质量增长慢、存在链、环平衡、聚合-解聚平衡等方面又与缩聚反应相似。开环聚合的机理比较复杂，并且随单体的种类、环的大小以及催化剂的不同而异，甚至在一个反应体系中还会同时存在两种机理。按链式反应机理进行的开环聚合有：阳离子开环聚合、阴离子开环聚合和配位开环聚合。

药用高分子材料中，如聚乙二醇、泊洛沙姆，聚乙醇酸、聚乳酸和聚己内酯等脂肪族聚酯，以及聚氨基酸等都可采用开环聚合反应来制备。

如聚乳酸、聚乙醇酸的合成通常是由乳酸和乙醇酸先缩合生成环状结构的丙交酯和乙交酯，再进行开环聚合而得。

四、缩聚反应

缩聚反应（condensation polymerization）是含有两个或两个以上官能团的单体分子间逐步缩合聚合形成聚合物，同时析出低分子副产物的化学反应。

缩聚反应按照生成聚合物的结构不同可分为线型缩聚反应和体型缩聚反应两类，线型缩聚反应是指参加反应的单体都具有两个官能团，单体分子间官能团相互反应脱去小分子沿着两个方向增长成大分子，得到线型聚合物。若参加反应的单体中至少有 1 种带有 3 个以上的官能团，则可在这种单体上沿 3 个方向增长成大分子，形成支链聚合物。该支链聚合物间又经过缩合并交联成网状结构，这种聚合物称体型聚合物。下面主要介绍线型缩聚反应。

1. 线型缩聚反应的特点

（1）逐步性　逐步聚合反应过程如图 2-5 所示。a、b 分别为 A、B 单体可相互作用的官能团（如—COOH、—OH、—NH$_2$等）。

从图 2-5 中可见：①缩聚反应没有特定的活性中心，反应开始，单体迅速消失，转化率较高。单体间相互缩合，先生成二聚体、三聚体等低聚物，然后低聚物之间再逐步反应生成相对分子质量较高的聚合物，反应体系中存在着相对分子

$$aAa + bBb \rightleftharpoons aABb + ab$$
$$aAbB + aAa \rightleftharpoons aABABb + ab$$
$$aABAa + bBb \rightleftharpoons aABABb + ab$$
$$a\text{+}AB\text{+}_{m}b + a\text{+}AB\text{+}b \rightleftharpoons a\text{+}AB\text{+}_{m+n}b + ab$$

图 2-5　缩聚反应过程的逐步性

质量递增的一系列中间产物，延长聚合时间可提高产物相对分子质量，但对单体转化率几乎无影响，这与连锁聚合不同。②官能团的反应能力几乎与链的长短无关。

（2）成环性　缩聚反应通常在较高温度和较长时间内方能完成，往往伴有一些如成环反应等副反应。成环反应与环的大小、分子链柔性、温度及反应物浓度有关。例如 ω-羟基酸［HO（CH$_2$）$_n$COOH］合成聚酯时，当 $n=1$ 时，容易发生双分子缩合，形成稳定的六元环乙交酯（O=C$\begin{smallmatrix}CH_2-O\\O-CH_2\end{smallmatrix}$C=O）；当 $n=2$ 时，容易生成丙烯酸（CH＝CHCOOH）；当 $n=3$ 或 4 时，则易分子内缩合成较稳定的五元或六元环内酯；当 $n\geq5$ 时，则主要形成线型缩聚物。单体的浓度较低时反应有利于成环，浓度较高时有利于线型缩聚。聚合反应进行时应控制反应条件，避免成环反应。

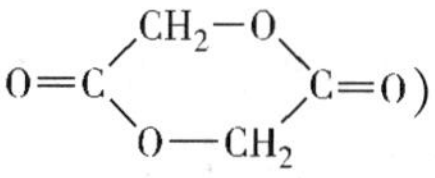

（3）平衡反应　缩聚反应是一个平衡反应，可用平衡常数来衡量可逆程度。

2. 线型缩聚反应相对分子质量的控制

反应程度（P）和平衡条件是影响线型缩聚物聚合度的重要因素，反应程度是指参加反应的官能团数目（N）与初始官能团数目（N_0）的比值。其与聚合度（$\overline{X_n}$）的关系如式（2-8）所示。

$$\overline{X_n} = \frac{1}{1-P} \tag{2-8}$$

根据式（2-8），聚合度依赖于反应程度 P，所以应利用达到一定反应程度时停止反应的方法来控制相对分子质量，但这种方法实际不稳定，因这种方法所得的聚合物两端仍带有可以反应的官能团，当条件适合时，可继续反应而改变聚合度。因此通常采用下述两种方法：①使某一单体稍稍过量，以便形成两端具有相同官能团的高分子，使反应停止；②

在反应体系中加入一种能与大分子端基反应的单官能团物质，以起到封端的作用。

缩聚反应中如果要提高聚合产物的相对分子质量，则首先要控制相互反应基团的等摩尔比投料，不断除去生成的小分子，则可提高聚合度。温度和压力对缩聚反应也有一定影响，提高反应温度可加快达平衡的速度，并有利于小分子的除去，有利于高聚物的形成。压力对平衡常数影响不大，但减小体系压力也有利于小分子的除去，从而提高反应程度，得到高相对分子质量的聚合物。

药用高分子材料中的聚酸酐、聚原酸酯等均采用逐步缩聚反应来制备。

五、活性聚合反应

活性聚合（living polymerization）是指在一定反应条件下，无链终止与链转移过程，链引发速率远大于链增长的一种聚合反应。由美国科学家施瓦茨（Szwarc）等于 1956 年首次提出，这是一个具有划时代意义的发现。这种活性聚合与传统的自由基聚合方式相比，能更好地实现对分子结构的控制，如用于嵌段共聚物、接枝共聚物、星形聚合物及活性末端聚合物等复杂大分子的合成。

离子型聚合其实也是一种活性聚合。但离子型聚合存在以下局限：适用单体较少，反应条件苛刻，必须在无水、无氧的介质中进行，且对单体的纯度也有严格的要求。而自由基聚合的特点就是反应条件不受限制，适用的单体范围广，但聚合物结构不易控制。基于这两种聚合方式各自的优缺点，高分子科学家发展了可控活性自由基聚合（living/controlled radical polymerization，CRP），在自由基聚合的基础上实现聚合过程的活性化，实现分子质量与结构的可控，同时又具有反应条件温和，适用单体多，聚合物应用广的特点。

（一）可控活性自由基聚合

自由基活性聚合难实现的主要原因有两点：①大多数自由基引发剂在常用条件下，分解速率低，导致链引发速率常数远远小于链增长速率常数，聚合物分子质量无法控制，多分散系数较大；②在自由基聚合反应中，自由基活性基团间存在歧化终止和偶合终止等终止反应，终止速率常数要比相应的链增长速率常数高 4~5 个数量级。这些因素最终决定了自由基聚合物结构的不确定性。但可以通过一些条件的控制，达到近似活性聚合。

经典的自由基聚合反应中，链增长、链终止速率对自由基的浓度分别是一级反应和二级反应。相对于链增长，链终止速率对自由基浓度的依赖性更大，降低自由基浓度，链增长速率和链终止速率均会下降，但后者更为明显。因此可以通过降低体系中的自由基浓度来减小链终止反应对整个聚合反应的影响。

降低自由基的浓度，可使自由基（活性种）暂时休眠，但仍具有链增长活性，构成可逆平衡，但平衡向休眠种一侧偏离。通过可逆的链终止或链转移，使平衡快速可逆转换，既能维持聚合反应速度，又确保反应过程中不发生活性种失活现象，实现活性/可控自由基聚合。

建立这种平衡，需要在体系人为控制加入 X。X 不能引发单体聚合和发生其他反应，但可使活性种（P·）迅速失活生成休眠种（P–X），P–X 可均裂为活性种和 X。k_d 为失活反应速率常数，k_a 为活化反应速率常数。R_p 为链增长速率，M 为单体。

$$P \cdot + X \underset{k_a}{\overset{k_d}{\rightleftharpoons}} P-X$$

$$\text{（}R_p\text{）} + M \qquad \qquad +M$$

可控活性自由基聚合主要有四种：引发链转移终止剂法（initiator-transfer agent terminator，Iniferter）；稳定自由基调控聚合法（stable free radical polymerization，SFRP）；可逆加成－裂解链转移自由基聚合（reversible addition-fragment chain transfer radical polymerization，RAFT）；原子转移自由基聚合（atom transfer radical polymerization，ATRP）。以下简要介绍 RAFT 和 ATRP。

（二）可逆加成-裂解链转移自由基聚合（RAFT）

1998 年澳大利亚的 Rizzardo、Thang 等提出 RAFT 聚合方法。在 RAFT 自由基聚合中，链转移是一个可逆的过程，活性种（链增长自由基）与休眠种（大分子 RAFT 转移剂）之间建立可逆的动态平衡，抑制了双基终止反应，从而实现对自由基聚合的控制。RAFT 自由基聚合的机制如图 2-6 所示。

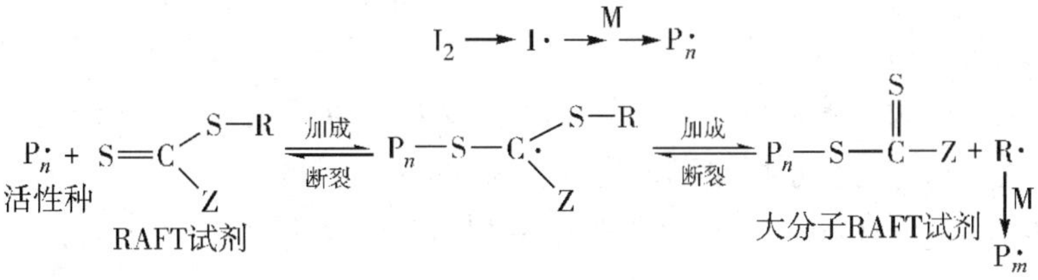

$$\text{I}_2 \longrightarrow \text{I}\cdot \xrightarrow{\text{M}} \text{P}_n^{\cdot}$$

$$\text{P}_n^{\cdot} + \underset{\text{RAFT试剂}}{\text{S}=\text{C}\underset{\text{Z}}{\overset{\text{S}-\text{R}}{<}}} \underset{\text{断裂}}{\overset{\text{加成}}{\rightleftharpoons}} \text{P}_n-\text{S}-\underset{\text{Z}}{\overset{\text{S}-\text{R}}{\text{C}\cdot}} \underset{\text{断裂}}{\overset{\text{加成}}{\rightleftharpoons}} \underset{\text{大分子RAFT试剂}}{\text{P}_n-\text{S}-\overset{\text{S}}{\overset{\|}{\text{C}}}-\text{Z}} + \text{R}\cdot \downarrow^{\text{M}}_{\text{P}_m^{\cdot}}$$

图 2-6　RAFT 自由基聚合机制

除 RAFT 过程外，其余基元反应与传统自由基聚合相同。活性种和休眠种之间的平衡是通过 RAFT 试剂的可逆加成与断裂实现的，主要由 RAFT 试剂中的基团 Z 和基团 R 所控制。基团 Z 和 R 的选择原则为：①Z 基团应能活化 C=S 双键对自由基加成，如芳基、烷基；②R 应是活泼的自由基离去基团，断键后生成的 R·能有效地再引发聚合，如异丙苯基、氰基异丙基等。

RAFT 聚合的关键是要具有高链转移常数和特定结构的链转移剂，而具有碳或硫相邻的硫碳羰基结构的链转移剂活性显著，包括二硫代酯（ZCS_2R）和三硫代碳酸酯。其中二硫代酯最为常见。

RAFT 体系适用的单体种类多，自由基聚合中的大部分单体都可以适用，尤以甲基丙烯酸和具有类似结构的单体聚合效果最好。聚合条件温和，可以在水和质子溶媒中进行，且所需温度较低（60~70℃）。可以用来制备嵌段、接枝、星型共聚物。

（三）原子转移自由基聚合（ATRP）

1995 年，卡内基-梅隆大学王锦山博士首次发现原子转移自由基聚合，成为活性自由基聚合最有效的方法。

ATRP 聚合反应以有机卤化物作为引发剂，过渡金属络合物为卤原子载体，通过氧化还原反应，在活性种和休眠种之间建立可逆平衡，实现对聚合反应的控制（图 2-7）。其中 R—X 为卤代烷，M_t^n、M_t^{n+1} 分别为还

$$\text{R}-\text{X} + \text{M}_t^n/\text{L} \underset{k_d}{\overset{k_a}{\underset{(k_p)}{\rightleftharpoons}}} \text{R}\cdot + \text{M}_t^{n+1}/\text{L}$$

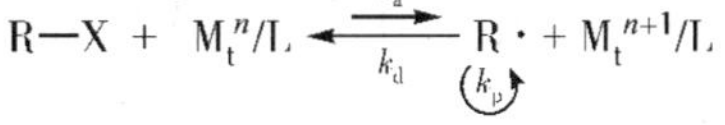

图 2-7　ATRP 聚合机制

原态和氧化态过渡金属，L 为配位剂，k_a、k_d 分别为活化和失活反应速率常数，k_p 为增长反应速率常数。

当引发剂中的-X 转移到低价金属卤化物与含氮配体的络合物时，低价金属被氧化，引发剂生成自由基，引发聚合反应。但此过程是可逆的，且向左的倾向更大，所以自由基的

浓度很低，有利于控制聚合反应。

利用 ATPR 法可简便地设计合成嵌段共聚物、接枝共聚物、无规共聚物、梯形聚合物、星形聚合物、超支化聚合物等。

六、聚合方法

聚合反应的实施方法主要有本体聚合、溶液聚合、悬浮聚合、乳液聚合、界面缩聚和辐射聚合，缩聚反应一般选择本体聚合（熔融缩聚）、溶液缩聚和界面缩聚，以下分别介绍。

1. 本体聚合 本体聚合是指单体本身不加其他介质，只加入少量引发剂或直接在热、光、辐射能作用下进行聚合的方法。自由基聚合反应、离子型聚合反应或缩聚反应等都可采用这种方法。

该法的优点是产物纯净、杂质少、透明度高、电性能好。由于体系中没有分散介质和溶剂，致使体系黏度大、聚合热不易扩散、反应温度较难控制，引起局部过热、反应不均匀，结果导致聚合物相对分子质量不均匀，且易发生爆聚。

2. 溶液聚合 将单体溶解在溶剂中经引发剂引发的聚合方法称为溶液聚合。自由基和离子型聚合反应都可采用溶液聚合。

溶液聚合由于有溶剂作为稀释剂和传热介质，聚合温度易于控制，体系中由于聚合物浓度低，不易发生向大分子的转移或生成支化、交联产物；反应后物料易输送处理。此外，可以通过溶剂的链转移反应，借助溶剂的种类和用量调节聚合物的相对分子质量，使相对分子质量分布均匀。该法的缺点是单体浓度较低、聚合速率慢、转化率不高、形成的聚合物相对分子质量较低、溶剂回收较难、产物中残留溶剂较难除尽。

3. 悬浮聚合 悬浮聚合是单体以小液滴状悬浮在水中进行的聚合。相当于溶有引发剂的单体小液滴的本体聚合。聚合体系一般由单体（非水溶性）、油溶性引发剂、水、分散剂4 个基本成分组成。

悬浮聚合所得产物为珠状，易于洗涤、干燥、分离、成型加工，后处理方便。另一优点是体系黏度低，传热容易，温度易于控制，所得产物相对分子质量分布均匀。其缺点是产品中分散剂不易除尽，影响产品的透明性和绝缘性。

4. 乳液聚合 单体在乳化剂作用下，分散于水中形成乳液状，经引发剂引发的聚合方法称乳液聚合。其聚合体系由单体、分散介质（水）、水溶性引发剂（少数为油溶性）、乳化剂构成。单体一般不溶或微溶于水。

引发剂和极少量单体溶于水，构成水相，大部分乳化剂以胶束形式存在（因其浓度大于临界胶团浓度），胶束内增溶有一定量单体，大部分单体经搅拌以液滴形式分散于水中，表面吸附乳化剂分子，组成稳定的乳液体系。乳液聚合发生在乳化剂分子形成的胶束内。

乳液聚合的优点是以水作为分散介质，乳液的黏度低，便于连续化生产，特别适合于制备黏性较大的聚合物。聚合速度很快，产物相对分子质量较高。如产物作胶黏剂，可不作处理直接应用。其缺点是残留的乳化剂很难除尽，影响产物的介电性。

5. 界面缩聚 两种单体分别溶于互不相溶的溶剂中，在两相界面处发生的缩聚反应称界面缩聚。两相中其中一相是水，另一相为有机溶剂，如二氯乙烷、乙醚、辛烷等。水相中一般含有二元醇或二元胺（路易斯碱），并加适量的碱或其他添加剂，有机相中溶有路易斯酸如酰氯等。

界面缩聚反应的原理是水相中的路易斯碱和有机相中的路易斯酸极易发生缩合反应，脱去小分子（通常是酸类，溶于水相并被水相中的碱所中和），逐步形成聚合物。如果反应过程中搅拌很少，则在界面上形成聚合膜，可被不断拉出；如果搅拌激烈，则形成聚合物的微粒，粒径的大小与搅拌的速率有关，搅拌越快，粒径越小，粒度分布越窄。

界面缩聚法的优点是反应条件温和，可以常压下进行，所需设备也简单。其缺点是要求单体活性较高，因而价格较高，生产量小，需要回收溶剂量大；反应过程中有酸生成，易腐蚀设备。

在药物制剂中，界面缩聚法可用于制备微囊，例如在水相中溶有己二胺和药物，在有机相中溶有癸二酰氯，己二胺与癸二酰氯在界面上发生缩聚反应，不断搅拌，形成包有药物的微囊，应用本法制备微囊时不能选用对酸敏感的药物。

6. 辐射聚合　以电磁辐射引发的聚合反应称为辐射聚合。所用的辐射源有 α 粒子、β 射线、γ 射线、X 射线等。实验室中常用同位素^{60}Co 和 γ 源，辐射线与单体作用后，可生成自由基、阴离子或阳离子。多数情况下，辐射引发自由基聚合。

聚合物经高能辐射可产生聚合物自由基，它能引发单体聚合，同时也能相互结合形成交联聚合物。如聚乙烯醇与明胶在一定条件下，以一定剂量 γ 射线照射可发生交联。

第六节　聚合物的化学反应

聚合物分子链上的原子或基团（包括不饱和键）在本质上与小分子一样，具有相同的反应能力，可进行一系列化学反应，如取代、消除、环化、加成等，这些反应被称为聚合物的化学反应。利用聚合物的化学反应可对聚合物进行化学改性，提高聚合物现有性能，扩大其使用范围，同时还可合成具有特殊功能的高分子材料，制备某些不能直接从单体聚合而得到的聚合物（如聚乙烯醇的制备），利用聚合物的化学反应完成网状结构高分子制品的成型加工。聚合物化学反应还包括聚合物结构破坏的反应，即降解与老化。

扫码"学一学"

聚合物化学反应类型很多，但一般不按反应机制进行分类，而是根据聚合度和侧基或端基的变化，分为以下 3 类。

（1）聚合度基本不变　仅限于聚合物的侧基、端基发生化学反应。如功能高分子的制备。

（2）聚合度变大　高分子链间形成化学键而产生交联结构的化学反应等。

（3）聚合度变小　降解、解聚反应等。

一、聚合物化学反应的特征

虽然聚合物的化学反应与小分子的化学反应没有本质区别，但事实上由于聚合物相对分子质量大，链结构复杂等特性，使得它和小分子的化学反应相比又具有许多特点：①在很多情况下，聚合物的官能团反应活性明显低于小分子，两者在反应程度上有很大的不同。聚合物的反应速度较慢，反应往往不完全，具有局部反应的特点。②产物不纯，副反应多，如聚丙烯腈水解制备聚丙烯酸的反应过程中，大分子链上总是同时含有未反应完的腈基和其他处于不同反应阶段的基团，如酰基、羧基、环亚氨基。

二、聚合物的基团反应

聚合物的基团反应是制备改性聚合物的常用方法，在药用高分子材料中应用更为突出，许多天然改性的药用高分子材料都是通过聚合物的基团反应制备。例如纤维素的改性产品，纤维素的酯、醚、醚的酯都是利用纤维素分子中的羟基与酰基、羧基等反应生成的一系列性能优良的衍生物。除上述酯化、醚化反应之外，天然或合成聚合物的官能团反应还包括卤化、磺化、硝化、酰胺化、缩醛化、水解、醇解等以及大分子链的环化反应、含不饱和键聚合物的加氢反应等。

药用高分子材料通过化学修饰，可以制备成高分子前药或作为药物递送系统（drug delivery system，DDS）的载体材料。如聚乙二醇（PEG）的羟基与药物偶联，可以制备PEG化的前药，如PEG化紫杉醇。

靶向配基，如叶酸、透明质酸、精氨酸-甘氨酸-天冬氨酸等肽段组成的整合素受体的配体（RGD）和转铁蛋白等通过酯化或酰化等反应偶联到药用高分子材料，如壳聚糖、聚乙二醇-聚乳酸共聚物（PEG-PLA），由这类高分子材料组装的药物递送系统可以实现对肿瘤的靶向递送。细胞穿膜肽（cell penetrating peptide，CPP）偶联到药物载体上，可以增加细胞对载体的摄取。

三、聚合物的交联反应

高分子在热、光、辐射能或交联剂作用下，分子间以化学键或离子键联结起来构成三维网状或体型结构的反应称交联反应。交联反应的产物不溶于任何溶剂，也不能熔融，性能也发生了变化，如强度、弹性、硬度、形变稳定性、耐化学侵蚀性等得到了提高。因此，交联反应被广泛用于聚合物的改性中，在药物制剂中以明胶为囊材用凝聚法制备微囊的固化过程，即是明胶分子与交联剂甲醛作用发生交联反应，从而得到了固化微囊。

四、聚合物的降解反应与生物降解

聚合物的降解（degradation）是指在热、光、机械力、化学试剂、微生物等外界因素作用下，聚合物发生了分子链的无规断裂、侧基和低分子的消除反应，致使聚合度和相对分子质量下降。

聚合物在使用过程中受物理化学因素的影响，物理性能变坏，这种现象称为老化，其主要反应也是降解，但有时也伴随交联反应。

降解反应在不同的领域有不同的意义：在药剂学中是有目的地使人体内的聚合物降解，控制药物的释放速度；在环境保护方面则是关注"白色污染"处理；而在聚合物制品的使用上则是防止聚合物的老化。以下主要介绍生物降解反应。

（一）热降解

在热的作用下发生的降解反应称热降解。研究热降解的主要方法有热重分析法、恒温加热法和差热分析法等。

（二）其他降解反应

1. 光降解　光降解是指聚合物在紫外线作用下发生的断裂、交联和氧化等反应，也是聚合物老化的原因之一。

2. 机械降解　通过机械力使聚合物主链断裂、相对分子质量降低。机械降解通常发生在橡胶、塑料和某些聚合物的加工成型中。

3. 化学降解　聚合物在水、氧、化学试剂等作用下发生分解反应。如主链含有酯键、酰胺键等的聚合物在酸和碱的作用下发生水解反应。纤维素在稀酸中，80～100℃下可水解生成聚合度较低的产物。

（三）生物降解反应

生物降解（biodegradation）通常是指聚合物在生物环境中（水、酶、微生物等作用下）大分子的完整性受到破坏，产生碎片或其他降解产物的现象。水解和酶解是最主要降解机制。降解的特征是：相对分子质量下降。

生物降解的聚合物根据来源不同可分为天然和合成生物降解聚合物两类，天然生物降解聚合物包括蛋白质、壳多糖、纤维素、右旋糖酐等。合成生物降解聚合物包括聚酯、聚酰胺、聚原酸酯、聚酸酐类、聚氨基酸、聚磷腈等。

在医药领域中，可生物降解材料用于外科修复、吸收性肠线、植入型缓控释制剂和注射用缓释制剂。

缓控释制剂中应用生物降解聚合物的优点是药物释放完全后，聚合物由于生物降解而使其从体内的作用部位自行消失，降解产物最后转变为无毒的产物，由生物体吸收或排出，无需手术取出。

生物降解的聚合物主链或侧链上含有不稳定的可水解键，降解就是这些不稳定的可水解键断裂发生的。聚合物生物降解有以下形式：第一种形式是聚合物主链上具有的不稳定键如酯键、酰胺键等发生断裂，生成小分子的水溶性产物；第二种形式是侧链水解，使整个聚合物溶解；第三种形式是聚合物具有交联网络，不稳定的交联链断裂，释放出可溶解的聚合物碎片；第四种形式是以上三种形式的综合表现。生物降解可能仅发生在聚合物材料表面，称之为表面降解（surface degradation）或非均匀降解（heterogeneous degradation）；也可能在聚合物材料的内部和外部以相同的速度同时发生降解，称之为本体降解（bulk degradation）或均一降解（homogeneous degradation）。一种聚合物材料以何种形式降解，主要取决于这种聚合物的水解速度和水在这种聚合物内部的渗透速度。当水解速度慢于水渗透速度时，发生本体降解，反之，即发生表面降解。表面降解和本体降解对于聚合物的性能很有影响。在给药系统中，理想的表面降解所表现出的药物释放速度同装置的表面积成正比，并且可以减少释放前药物与水分子的作用，有利于对水敏感的药物。此时，如果药物释放速率仅由聚合物降解所控制，并且药物释放装置的外形保持不变，则可按零级释放药物。在现有的可生物降解材料中，只有聚酸酐和聚原酸酯属于表面降解材料，其他为本体降解型。

影响聚合物生物降解速度的因素如下。

（1）聚合物的化学结构 聚合物的降解速度主要取决于可降解聚合物骨架的官能团的性质，不同种类聚合物水解速度递增的次序为：聚酸酐>聚原酸酯>聚酯>聚酰胺>聚烃，但这个次序有时会受到相邻基团和水解所发生的化学环境的影响而有所改变。除主链结构外，降解速度还与材料对水的渗透性有关。亲脂性聚合物，水的摄取量减少，使水解速度降低。材料的亲水性取决于单体的结构，如聚乙醇酸和聚乳酸主链中的酯键虽然相同，但由于聚乳酸侧链的甲基使其具有更强的疏水性，因此聚乳酸比聚乙醇酸的降解速度要慢得多。

（2）结晶度和相对分子质量 聚合物的结晶度对降解有直接的影响，部分结晶聚合物比其无定形产品降解慢，相对分子质量对降解的影响比较复杂，包括直接影响和间接影响。间接影响的一种情况是相对分子质量对玻璃化温度的影响，相对分子质量较高，引起玻璃化温度升高，导致降解缓慢，这是因为玻璃态聚合物比高弹态聚合物的降解速度慢。相对分子质量增大，链长增加，要生成水溶性的单体或低聚物，以及发生溶蚀过程就必须有更多键的断裂，因此随着相对分子质量的增加，降解所需时间变长。

（3）pH　pH 是影响可水解聚合物降解的一个重要因素，改变介质的 pH 可以使降解速度呈数量级改变。当聚合物与具有酸性或碱性官能团的药物或其他物质共用时，药物很可能会改变聚合物的降解速度。此外，如聚合物的降解产物也具有酸碱官能团，可随着降解反应的发生，体系的 pH 不断改变，致使聚合物的降解速度也发生变化。

（4）共聚物的组成　共聚物具有不同于其均聚物的性质，共聚物的组成会引起玻璃化转变温度、亲水亲油平衡值及空间效应的改变，从而影响共聚物的降解速度。此外共聚物中各官能团也可影响降解速度。

（5）酶　多数天然的生物降解聚合物可以经酶催化发生水解。微生物对聚合物的酶降解有影响，如聚合物表面的菌群、微生物环境都会影响聚合物的降解；生物系统也会影响生物降解和生物溶蚀过程，如当植入剂植入人体后免疫系统的细胞会影响溶蚀过程。

（6）残留单体和其他小分子物质的存在　一些酸、碱、增塑剂等添加剂的存在，对降解速度影响很大。不但会增加链的柔性，而且会改变环境的 pH。因此，在医药产品中应严格控制或避免添加剂的使用。

（7）其他因素　产品尺寸的大小、加工和灭菌方法等因素也会影响降解速度。

第七节　高分子的常用表征方法

高分子材料与小分子化合物一样，常采用紫外光谱、红外光谱、拉曼光谱、核磁共振、质谱和 X-射线等方法进行结构表征。

一、紫外-可见吸收光谱

紫外-可见吸收光谱（ultraviolet visible absorption spectra，UV）是由电子跃迁产生的吸收光谱，检测波长在紫外-可见光波长之间，即 200~800nm。测量吸光度随波长改变的曲线，称为紫外-可见吸收光谱。UV 可直接提供聚合物分子的芳香结构和共轭体系的信息。

二、红外光谱

红外光谱（infrared spectrum，IR）用于研究波长在 750nm~1000μm 之间的红外光与物质的相互作用，是聚合物结构分析中很重要的一种手段。红外光谱可分为官能团区（4000~1300cm^{-1}）和指纹区（1300~660cm^{-1}）两个区域。官能团区的峰为化合物特征官能团峰，相对位置比较稳定，易于辨认。而指纹区的光谱由于相邻键之间的振动耦合而成，与整个化合物分子的骨架结构有关，光谱比较复杂。分子结构和构型的微小区别都会引起吸收峰分布的改变，犹如人的指纹，除了光学异构体和长链烷烃同系物，几乎没有聚合物具有相同的指纹区。聚合物的红外光谱可以确证聚合物的结构、取代基的类型与位置、双键位置和侧链结构等，可以定量测定聚合物的链结构，如顺反式结构的比例，测定接枝共聚物的接枝率，以及研究聚合机理、材料降解机理等。

三、激光拉曼光谱

激光拉曼光谱（Laser-Raman spectrum）由 1930 年诺贝尔物理奖获得者，印度科学家

扫码"学一学"

C. V. Raman 发明，是主要用于研究化合物分子受光照射所产生的拉曼散射现象和拉曼散射光与入射光能极差（频率差）以及基团振动频率之间的光谱方法。拉曼光谱也是表征聚合物结构和化学性质的重要工具。拉曼光谱与红外光谱的测定原理和方法是有区别的。拉曼光谱是散射光谱，最适用于研究相同原子的非极性键，而红外则是吸收光谱，适用于研究不同原子的极性键的振动。通过两种不同振动光谱的研究，可以获得互补的分子结构信息。

与红外光谱相比，拉曼光谱具有以下特点：对于构型、构象的变化更敏感，图谱简单，更适合于水性体系，固体样品可直接测定。

四、核磁共振谱

核磁共振谱（nuclear magnetic resonance，NMR）是以分子中不同的化学环境磁性原子峰的峰位（化学位移）为横坐标、峰的相对强度（共振信号强度）为纵坐标所作的图谱。按测定的核分类，分为氢谱（^{1}H NMR）、碳谱（^{13}C NMR）等。前者可提供分子中氢原子所处的化学环境、各官能团或分子骨架上氢原子的相对数目以及构型等信息，^{13}C NMR 可以提供碳碳骨架的信息。

采用核磁共振可以研究高分子结构单元的连接方式、空间立构和共聚序列分布。

很多高分子材料不能溶于核磁试剂，则可以采用固体核磁共振（Solid State Nuclear Magnetic Resonance，SSNMR）法来测定。固体核磁共振技术是以固态样品为研究对象的分析技术。由于采用固态样品，分子的快速运动受到限制，化学位移各向异性等各种作用的存在使谱线增宽严重，因此分辨率相对于液体核磁共振的要低。

目前，固体核磁共振技术分为静态与魔角旋转两类。前者分辨率低；后者由于样品管（转子）与静磁场 Bo 呈 54.7°角快速旋转，达到与液体中分子快速运动类似的结果，可以提高分辨率。

五、质谱

质谱法（mass spectrometry，MS）是先在离子源中将样品分子解离成气态离子，然后测定生成离子的质量和强度，进行成分和结构分析的一种方法。质谱法是检出灵敏度最高的方法。质谱仪有单聚焦质谱仪、双聚焦质谱仪、四级质谱仪、离子肼质谱仪、飞行时间质谱仪和傅里叶变换质谱仪等。

离子源有电子轰击离子化（electron impact ionization，EI）、化学离子化（chemical ionization，CI）、解吸离子化（desorption ionization，DI）、喷雾离子化（spray ionization，SI）等不同类型。

EI 是应用最早的电离方法，电子束能量较高，是一种硬电离方法，适用于可气化的样品，由于聚合物不能气化，故不采用 EI 电离，而采用较小能量的电离方法-软电离法。软电离方式易得到准分子离子峰，而硬电离方式一般只能得到碎片离子。

CI 用具有较高能量的电子束先与反应气分子作用使其电离，然后样品分子再与反应气离子发生分子-离子反应，生成［M+H］$^+$等准离子分子，是一种软离子电离方式。

DI 采用快速离子（FIB）、快原子（FAB）、激光粒子束轰击样品（LDI）。另外，还有基质辅助激光解析电离（matrix assisted laser desorption ionization，MALDI）。FAB 也是一种软电离法。

SI 包括电喷雾离子化（electrospray ionization，ESI）、大气压化学电离（atmospheric pressure chemical ionization，APCI）和碰撞诱导电离（collision induced dissociation，CID）。ESI 与 APCI 属于软电离方法。

基质辅助激光解析电离飞行时间质谱（matrix assisted laser desorption ionization time-of-flight mass spectrum，MALDI-TOF-MS）具有分析速度快、灵敏度高、分辨率高等特点，可以精确分析聚合物相对分子质量分布、重复单元、端基、重复单元连接顺序以及嵌段长度等，并且可以推测反应机理。MALDI-TOF-MS 在聚合物的结构分析中显示出广阔的应用前景。

六、X-射线衍射

X-射线衍射（X-ray diffraction，XRD）是利用晶体形成的 X 射线衍射，对物质进行内部原子在空间分布状况的结构分析方法。1912 年德国物理学家劳厄（M. von Laue）提出：晶体可作为 X 射线的空间衍射光栅，当一束 X 射线通过晶体时将发生衍射，衍射波叠加的结果使射线的强度在某些方向上加强，在其他方向上减弱，显示出与结晶结构相对应的特有的衍射现象。1913 年英国物理学家布拉格父子在此基础上，提出了著名的布拉格方程：

$$2d \sin\theta = n\lambda \tag{2-9}$$

式中，θ 为衍射角，又称为布拉格角；d 为晶面间距；λ 为 X 射线的波长；n 为整数。

X-射线衍射法可以测定结晶性聚合物的晶胞参数、结晶度和聚合物的取向度。利用单晶对 X 射线的衍射效应来测定晶体结构的称为单晶 X-衍射。利用粉末晶体对 X 射线的衍射效应来测定晶体结构的则称为粉末 X-衍射。

X-射线衍射法的衍射角 θ 为 $10° \sim 30°$。为了区别 X 光小角散射法（small angle X-ray scattering，SAXS，散射角 θ 小于 $2°$），常把前者称为广角 X-射线衍射（wide angle X-ray diffraction，WAXRD）。

当 X-射线照射到试样上，如试样内部存在纳米尺度的电子密度不均匀区，则会在入射光束周围的小角度范围内出现散射 X 射线，这种现象称为 X 光小角散射。X 光小角散射可以用来研究高分子溶液中高分子的尺寸和形态，高分子从熔体到晶体的动态转变过程，高分子粒子或空隙大小和形状，共混高分子的结构，高分子的支化度、分子链长及玻璃化温度等。

参考文献

[1] 潘祖仁. 高分子化学. 4 版 [M]. 北京：化学工业出版社，2007.
[2] 何曼君. 高分子物理. 3 版 [M]. 上海：复旦大学出版社，2012.
[3] 郑俊民. 药用高分子材料学. 3 版 [M]. 北京：中国医药科技出版社，2009.
[4] 董炎明. 高分子科学简明教程. 2 版 [M]. 北京：科学出版社，2008.

扫码"练一练"

第三章　高分子材料的性质

高分子材料的理化性质，如溶解、溶胀、胶凝、相转变、黏弹性、力学强度、传质、黏附性、流变特征和自组装性质等，直接影响药物制剂的加工、稳定性、药物释放、甚至体内过程和制剂的作用效果等。本章重点介绍与药物制剂的处方、加工工艺和包装等过程密切相关的高分子材料的理化性质。

第一节　高分子溶液的性质

高分子溶液是指聚合物以分子状态溶解在溶剂所形成的均相体系。稀溶液中，高分子可以看成是孤立存在的分子，溶液的黏度小且稳定，在无化学变化的条件下其性质不随时间而变化，是热力学稳定体系。浓溶液中，高分子链相互接近甚至相互贯穿，分子链之间会发生物理交联（缠结）或相互作用，溶液的黏度大、稳定性较差，可能形成不能流动的凝胶或冻胶状的半固体。高分子溶液的性质包括热力学性质（如溶解过程中体系的焓、熵和体积变化、渗透压、溶液中高分子的形态和尺寸）和动力学性质（如高分子溶液的黏度、扩散和沉降）等，对高分子链结构以及结构与性能关系的认识，有助于药用高分子材料的正确应用。

扫码"学一学"

一、溶胀与溶解

由于高分子的相对分子质量大且具有多分散性，其分子形状有线形、支化和交联的不同类型，聚集态结构有结晶态和非结晶等类型，因此，高分子的溶解过程比小分子化合物复杂得多。

高分子的溶解是一个相对缓慢的过程，可分为溶胀和溶解两个阶段。溶胀是指溶剂分子扩散进入高分子内部，使其体积膨胀的现象。溶胀是高分子材料特有的现象，其原因在于溶剂分子与高分子尺寸相差悬殊，分子运动速度相差很大，即溶剂分子向高分子材料内扩散速度较快，而高分子向溶剂中的扩散缓慢。因此，高分子溶解时首先是溶剂分子渗透进入高分子材料内部，使其体积增大，即溶胀。随着溶剂分子的不断渗入，溶胀的高分子材料体积不断增大，大分子链段运动增强，再通过链段的协调运动而达到整个大分子链的运动，大分子逐渐进入溶液中，形成热力学稳定的均相体系，即溶解阶段（图3-1）。

 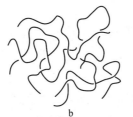 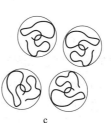

a　　　　　　　　　b　　　　　　　　　c

图3-1　高分子在良溶剂中溶解过程示意图

a. 固体状态；b. 溶胀；c. 溶解

高分子的溶解能力与其相对分子质量、化学结构和聚集态结构等有关。通常，相对分子质量大则溶解度小，相对分子质量相同的同一聚合物，支化比线型结构的更易溶解。非晶态聚合物的分子无规排列，堆砌比较松散，溶剂分子比较容易渗入聚合物内的空隙中使之溶胀和溶解。而晶态聚合物的分子排列规整，堆砌紧密，溶剂分子较难渗入聚合物内部，溶解相对困难。晶态聚合物的溶解必须首先破坏晶格（如加热），扰乱高分子链的规整排列，使溶剂分子易于渗入聚合物的结晶区域，然后再溶胀和溶解。极性晶态聚合物的非结晶部分与极性溶剂发生强烈相互作用，放出的热量能使结晶熔融，因此，极性晶态聚合物在适宜的强极性溶剂中往往在室温下即可溶解。非极性晶态聚合物与溶剂的相互作用较弱，在室温下溶剂只能起微小的溶胀作用（表面非晶区的溶胀）而不能溶解，因此需要加热至其熔点附近，使其转变成非晶态结构后才能溶解。

在药物制剂中，经常会用到高分子溶液，如高分子溶液剂、薄膜包衣液等。市售的药用高分子材料大多呈粒、粉末或片状，如果将其直接置于良溶剂中则易聚结成团，与溶剂接触的表面的聚合物首先溶解形成表面高黏度层，不利于溶剂继续渗入内部。因此，在溶解之初应采取适宜的方法使颗粒高度分散，防止或减少成团，然后，再用良溶剂溶胀和溶解。快速配制高分子溶液的一个简单原则是：不良溶剂分散、良溶剂溶解。例如，聚乙烯醇和羧甲基纤维素钠在热水中易溶，配制其水溶液时应先用冷水润湿、分散，然后加热溶解；羟丙甲纤维素在冷水中比在热水中易溶解，则应先急速搅拌分散在 80~90℃ 的热水中，然后在较低温度下（5℃左右）溶胀和溶解。

二、聚合物溶解过程的热力学

高分子的溶解过程是溶质分子和溶剂分子相混合的过程，恒温恒压条件下，该过程自发进行的必要条件是混合自由能（ΔG_m）小于零，即：

$$\Delta G_m = \Delta H_m - T\Delta S_m < 0 \tag{3-1}$$

式中，ΔS_m 为混合熵；ΔH_m 为混合热；T 为溶解时的绝对温度。溶解是分子排列趋于混乱的熵值增加过程，即 $\Delta S_m > 0$，因此，ΔG_m 的正负取决于 ΔH_m 的正负和大小。

极性高分子溶于极性溶剂中时，由于高分子与溶剂分子的强烈作用而放热，$\Delta H_m < 0$，则 $\Delta G_m < 0$，溶解过程自发进行。非极性高分子溶解一般都是吸热过程，即 $\Delta H_m > 0$，只有在 $|\Delta H_m| < T \cdot |\Delta S_m|$ 时才能满足式（3-1）中 $\Delta G_m < 0$ 的条件，升高温度 T 或减小 ΔH_m 有利于降低 ΔG_m。

根据经典的 Hildebrand 溶度公式，混合热 ΔH_m 表示为：

$$\Delta H_m \cong V_{1,2}(\delta_1 - \delta_2)^2 \varphi_1 \varphi_2 \tag{3-2}$$

式中，$V_{1,2}$ 为溶液的总体积，ml；δ 为溶度参数（solubility parameter），$(MPa)^{1/2}$；φ 为体积分数；下标 1 和 2 分别表示溶剂和溶质。此式只适用于非极性的溶质和溶剂的相互混合。

由式（3-2）可知，混合热 ΔH_m 是由于溶质和溶剂的溶度参数不等而引起的，ΔH_m 总是正值，溶质的溶度参数和溶剂的溶度参数越接近则 ΔH_m 越小，则溶解越可能进行。

溶度参数是反映分子间作用力大小的一个参数，可用黏度法或用溶胀度法测定，其数值等于内聚能密度的平方根（内聚能密度即单位体积的内聚能）。

$$\delta_1 = \left(\frac{\Delta E_1}{V_1}\right)^{\frac{1}{2}}, \quad \delta_2 = \left(\frac{\Delta E_2}{V_2}\right)^{\frac{1}{2}} \tag{3-3}$$

式中，ΔE 为内聚能，J；V 为体积，cm^3。

表 3-1 和表 3-2 分别列出一些高分子、生物膜及常用溶剂的溶度参数。

表 3-1 一些高分子和生物膜的溶度参数

高分子名称	溶度参数 [（MPa）$^{1/2}$]	高分子名称	溶度参数 [（MPa）$^{1/2}$]
聚乙烯	16.2	聚乙烯醇	25.8~29.0
聚丙烯	16.6	聚醋酸乙烯酯	19.6
聚甲基丙烯酸甲酯	19.4	纤维素	32.1
聚碳酸酯	19.4	红细胞膜	21.1±0.8
聚氯乙烯	19.8	生物膜	17.8±2.1
二醋酸纤维素	22.3	天然橡胶	17.0

表 3-2 常用溶剂的溶度参数

溶剂名称	溶度参数 [（MPa）$^{1/2}$]	溶剂名称	溶度参数 [（MPa）$^{1/2}$]
甲醇	29.6	吡啶	23.3
乙醇	26.0	水	47.8
1-丙醇	24.4	乙醚	15.1
2-丙醇	22.8	四氯化碳	17.6
1-辛醇	23.3	三氯甲烷	19.0
醋酸乙酯	17.5	二氯甲烷	19.8
醋酸异戊酯	18.5	甲苯	18.2
正己烷	14.9	二氧六环	20.4
正十六烷	16.4	二甲基甲酰胺	24.5
二硫化碳	20.4	甲酸	27.6
环己烷	16.8	醋酸	25.8
苯	18.8	油酸	15.6
甘油	36.2	肉豆蔻酸异丙酯	17.4
丙酮	20.4	异丙醇	23.8
二甲基亚砜	26.6	丙二醇	30.3

三、溶剂的选择

选择溶解高分子材料的溶剂是制剂生产中经常遇到的问题，如配制薄膜包衣液或制备控释膜。溶出参数相近、极性相似和溶剂化原则对聚合物溶剂的选择具有一定的指导意义。此外，在实际选择溶剂时，还要根据使用目的、安全性、工艺要求、成本等综合考虑。例如成膜和薄膜包衣的溶剂，应选择挥发性好的溶剂，否则难以成为连续膜，而作增塑剂用的溶剂，则要求挥发性低，以便长期保留在聚合物中。

1. 溶度参数相近原则 根据式（3-2），对于一般的非极性非晶态聚合物及弱极性聚合物，选择溶度参数与聚合物相近的溶剂，聚合物能很好地溶解。例如：天然橡胶 $[\delta = 17.0$（MPa）$^{1/2}]$ 溶于甲苯 $[\delta = 18.2$（MPa）$^{1/2}]$ 和四氯化碳 $[\delta = 17.6$（MPa）$^{1/2}]$，而不溶于乙醇 $[\delta = 26.0$（MPa）$^{1/2}]$。一般而言，聚合物与溶剂的溶度参数相差值在 ±1.5 以内通常可以溶解。溶解聚合物时，使用混合溶剂的效果通常更好。混合溶剂的溶度参数 $\delta_{混}$ 可由式（3-4）计算。

$$\delta_混 = \varphi_1\delta_1 + \varphi_2\delta_2 \tag{3-4}$$

式中，φ_1 和 φ_2 分别为两种纯溶剂的体积分数；δ_1 和 δ_2 分别为两种纯溶剂的溶度参数。

根据式（3-4）可以调节混合溶剂的溶度参数使之与聚合物相近，达到良好的溶解效果。例如，氯乙烯-乙酸乙烯酯共聚物的 δ 约为 21.2（MPa）$^{1/2}$，乙醚为 15.1（MPa）$^{1/2}$，乙腈为 24.3（MPa）$^{1/2}$，乙醚或乙腈均为不良溶剂，但乙醚-乙腈（33∶67，体积分数）的混合溶剂 $\delta_混$ 为 21.2（MPa）$^{1/2}$，为良溶剂。

2. 极性相似原则　极性相似相溶原则就是极性大的聚合物溶于极性溶剂，非极性聚合物溶于非极性溶剂。对于非晶态极性聚合物，不仅溶剂的溶度参数应与聚合物相近，溶剂的极性也要与聚合物接近才能溶解，如极性的聚乙烯醇可溶于水和乙醇，而不溶于苯。

3. 溶剂化原则　溶剂化原则指溶剂分子通过与聚合物分子链的相互作用（即溶剂化作用）使大分子链分开，发生溶胀直到溶解。溶度参数相近的聚合物-溶剂体系不一定都能很好互溶，例如聚氯乙烯和二氯甲烷的溶度参数相等 [$\delta = 19.8$（MPa）$^{1/2}$]，但二者不能互溶，聚氯乙烯可溶于环己酮 [$\delta = 16.8$（MPa）$^{1/2}$]，这一现象可用"溶剂化原则"解释。溶剂化作用是指溶剂与溶质接触时，分子间相互作用力大于溶质分子的内聚力，从而使溶质分子分离并溶于溶剂中。高分子按官能团可分为弱亲电子性高分子、给电子性高分子、强亲电子性高分子及氢键高分子（表3-3），同样溶剂按其极性不同也可分成弱亲电子性溶剂、给电子性溶剂、强亲电子性溶剂和强氢键溶剂（表3-4）。在溶剂与高分子的溶度参数相近时，亲电子性溶剂能和给电子性高分子发生"溶剂化"而易于溶解；同理，给电子溶剂能与亲电子性高分子"溶剂化"而利于溶解。氢键也是强溶剂化作用的一种，生成氢键时的混合热为负值（放热），有利于溶解。

表3-3　高分子的极性分类

弱亲电子性高分子	给电子性高分子	强亲电子性高分子及氢键高分子
聚氯乙烯	聚碳酸酯	聚丙烯酸
聚乙烯	聚醚	聚丙烯腈
聚丙烯	聚酰胺	聚乙烯醇
聚四氟乙烯		

表3-4　溶剂的极性分类

弱亲电子性溶剂	给电子性溶剂	强亲电子性溶剂及氢键溶剂
正己烷	乙醚	2-乙基己醇
正辛烷	醋酸乙酯	己醇
环己烷	四氢呋喃	正丁醇
四氯化碳	丁酮	乙腈
甲苯	乙醛	乙醇
三氯甲烷	环己酮	乙酸
二氯甲烷	丙酮	甲酸
二氯乙烷	二氧六环	苯酚
二硫化碳	二甲基甲酰胺	水

溶剂化作用要求聚合物和溶剂一方是电子受体（广义酸），一方是电子给体（广义碱），二者相互作用产生溶剂化。聚合物和溶剂体系中常见的电子受体和电子给体基团的强弱顺序如下。

电子受体基团：

$$—SO_2OH>—COOH>C_6H_4OH≫CHCN≫CHNO_2>—CHCl_2≫—CHCl—$$

电子给体基团：

$$—CH_2NH_2>—C_6H_4NH_2>—CON(CH_3)_2>—CONH>≡PO_4>—CH_2COCH_2—>$$
$$CH_2OCOCH_2—>—CH_2OCH_2—$$

第二节　高分子水凝胶

扫码"学一学"

一、凝胶与水凝胶概述

凝胶（gel）是指溶胀的三维网状结构，即构成凝胶网络的分子间相互联结，而在网状结构的空隙填充有液体介质。药物制剂中，大多由亲水性高分子构成凝胶的网络结构。

凝胶可分为化学凝胶和物理凝胶两类。如大分子通过共价键连接形成网状结构，为化学凝胶，一般通过单体聚合或化学交联制得。化学凝胶不溶解、不熔融，结构稳定，也称为不可逆凝胶，如聚苯乙烯凝胶。大分子间通过非共价键（通常为氢键或范德华力）相互联结而形成网状结构，则为物理凝胶。这类凝胶具有可逆性，即外界条件改变可使物理交联破坏，构成凝胶网络的链状分子重新溶解在溶剂中形成溶液，因此物理凝胶又称可逆凝胶，如明胶溶液冷却形成的凝胶。根据凝胶中含液量的多少，凝胶又可分为冻胶（jelly）和干凝胶（xerogel）。冻胶的含液量常在90%以上，如明胶凝胶含液量最高可达99%，琼脂冻胶则为99.8%。冻胶多由柔性大分子构成，具有一定的柔顺性，网络结构中充满不能自由流动的溶剂，表现出弹性的半固体状态。干凝胶大部分是固体成分，如市售的明胶（含水量约15%）。干凝胶吸收适宜液体溶胀后可转变为冻胶。

水凝胶（hydrogel）是指能吸收和保持大量水分的亲水性凝胶，多数水凝胶网络中可容纳高分子自身重量数倍至数百倍的水。水凝胶中的水有两种存在状态：靠近网络结构的水与高分子链有很强的作用力，这种水在极低温度下又有冻结和不冻结状态；离网络结构比较远的水与普通水性质相似，称为自由水。按来源分类，水凝胶可分为天然高分子水凝胶和合成高分子水凝胶；按电荷性质分类，可分为中性水凝胶和离子型水凝胶，离子型水凝胶又可分为阴离子型、阳离子型和两性离子型水凝胶。根据水凝胶对外界刺激应答的不同，水凝胶又可分为传统水凝胶和环境敏感水凝胶。环境敏感（或刺激响应）水凝胶对温度、pH、光照、电信号和化学物质等环境因素的变化有非常显著的应答。水凝胶对刺激的响应方式多种多样，如相分离（沉淀）、形状变化（收缩或溶胀）、渗透性增加或减少、变硬或变软、透明或不透明等。

一些药用高分子材料形成物理凝胶的实例见表3-5。

表 3-5　药用高分子材料形成物理凝胶的实例

胶凝机制	高分子类型	胶凝过程和特征	示意图
由氢键作用形成微晶	淀粉	淀粉颗粒在水中膨胀，在一定温度下（60~70℃），水化程度增加，体积膨胀，颗粒间相互接触，形成半透明的糊状。高度膨胀的颗粒呈不溶的胶态存在	淀粉颗粒　溶胀的淀粉 淀粉的直链和侧链形成微晶区
氢键结合交联	明胶	用热水处理胶原，它的三重螺旋解开并水解为相对分子质量 10 万左右的水溶性蛋白质（明胶），明胶溶液冷却至 25℃以下，由于 -NH 与 -CO 基间的氢键作用使部分三重螺旋再生形成交联结构，导致明胶溶液胶凝	溶液状态　胶凝状态 溶液和胶凝状态的明胶分子
疏水性侧基交联作用	甲基纤维素或羟丙纤维素	纤维素衍生物疏水性的侧链凝集，使被疏水烷基侧链束缚的水分子释放而产生正的熵变	胶束
静电作用	阿拉伯胶与明胶	由静电作用结合构成的交联具有以下特征：①结合力高，41.84~418.4kJ/mol；②各向同性；③阴离子和阳离子的组成大致为 1:1	离子聚集
配位键交联	藻酸盐	通过与钙离子配位交联凝胶化	
分子缠结	透明质酸	水溶液中，相对分子质量高的透明质酸由于分子缠结而凝胶化	

二、水凝胶的性质

水凝胶的一些物理化学性质，如溶胀性、触变性（thixotropy）、生物黏附性、环境敏感性等，与其在药物制剂中的应用密切相关。

（一）溶胀性

水凝胶在水中可显著溶胀（swell），溶胀作用首先是来自于它固有的亲水性。亲水性高分子与水的亲和力产生溶胀作用，此时聚合物内溶剂的化学势与它周围介质的化学势之间处于不平衡状态，溶剂由于"渗透压"的作用而移动直到平衡为止，此时内部化学势与外部化学势相等。对低相对分子质量亲水性聚合物来说，平衡态是溶液，而对高相对分子质量或交联聚合物来说，平衡态可能是水溶胀的凝胶。干的亲水性聚合物，可以从一个玻璃态的固体转变为凝胶态（黏弹态），并进一步经溶胀过程形成溶液，溶胀的程度和速率取决于交联度和交联点之间的长度。离子型水凝胶因其结构中离子型基团（如—$CONH_2$、—$COOH$、—SO_3H 或—NH_2）的解离作用增加了聚合物的亲水性，导致其有较强的吸水性。同时解离程度增加，使网络结构中高分子链上存在大量具有相同电荷的基团，因静电斥力导致高分子链进一步伸展后与水分子充分接触。

溶胀性是指凝胶吸收液体后自身体积明显增大的现象，这是弹性凝胶的重要特性。凝胶的溶胀分为两个阶段：第一阶段是溶剂分子渗入凝胶中与大分子相互作用形成溶剂化层，此过程很快，伴有放热效应和体积收缩现象（指凝胶体积的增加比吸收的液体体积小）；第二阶段是液体分子继续渗入，凝胶体积显著增加。溶胀程度可用溶胀度（swollen ratio）衡量，溶胀度为一定温度下，单位重量或体积的凝胶所能吸收液体的极限量。

$$Q_m = \frac{m_2 - m_1}{m_1} \text{或} \quad Q = \frac{V - V_0}{V_0} \tag{3-5}$$

式中，Q_m 为质量溶胀度；Q 为体积溶胀度；m_1、m_2 分别为溶胀前后凝胶的质量；V_0、V 为溶胀前后的体积。

制剂领域中，溶胀度多采用溶胀体积的变化来测量，见图 3-2。

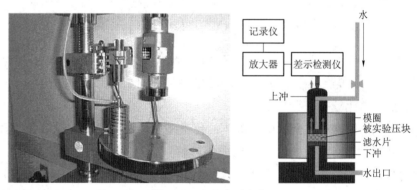

图 3-2　溶胀度测定仪

水凝胶的吸水能力是了解其微结构的基础，吸水溶胀的凝胶受环境的影响，也可脱水收缩，见图 3-3，表示药物在凝胶中吸水、脱水收缩行为的微结构的变化。这种变化也可被用于凝胶中装载或控释药物。

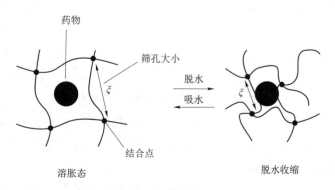

图 3-3　凝胶的结构

图中筛孔大小，ξ，即网络分子链缠结点之间的分子链大小

通常用以下 3 个参数来表征水凝胶溶胀结构：

1. 溶胀态聚合物的体积分数（$V_{2,s}$） 对无孔水凝胶来说，保留在水凝胶网络内液体的量、聚合物链的间距以及聚合物链的柔性，决定了被包裹在网络中药物分子的迁移性，及其在溶胀的水凝胶骨架中的扩散速率。溶胀状态下，高分子水凝胶的体积分数可用下式来表示：

$$V_{2,s} = \frac{V_p}{V_g} = Q^{-1} = \frac{1/\rho_2}{Q_m/\rho_1 + 1/\rho_2} \tag{3-6}$$

式中，Q^{-1} 为溶胀体积比的倒数；Q_m 为溶胀前后的质量比；ρ_1 和 ρ_2 分别是溶剂和聚合物的密度；V_g 是溶胀聚合物的体积；V_p 是聚合物体积。

2. 交联点间平均相对分子质量 两个相邻的交联点间的平均相对分子质量 $\overline{M}_c$，代表了水凝胶网络的交联度，聚合物溶胀前后的体积比（Q 值）可以表述如下：

$$Q = \left[\frac{\overline{V}(1/2 - 2\chi_{12}\overline{M}_c)}{V_1} \right]^{3/5} = \beta \overline{M}_c^{3/5} \tag{3-7}$$

式中，$\overline{V}$ 是聚合物的比容；V_1 为水的摩尔体积；χ_{12} 是聚合物与水的反应参数。

3. 网络筛孔大小 网络筛孔的大小 ξ，可用下式来表示：

$$\zeta = V_{2,s}^{-1/3} (\overline{r_0^2})^{1/2} = Q^{1/3} (\overline{r_0^2})^{1/2} \tag{3-8}$$

式中，$(\overline{r_0^2})^{1/2}$ 是无扰均方根末端距。聚合物网络两个交联点间距离的均方，可由下式求得：

$$(\overline{r_0^2})^{1/2} = l(C_n N)^{1/2} = l\left(C_n \frac{2\overline{M}_c}{M_r} \right)^{1/2} \tag{3-9}$$

式中，C_n 是 Flory 特性比；l 是聚合物骨架的链长；M_r 是聚合物的重复单元的相对分子质量。由式（3-8）和式（3-9）不难求得水凝胶网络的筛孔大小，可以将它与被递送的药物分子的流体力学半径加以比较。

影响孔径大小的因素有：交联度、单体的化学结构和外界环境刺激（如温度、离子强度、pH 等）。孔径大小对水凝胶的物理性质、降解性、药物分子的扩散系数等至关重要。一般医药用的水凝胶在溶胀态时筛孔大小为 5～100nm，这比小分子溶质要大得多，因此，小分子药物的扩散不会受到阻滞。但是，多肽、蛋白质以及寡核苷酸等生物大分子药物的流体力学半径比较大，其释放则会受到明显的阻滞。

（二）环境敏感性

环境敏感水凝胶又称智能水凝胶（smart hydrogels）或刺激响应水凝胶（stimuli-responsive hydrogels），根据环境变化（刺激）类型不同，可分为如下类型：温敏水凝胶（temperature-sensitive hydrogels）、pH 敏感水凝胶（pH-sensitive hydrogels）、盐敏水凝胶（salt-sensitive hydrogels）、光敏水凝胶（photo-sensitive hydrogels）、电场响应水凝胶（electric field response hydrogels）、形状记忆水凝胶（shaped-memoried hydrogels）。

1. 温（热）敏水凝胶 温敏水凝胶的胶凝过程与温度相关，在特定温度下发生溶液-凝胶转变。药物递送系统中应用最广泛的一般为具有低临界溶液温度（lower critical solution temperature，LCST）温敏水凝胶，如聚氧乙烯-聚氧丙烯-聚氧乙烯嵌段共聚物（泊洛沙姆407）和聚 N-异丙基丙烯酰胺类。

泊洛沙姆 407 被用于多肽类药物的控制释放，聚合物的浓度一般介于 25%～40%，形成的溶液黏度适于注射给药，加入甲基纤维素或羟丙甲纤维素等辅料可延缓释放，但溶液黏度升高会导致注射给药困难。聚 N-异丙基丙烯酰胺（PNIPA）温敏水凝胶具有较低的 LCST（约 32℃），与疏水性或亲水性单体共聚可以降低或升高 LCST。当环境温度高于 LCST 时，PNIPA 分子链失去结合水，疏水链之间相互作用使水凝胶快速收缩。温敏水凝胶作为原位（$in\ situ$）成型的药物传递装置应用广泛，如注射缓释产品、黏膜给药制剂（直肠、阴道、眼、鼻腔等部位）等。

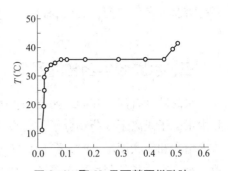

图 3-4 聚 N-异丙基丙烯酰胺凝胶体积分数与温度的关系

图 3-4 为 PNIPA 温敏水凝胶的体积分数（V）随温度变化的曲线，从图可见，聚合物体积分数随温度升高而增加，当到达低临界溶液温度时，凝胶突然收缩，体积分数 v 增大数倍。PNIPA 凝胶这种低温溶胀、高温收缩的性质是由于 N 原子上的孤对电子与水分子形成了氢键，低温下这种氢键较稳定，形成了以交联网络为骨架的水凝胶，高温时氢键断裂致使体积突然收缩。一般温敏水凝胶的结构中聚合物链上都存在亲水和疏水基团，其温敏的原因是由于聚合物链的亲水亲油平衡值改变。改变聚合物分子中的亲水或疏水基团，烷基侧链的大小、构型和柔性，可调节水凝胶的 LCST。

温敏性水凝胶的 LCST、溶胀和收缩的转变程度和转变速度，以及水分子的渗透速率还可以通过共聚合、交联密度、溶胀介质、离子强度和组成等参数加以调节。

2. pH 敏感水凝胶 pH 敏感水凝胶是指凝胶的溶胀与收缩随环境 pH 的变化而发生突变。pH 对溶胀度的影响比较复杂，取决于具体的聚合物。如蛋白质类高分子凝胶，介质的 pH 在其等电点附近时溶胀度最小。

温敏水凝胶与 pH 敏感水凝胶的共价键结合，如与丙烯酸或甲基丙烯酸类单体的接枝、嵌段共聚，或互穿聚合物网络，可获得温度/pH 双重敏感的水凝胶，如 PNIPA 与聚丙烯酸的共聚物、泊洛沙姆 407 与聚丙烯酸的接枝共聚物等。聚丙烯酸-聚 N-异丙烯酰胺互穿聚合物网络水凝胶则具有温度及 pH 双重敏感性，这种水凝胶在弱碱性条件下的溶胀率远大于酸性条件下的溶胀率。在酸性条件下，随温度的上升，凝胶的溶胀率逐渐增大，而在弱碱性条件下，温度低于聚 N-异丙基丙烯酰胺的 LCST 时，溶胀率随温度升高而增大，当温度达到 LCST 时，凝胶溶胀率急剧下降。

3. 电解质敏感水凝胶 这类水凝胶对溶胀度的影响主要来源于阴离子部分，其影响作用与影响胶凝作用的顺序相反，离子型水凝胶溶胀度不仅取决于化学组成，也取决于周围介质 pH 的改变。当离子化基团的 pK_a 值比外界环境 pH 低的时候，阴离子型水凝胶的去质子化作用和溶胀作用更强。

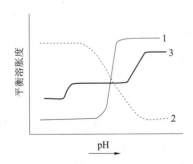

图 3-5 阴离子型和阳离子型 pH 敏感水凝胶平衡溶胀度与 pH 的关系

1. 聚阴离子型水凝胶；2. 聚阳离子型水凝胶；
3. 有两种可解离基团的聚阴离子型水凝胶

离子化的水凝胶的溶胀与收缩行为与离子运动密切相关，它的溶胀动力学不仅与 pH 有关，也与外部环境的组成有关。如图 3-5 所示是阴离子型和阳离子型 pH 敏感水凝胶平衡溶胀度与 pH 的关系。阴离子型水凝胶平衡溶胀度随 pH 增大而增大；阳离子型水凝胶则随 pH 增大而降低，在 pK_a 附近，平衡溶胀度发生突变，突变 pH 范围（ΔpH）取决于聚合物的结构以及聚合物与溶剂的相互作用。

三、水凝胶中药物的释放

水凝胶具有液体和固体两方面的性质，溶胀的水凝胶可以作为扩散介质。在低浓度凝胶中水分子或离子或药物分子是可以自由通过的，其扩散速度与在溶液中几乎相当，凝胶浓度增大和交联度增大时，药物分子的扩散速度都将变小，因交联度增大使水凝胶骨架空隙变小，小分子的药物透过凝胶骨架时要通过这些迂回曲折的孔道，孔隙越小，扩散系数降低越明显。对于大分子药物，这种扩散速度降低则更加明显。药物分子在凝胶中的透过性还与其所含溶剂的性质和含量有关。在药物缓释、控释制剂中，利用水凝胶对溶质扩散的阻滞作用，可实现药物的缓控释或调控药物释放。

了解控制药物由水凝胶扩散的机制是预测药物释放规律的前提，对于多孔性的水凝胶，孔隙尺寸远大于药物分子时，扩散系与孔隙率与水凝胶的曲率相关，但是对无孔或孔径与药物分子大小相当的水凝胶来说，药物的扩散系数受凝胶网络的空间屏蔽作用，药物分子有效的自由体积降低，药物分子经受的流体力学阻力增加，药物扩散路径增加。药物经由水凝胶扩散包括扩散控制和溶胀控制机制。

1. **扩散控制机制** 高溶胀性的水凝胶的药物扩散可以用 Fick 扩散定律或 Stefan-Maxwell 方程来表述，属于这种机制的水凝胶包括储库型或骨架型，对储库型系统来说药物被聚合物的水凝胶的薄膜所包裹，所以用药物的浓度和扩散性可以预测药物的流率（flux）。

对于骨架系统来说，当药物是均匀分配在骨架中时，在软块状骨架中假定药物呈一维不稳态的扩散，可用 Fick 第二定律来描述。这时假定扩散系数为常数、漏槽条件下，通过一个薄的平面的几何形状，而忽略软块边缘对释放的影响，此时药物的流率为：

$$\frac{dC_A}{dt} = D\frac{d^2 C_A}{dx^2} \tag{3-10}$$

式中，C_A 是药物浓度，在药剂学中常用 $\mu g/cm^2$；D 是扩散系数，cm^2/s；x 是位移，cm；t 是扩散时间，s。

Peppas 提出了一个与时间相关的经验幂指数函数：

$$\frac{M_t}{M_\infty} = kt^n \tag{3-11}$$

式中，k 为特定系统的几何形状常数；n 为释放指数（release exponent），见表 3-6。

Peppas 方程可以应用到大多数扩散控制系统，但是若用它来预测复杂的释放现象则过于简单。这一方程是由 Fick 方程的解析解去掉误差项得到的，因此，方程只适用于较短时间的释放结果。例如，扩散控制系统中，当 $n=0.5$ 时，Peppas 方程只在释放过程的前 60% 时是正确的，这些实验模型只能够用来预测某些实验条件下的释放规律，当网络性质或化学结构有所改变时，它更容易失真。骨架的几何形状更为复杂或药物扩散系数不是常数的时候（扩散系数为药物浓度的函数），Fick 定律的解析解可能不合理。

表 3-6　Peppas 方程中的释放指数 (n)

骨架的几何形状	扩散控制传递系统（Ⅰ型）	溶胀控制的传递系统（Ⅱ型）
片状	0.5	1
圆柱状	0.45	0.89
球形	0.43	0.85

2. 溶胀控制机制　溶胀控制释放系统中，药物最初分散在玻璃态的聚合物中，药物不能穿过玻璃态聚合物扩散。在凝胶材料发生溶胀结构变化时，药物的扩散性能发生变化。在溶胀的凝胶中药物释放特性发生变化，药物释放特性曲线不是扩散控制的单纯的药物释放量与时间$^{1/2}$成正比的，此时凝胶边吸水边释放药物，药物释放的速度是吸水速度的函数。如果凝胶的溶胀速度比药物的扩散速度小得多，则药物释放完全取决于凝胶的溶胀行为。

如图 3-6 所示，药物水凝胶可发生溶胀力驱使的相转变，从包埋药物分子的玻璃态转变为药物分子能快速扩散的黏弹态。此时，药物分子的释放速率取决于凝胶的溶胀速率，图中所示是某种药的羟丙甲纤维素骨架片，药物一般是储存在干的玻璃态的骨架中，口服之后在胃肠道中只要溶胀并达到玻璃态转变温度，羟丙甲纤维素吸收液体很快由玻璃态转变为黏弹态，药物释放并被吸收。药物的传递速率可以由水转移的速度以及凝胶层的厚度来控制（图 3-7）。

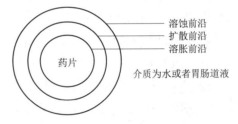

图 3-6　羟丙甲纤维素为骨架材料的片剂由玻璃态转变为黏弹态水凝胶的示意图

图 3-7　羟丙甲纤维素为骨架材料的片剂在介质中溶胀过程的前沿

在分析溶胀控制机制时，药物扩散时间和聚合物松弛时间的相对重要性可以用德博拉数（De）表示。当 De ≈ 1 时，大分子松弛与释放的扩散效应相当，二者共同影响药物释放。溶胀控制系统的药物释放也可以用式（3-11）的幂指数方程描述。为了进行更严密的描述，其中引进了一些表征药物经水凝胶释放的参数——无量纲的溶胀界面数（swelling interface number, S_w）来描述水凝胶溶胀前沿的移动。

$$S_w = \frac{v\delta(t)}{D} \tag{3-12}$$

式中，v 是水凝胶溶胀前沿的速度；D 是药物在溶胀条件下的扩散系数，对于片状系统而言，$S_w \ll 1$，药物经溶胀区的扩散远快于玻璃态-黏流态界面移动时，可实现零级释放。当 $S_w \gg 1$ 时，即溶胀前沿的移动快于药物的释放，药物通过溶胀凝胶层释放，为 Fick 扩散过程；当 $S_w = 1$ 时，为非 Fick 扩散、非零级释放。

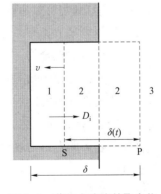

图 3-8　药物由溶胀的聚合物释放的示意图

1. 玻璃态区；2. 黏流态区；3. 溶剂；
S. 边界层；P. 聚合物与溶剂的界面；
$\delta(t)$. t 时溶胀区的厚度，它以速度 v 向聚合物内部推进

如图 3-8 所示，假定凝胶内部可分为完全溶胀（黏流态）区域和非溶胀（玻璃态）区域时，v 为边界层的推进速度；$\delta(t)$ 是 t 时溶胀区域的厚度；D_i 是药物在溶胀区的扩散系数。

表 3-7 列出不同释放模型的释放指数 n 值，以及相应的凝胶溶胀的参数 D_e 和 S_w。凝胶的结构变化小时（$D_e \gg 1$ 或 $D_e \ll 1$），即水化边界层的推进速度比药物扩散速度快得多时，可视为 Fick 型扩散；另一方面，高分子链发生松弛与药物扩散速度处于 D_e 为 1 左右，并且溶胀区的药物扩散速度比水化边界层的推进速度快得多（$S_w \ll 1$）时，则符合 $n=1$ 的零级释放。若 $S_w =1$ 时，则为 $1>n>0.5$ 的非 Fick 扩散。

表 3-7　药物释放行为的分类

药物释放模型	释放指数（n）	D_e	S_w
Fick 扩散	0.5	$\ll 1$ 或 $\gg 1$	$\gg 1$
非 Fick 扩散	0.5~1	≈ 1	≈ 1
Ⅱ型转运	1	≈ 1	$\ll 1$

四、水凝胶的应用

水凝胶具有良好的物理化学性质和生物相容性，使其在药剂学中的应用倍受重视。与疏水聚合物相比，水凝胶与所载药物或生物活性分子的相互作用影响极其微小，可使被载入的药物长时间保持活性。高分子水凝胶（特别是环境敏感水凝胶）为自调式给药系统和生物工程方面的多种新用途提供了可行性。

水凝胶在药物制剂中的应用，特别是对于蛋白质和多肽类药物的传递具有重要的地位。由于这类药物容易水解，所以在血浆中循环的时间特别短，为维持疗效，往往每天要静脉注射多次，以保持它在治疗窗的范围内，高剂量还可能引起局部毒性和全身免疫反应。现在普遍认识到亲水性高分子可以屏蔽那些被包裹的多肽或蛋白质引起有害的影响，如触发宿主的免疫反应。水凝胶的制备条件相对温和，这也有利于此类药物的稳定。利用水凝胶的物理化学特性可以制成各种功能性的缓释或速释的制剂，以应对外部条件的改变（pH、温度），用来调节药物释放速度和提高生物药物的治疗效果。

水凝胶可以调制成具有黏附性的制剂，促进药物的靶向给药，特别是无损伤的给药或黏膜给药，如天然的聚合物（如壳聚糖）和合成聚合物（如丙烯酸类聚合物）都具有这方面的优势。聚乙二醇化的水凝胶纳米粒具有避免酶对药物降解的作用，其亲水性能够延长药物载体的体内循环时间。

用于体内植入给药时，生物降解的水凝胶的优势更明显，尤其是不需要外科手术把植入的、释放药物后的残留物取出，如壳聚糖及其衍生物、聚酯-聚乙二醇嵌段共聚物为基质材料的水凝胶。

第三节　聚合物的力学状态

聚合物通过分子运动表现出不同物理状态或宏观性能。不同结构的聚合物，由于分子运动方式的不同而导致材料显示出不同的力学性能。即使结构相同的聚合物，由于外界环境（如温度等）造成的分子运动的差异，也可使材料表现出完全不同的宏观性质。通过对

扫码"学一学"

聚合物分子热运动规律的理解，了解聚合物的力学状态和转变，有助于掌握聚合物结构与性能的内在联系，对于药用高分子材料的合理选用、确定药物制剂制备工艺条件等具有重要意义。

一、高分子运动的特点

高分子结构的多重性使高分子的分子热运动与小分子相比较更为复杂和多样化，其特点表现如下。

（1）运动单元的多重性 由于高分子的长链结构，相对分子质量很大且具有多分散性，使得高分子的运动单元具有多重性。可以是高分子链的整体运动，即像小分子一样，高分子链作为一个整体作为质量中心的运动；也可以是链段的运动，即高分子链在保持其质量中心不变的情况下，一部分链段通过单键内旋转而相对于另一部分链段的运动；还可以是更小的运动单元如链节、支链、侧基的运动。另外，高分子运动单元的运动方式也具有多样性，即除了整个分子振动、转动和移动外，分子中的一部分还可以进行相对于其他部分的转动、移动和取向。整个分子链的移动是通过各链段的协同移动而实现的。

（2）分子运动的时间依赖性 在一定温度和外场（力场、电场、磁场）作用下，物质从一种平衡状态通过分子运动而过渡到与外界环境相适应的新的平衡状态的过程称为松弛过程。聚合物相对分子质量大，分子内和分子间作用力很强，本体黏度大，从一种平衡状态通过分子运动过渡到新的平衡状态时，各种运动单元的运动均需克服内摩擦阻力，因而松弛过程一般比较漫长。不同聚合物由于运动单元大小不同，松弛时间往往不同，并且有可能差别很大，短的仅数秒，长的可以几天甚至几年。

（3）分子运动的温度依赖性 升高温度对分子运动具有双重作用：一是增加高分子热运动的动能，当热运动达到高分子的某一运动单元实现某种模式运动所需要克服的位垒时，就能激发该运动单元的这一模式的运动；二是使高分子物质的体积膨胀，增加了分子间的空隙（称为自由体积），当自由体积增加到与某种运动单元所需空间尺寸相配后，这一运动单元便开始自由运动。

高分子运动是一松弛过程，松弛过程的快慢即松弛时间与温度有关。温度升高，使松弛时间变短，温度降低，松弛时间延长，二者之间有定量的关系。

二、力学状态

聚合物在不同温度下，采取不同的运动方式，使聚合物在宏观上具有不同的力学性能而呈现不同的力学状态。

图 3-9 为无定形聚合物的温度-形变曲线。聚合物的组成一定时，力学状态的转变主要与温度有关。在温度较低时，分子热运动的能量低，不足以克服主链内旋转的位垒而激发链段的运动，整个分子链和链段都不能运动而处于"冻结"状态，只有侧基、链节、短支链等小尺寸运动单元的运动及键长和键角的变化，相应的力学状态称之为玻璃态（glass state），见图 3-9 I 区。处于玻璃态的聚合物形变小，弹性模量大，质硬。随着温度上升，分子热运动加剧，当温度升高至某一温度（T_g）时，虽然整个高分子链的运动仍不可能，但分子热运动的能量已足以克服主链单键内旋的位垒，链段的运动被激发，链段可以通过主链中单键的内旋转而不断改变构象，甚至可使部分链段产生滑移。在外力作用下，分子链可从卷曲构象变为伸展构象，在宏观上呈现很大的形变。一旦外力除去，分子链又可从

伸展构象逐步恢复到熵值更大的卷曲构象，宏观上表现为弹性回缩，相应的力学状态称之为高弹态（high elastic state），见图3-9Ⅲ区。当温度进一步升高，链段运动更剧烈，达到某一温度（T_f）时，整个大分子链通过链段的协同运动而发生相对位移，即开始塑性流动，完全变成黏性的流体，它在外力作用下产生很大的不可逆的形变，相应的力学状态称之为黏流态（viscous flow state），见图3-9Ⅴ区。

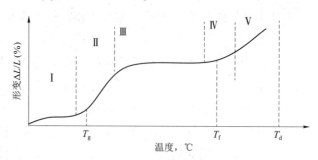

图3-9 高分子的温度-形变曲线

T_g. 玻璃化温度；T_f. 黏流温度；T_d. 分解温度；
Ⅰ. 玻璃态；Ⅱ. 玻璃化转变区；Ⅲ. 高弹态；Ⅳ. 黏流转变区；Ⅴ. 黏流态

玻璃态、高弹态、黏流态是无定形聚合物所共有的，称为力学三态。力学状态及转变

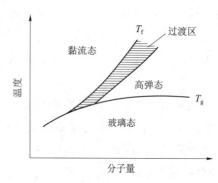

图3-10 无定形聚合物的力学状态与相对分子质量及温度的关系

温度与聚合物的相对分子质量有关，如图3-10所示，当相对分子质量较低时，链段运动与整个分子的运动相当，T_g与T_f重合，无高弹态。当相对分子质量增大，出现高弹态与黏流态之间的过渡区，随着相对分子质量增大而变宽。对于网状聚合物，由于分子链间化学键交联而不能发生相对位移，但链段仍可运动，所以只出现高弹态而无黏流态。

聚合物的力学状态，不仅在恒定外力下随着温度的变化可表现出来，而且在同一温度下，由于作用力的速率不同，也能表现出来。

完全结晶高聚物，因分子链排列规整且紧密，妨碍链的运动，因此无高弹态。对于结晶聚合物，通常结晶区和非结晶区共存。非结晶部分也有上述无定形聚合物的力学三态的转变，只不过其宏观表现随结晶度的不同而不同，其力学状态的表现与结晶度及相对分子质量有密切的关系。

三、热转变

（一）玻璃化转变的测定

无定型聚合物（包括结晶聚合物中的非结晶部分）的玻璃态与高弹态之间的转变，称为玻璃化转变（glass transition），它对应于链段运动的"冻结"与"解冻"以及分子链构象的变化，对应的转变温度称为玻璃化转变温度（glass transition temperature），以T_g表示，T_g与软化温度接近。由于聚合物相对分子质量的多分散性，玻璃化温度通常不是一个急剧的转折点，而存在一个温度范围。在玻璃化转变前后，聚合物的许多物理性质，如模量、比容、比热容、热导率、膨胀系数、折射率、介电常数等都发生急剧变化。根据所测量的

物理性质不同，玻璃化转变温度的测定方法大致可分为体积变化法、热力学性质变化法、力学性质变化法和电磁效应法等4类，下面介绍其中最常用的两种测定方法。

（1）膨胀计法　利用聚合物在玻璃化转变时，比体积（比容）发生突变的一种方法。使用膨胀计测量聚合物的比容随温度的变化速率，其转折点处的温度即为玻璃化转变温度，如图 3-11 所示。

（2）差热分析（DTA）和差示扫描量热分析（DSC）　DTA 和 DSC 是利用聚合物的热力学性质，如比容，随温度变化在玻璃化转变时出现转折或突变来测定玻璃化转变温度。DTA 的基本原理是将聚合物样品和热惰性参比物（如 $\alpha\text{-}Al_2O_3$）在恒速升温的条件下同时加热，参比物热力学性质无变化，而样品在玻璃化转变时比热容发生变化，这样便会引起聚合物样品和惰性参比物之间产生温度差 ΔT，连续测定试样与参比物的温度差

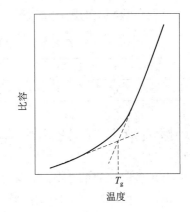

图 3-11　聚合物的比容与温度的关系曲线

ΔT，以 ΔT 对温度 T 作图，曲线的台阶处所对应的温度即为玻璃化转变温度，如图 3-12（a）所示。

DSC 是在 DTA 的基础上，利用热量补偿器，对试样或参比物加补偿热量，以保证聚合物样品与参比物的温度差 ΔT 为零。记录两者之间保持零温差所需功率（放热量或吸热量）随温度的变化，从而确定聚合物的玻璃化转变温度，如图 3-12（b）所示。与 DTA 相比，DSC 具有更高的灵敏度、分辨率及可定量特征。

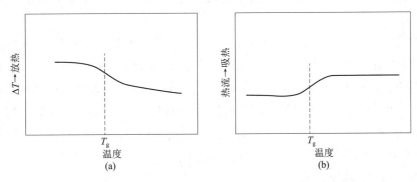

图 3-12　DTA 和 DSC 法测定聚合物的玻璃化转变温度

（二）影响玻璃化转变的因素

影响高分子链柔性的因素，都对聚合物的 T_g 有影响。

1. 聚合物结构

（1）主链结构　高分子链的柔性来源于主链单键的内旋转，饱和主链的单键内旋转位垒较小，T_g 较低，如果没有极性侧基取代则其 T_g 就更低。主链中引入苯基、联苯基、萘基等芳杂环后，主链上可进行内旋转的单键比例相对减少，分子刚性增大，T_g 则增高。

含有共轭双键的聚合物，如聚乙炔，由于分子链不能内旋转，所以呈极大的刚性，T_g 很高。相反，主链含孤立双键或叁键的聚合物中，虽然双键或叁键本身不能旋转，但使其相邻的单键由于空间位阻变小而更容易旋转，因此相应聚合物的 T_g 都较低，如天然橡胶（$T_g = -73℃$）。

（2）侧基结构　侧基的柔顺性、极性、体积以及对称性均影响聚合物的 T_g。柔顺性侧基的存在相当于对聚合物起增塑作用，柔顺性侧基越大，聚合物的 T_g 下降越多。如表 3-8 聚甲基丙烯酸酯类的侧基增大使 T_g 下降。

表 3-8　聚甲基丙烯酸酯中侧基碳原子数 n 对 T_g 的影响

n	1	2	3	4	6	8	12	18
T_g（℃）	105	65	35	21	-5	-20	-65	-100

刚性侧基的取代基体积越大则空间位阻效应越显著，分子链内旋转受阻程度加强，T_g 较高。

对于多取代的聚合物，需考虑取代基的对称性。例如双取代基聚合物，对称取代基时主链单键的内旋转位垒反而比单取代小，分子链内的动态柔顺性较好，因而 T_g 下降。不对称双取代，其空间位阻增加，T_g 则升高。

2. 分子间相互作用力　聚合物间若存在极性基团或氢键的相互作用，则使链段运动困难，T_g 升高。侧基的极性越强，分子间相互作用力越大，T_g 越高。增加分子链上极性基团的数量也能提高聚合物的 T_g，但当极性基的数量超过一定值后，由于极性基团间的静电排斥力超过吸引力，反而导致分子间距离增大，T_g 下降。

分子间氢键可使 T_g 显著升高。如聚丙烯酸甲酯的 T_g 仅为 3℃，而聚丙烯酸由于氢键的相互作用，其 T_g 为 104℃。

3. 交联　一般来说，轻度交联由于交联点密度很小而不影响分子链段的运动，对 T_g 的影响很小。随着交联点密度的增加，相邻交联点间网链的平均链长变小，链段运动受束程度增加，T_g 升高。

4. 相对分子质量　随着相对分子质量的增加，T_g 逐渐升高，特别是当相对分子质量较低时，这种影响更为明显。相对分子质量对 T_g 的影响可归结为端基效应，处于分子链末端的链段比中间的链段受到的限制要小，活动能力更大，或者说末端链段周围的自由体积比链中间的大。相对分子质量的降低使端基的相对含量增加，自由体积增大则 T_g 降低，因此，T_g 随相对分子质量的增加而上升；当相对分子质量增大到一定程度后，链段的影响可以忽略，T_g 随着相对分子质量的增加就不明显，而趋于恒定。

5. 共聚、增塑、共混

（1）共聚　无规共聚物由于各组分的序列长度都很短，只有一个 T_g，T_g 通常位于单体各自均聚物的 T_g 之间。因此，可以通过共聚物单体的配比连续改变共聚物的 T_g。引入 T_g 较低组分的作用与增塑相似，相对于外加增塑剂，共聚引起的增塑作用称为内增塑作用。

接枝和嵌段共聚物是否存在两个 T_g，则取决于两组分的相容性。当两组分能够达到热力学相容时，则可形成均相材料，只有一个 T_g，若不能相容，则发生分离，形成两个体系，各有一个 T_g，其值接近但又不完全等于各组分均聚物的 T_g。

（2）增塑　增塑剂的加入对 T_g 的影响相当显著。T_g 较高的聚合物，加入增塑剂可使 T_g 明显下降。增塑剂主要是改变聚合物分子链间的相互作用，而共聚作用的突出特点是改变聚合物分子链的化学结构。因此，增塑对降低 T_g 比共聚更为有效，共聚降低熔点比增塑剂更为有效。

（3）共混　共混聚合物的 T_g 基本上由共聚混合物的相容性决定。如果两种聚合物 A 和聚合物 B 热力学相容，则它们的共聚物呈单相结构，具有一个介于两种聚合物的玻璃化转

化温度之间的 T_g。如果两种聚合物是部分相容的，体系中将存在富 A 相和富 B 相，这时存在两个 T_g，分别对应于富 A 相和富 B 相的玻璃化转变，两个 T_g 的数值与均聚物相比更为靠近。不相容的共混体系具有两个 T_g，分别对应于两种聚合物各自的 T_g。

6. 外界条件的影响

（1）升温速度　由于玻璃化转变不是热力学的平衡过程，而是与实验时间标度有关的松弛行为。降温速率增加将导致测量得到的 T_g 值升高。在 T_g 以上，随着温度的降低，聚合物体积收缩，自由体积也逐渐减小，同时体系黏度增大。冷却速度越快，聚合物越早出现类似自由体积冻结状态，所得 T_g 越高。

（2）外力作用的速度或频率　外力作用的速度或频率的不同将引起 T_g 的移动。提高动态实验频率将使测量的 T_g 值升高。因此，动态方法测量的 T_g 通常要比静态的膨胀计法测得的 T_g 高。

玻璃化转变温度与高分子材料的使用性能有密切关系，它是聚合物使用时耐热性的重要指标。如塑料应处于玻璃态，T_g 是非晶态塑料使用的上限温度；而对于橡胶，应处于高弹态，T_g 是橡胶使用的下限温度。

第四节　聚合物的力学性质

扫码"学一学"

高分子材料是以聚合物为基本组分，大多情况下同时还含有各种添加剂，如填充剂、增塑剂、稳定剂等，以获得实用性和经济价值，或改善成型加工性能。

不同用途对高分子材料有不同的性能要求，如力学性能、电学性能、光学性能，但多数情况下力学性能是其最重要的性能。材料的力学性能是指外加作用力与形变及材料破坏的关系，包括材料的弹性模量、拉伸强度、压缩强度、冲击强度、屈服强度等。聚合物的结构特性决定了高分子材料的力学性能。

一、弹性模量

材料在外力作用下而又不产生惯性移动时，物体对相应外力所产生的形变称为应变（strain）。材料宏观变形时，其内部产生与外力相抗衡的力，称为应力（stress）。材料受力方式不同，形变方式也不同，各向同性材料有三种类型的形变方式：①简单拉伸；②简单剪切；③均匀压缩。

聚合物的机械行为可以由拉伸过程的应力-应变曲线表征。图 3-13 是典型的应力-应变曲线，在曲线的初始段是直线，遵守虎克定律，弹性模量为 θ 角的正切，Y 点为弹性极限，Y 点以后为蠕变过程，B 点为断裂点。

对于理想的弹性体，应力 σ 与应变 ε 成正比，即服从虎克定律。按虎克定律：

$$E = \left[\frac{\sigma}{\varepsilon}\right]_{\varepsilon \to 0} = \left[\frac{F/A_0}{\Delta l/l_0}\right]_{\Delta l \to 0} \tag{3-13}$$

式中，E 为比例常数，称为弹性模量（modulus of elasticity），或杨氏模量（Young's modulus），简称模量；A_0 是表面积；F 是不断变化的力；Δl 为材料长度的变化值；l_0 是材料初始长度。如聚乙烯的 E 值为 2×10^9，含 20% 明胶的胶冻 E 值为 2×10^6。

可见弹性模量是单位应变所需应力的大小，是材料刚度的表征。模量越大，越不易变形。

聚合物的弹性模量的高低取决于其链段运动的难易程度，而链段运动的难易程度与温度密切相关，因此，聚合物的模量受温度的影响显著。

二、硬度和强度

硬度（hardness）是衡量材料表面抵抗机械压力的一种指标。药用高分子材料的硬度常用压痕测定仪压头施加的负载与穿入停止时压头下面积的比值表示，单位为 Pa 或 MPa，薄膜包衣中常用贝氏硬度（Brinell hardness）或迈氏硬度（Meyer hardness）来量化。硬度的大小与材料的拉伸强度和弹性模量有关，有时可作为弹性模量和拉伸强度的一种近似估计。测定硬度的具体方法请参阅有关专著。

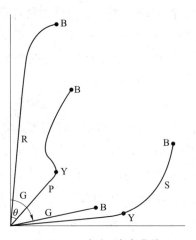

图 3-13　应力-应变曲线

R. 橡皮；P. 聚乙烯；G. 玻璃；S. 钢

当材料所受的外力超过材料的承受能力时，材料就会发生破坏。力学强度是衡量材料抵抗外力破坏的能力，是指在一定条件下材料所承受的最大应力。在制剂加工过程中经常用到拉伸强度（tensile strength）、弯曲强度（bending strength）、和冲击强度（impact strength）等。

1. **拉伸强度**　也称抗张强度，是在规定的温度、湿度和加载速度下，在标准试样上沿轴向施加拉伸力直到试样被拉断为止，试样断裂前所承受的最大载荷 P 与试样截面积之比称为拉伸强度。

2. **弯曲强度**　是在规定条件下对试样施加静弯曲力矩，取试样折断时的最大载荷 P，按式（3-14）计算弯曲强度 σ_f。

$$\sigma_f = 1.5\frac{Pl_0}{bd^2} \tag{3-14}$$

式中，l_0、b 和 d 分别为试样的长、宽、厚。

3. **冲击强度**　也称抗冲强度，为试样受冲击载荷破裂时单位面积所吸收的能量，它是衡量材料韧性的一种指标。

作为药品包装材料、药物传递系统或给药装置的聚合物，强度也是评价高分子材料力学性能的重要指标。机械强度除了用断裂时所承受压力的大小来表示外，还应充分考虑应力作用的时间和断裂时的形变。

影响聚合物强度的因素很多，包括：①聚合物的化学结构，如氢键、极性基团、交联、结晶、取向等可提高强度；②聚合物的相对分子质量，在一定范围内相对分子质量增加，强度增加；③应力集中，如高分子制品的微小裂缝、切口、空穴等引起应力集中，使制品中的局部破裂扩大，进而断裂；④温度改变，强度也变化；⑤外力作用速度处于 T_g 以上的线型聚合物，快速受力时比慢速受力时强度大；⑥增塑剂可降低高分子链间的作用力，因而降低强度；⑦填充剂的影响复杂，如薄膜包衣中加入适量滑石粉可提高衣膜强度；⑧机械加工等因素。

三、黏弹性

黏弹性（viscoelasticity）是高分子材料的另一重要性质，是指聚合物既有黏性又有弹性的性质，其实质是聚合物的力学松弛行为，在玻璃化转变温度以上（通常 $T_g \sim T_g + 30℃$），非晶态线型聚合物的黏弹性表现最为明显。

理想的黏流体受到外力作用后，形变随时间线性发展；理想的弹性体受到外力后，瞬时达到平衡形变，形变与时间无关；聚合物的形变是时间的函数，但不构成正比关系，而是介于理想弹性体和理想黏性体之间。高分子材料常被称为黏弹性材料，黏弹性在应力-应变曲线中相当于弹性极限到（或超过）屈服点的曲线范围。黏弹性的主要表现有蠕变、应力松弛和内耗等。

1. 蠕变 在一定温度、一定应力作用下，材料的形变随时间的延长而增加的现象称为蠕变（creep），蠕变曲线如图 3-14 所示。聚合物在形变过程都有蠕变现象，蠕变和应力松弛一样，都是因为分子间的黏性阻力使形变和应力达到平衡需要一段时间，因此，蠕变是松弛现象的另一表现形式。对于线型聚合物，形变可无限发展且不能完全回复，保留一定的永久形变；对交联聚合物，形变可达到一平衡值。

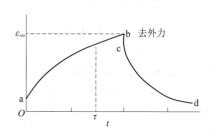

图 3-14 蠕变示意图
oab. 加外力过程；b. 去外力；
bcd. 形变恢复过程

蠕变行为可用下列关系式描述

$$\varepsilon = \varepsilon_\infty \left(1 - e^{-\frac{t}{\tau}}\right) \tag{3-15}$$

式中，ε 为形变；ε_∞ 为时间 t 到 ∞ 时的形变；τ 为松弛时间。

蠕变还常用蠕变柔量（creep compliance，C）来描述：

$$C = \frac{1}{E} = \frac{\varepsilon}{\sigma} \tag{3-16}$$

式中，C 为蠕变柔量，又称柔性，即单位应力引起的形变；E 为材料抵抗形变的能力，即发生单位形变所需的应力。

蠕变是一种复杂的分子运动行为。聚合物的结构、环境温度及作用力大小等都影响蠕变过程，其中分子链的柔性影响最大。

2. 应力松弛 在恒定温度和应变保持不变时，聚合物的内应力随时间延长而逐渐衰减的现象称为应力松弛（stress relaxation）。简单的应力松弛可用如下的指数公式描述：

$$\sigma = \sigma_0 e^{-\frac{t}{\tau}} \tag{3-17}$$

式中，σ 为 t 时刻的应力；σ_0 为起始应力；τ 为松弛时间。

3. 内耗 当应力变化和形变相一致时，没有滞后现象，每次形变所作的功等于恢复原状时获得的功，没有功的消耗。如果形变的变化落后于应力的变化，发生滞后损耗现象（hysteresis loss），则每一循环变化过程需消耗功，称为内耗（internal loss）。聚合物的内耗大小与聚合物本身的结构有关，同时受温度影响。

第五节 聚合物流变性质

一、流变学基本概念

流变学（Rheology）是一门主要研究物质的形变和流动的科学。流变学的概念来源于

扫码"学一学"

希腊，Bingham 和 Crawford 为了表示液体的流动和固体的变形现象而提出，发展到现在已成为一门涉及高分子化学、高分子材料工程学以及材料力学等多个学科的交叉学科。

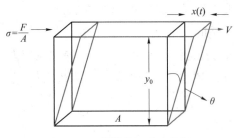

图 3-15　物体剪切流动分析

当流体受到外力产生流动时，以流体的简单剪切流动为例（图 3-15），作用在单位面积上，与流动方向平行的力称为剪切应力（shear stress），δ（Pa）。剪切应力、剪切形变，γ，和剪切速率，$\dot{\gamma}$（s^{-1}），分别表示为：

$$\delta = \frac{F}{A}, \quad \gamma = \frac{x(t)}{y_0}, \quad \dot{\gamma} = \frac{V}{y_0} \tag{3-18}$$

受到外力作用时，对黏性流体而言，各流层间因流动而产生相对位移会抑制流体的进一步流动，这种性质定义为黏性（viscosity），适用于牛顿黏性定律，流体的黏度不随剪切速率而改变，即 $\eta = \dfrac{\sigma}{\dot{\gamma}}$（Pa·s）。而对于刚性的固体，撤去外力时，因外部应力而产生形变有恢复原状的趋势，这种性质称为弹性（elastic），适用于胡克定律，固体所发生的形变为可逆形变，用弹性模量衡量，即 $G = \dfrac{\sigma}{\gamma}$。对于大多数高分子材料或一些分散体系，即有黏性、又有弹性的特征，这种性质称为黏弹性，这类兼具黏性与弹性的物质则称为黏弹体。

二、流体的流动模型

纯的液体和多数低分子溶液属于牛顿流体，然而实际上大多数药物制剂的流体性质不符合牛顿定律，如高分子溶液、胶体溶液、混悬剂及软膏、凝胶等。根据流体的流动特征，可将流体分为以下几类的典型的流动模型。

（1）牛顿流体　符合牛顿黏度定律的流体属于牛顿流体，简言之，其黏度与剪切速率无关，温度一定时黏度为恒定。

（2）宾汉塑性流体　塑性流体，其存在一个屈服值（yeild value），τ_0，当剪切力达不到屈服值时，流体在剪切力作用下不发生流动，表现为弹性变形，而一旦剪切力超过该值，液体开始流动，且黏度不变，类似牛顿流体。浓度较高的乳剂、混悬剂、单糖浆多属于此类流体。

（3）假塑性流体　流动曲线中表现为随着剪切力的增加，流体黏度下降，具有典型的切稀现象。一些高分子如甲基纤维素、海藻酸钠等链状高分子稀水溶液，在高剪切速率条件下，分子长轴链段随流动方向有序排列，流动阻力减少，因而黏度显著下降。

（4）胀塑性流体　滑石粉、淀粉、高浓度混悬液及高分子凝胶等非凝聚性粒子处于密集型状态，在低速搅拌剪切时，粒子处于有序的排列状态，表现为较好的流动性，而当高速搅拌时，原有的排列状态被打乱，形成疏松的填充状态，增大了粒子间的摩擦力，表观黏度随剪切速率增加而变大，即切稠现象。

对于多数假塑性流体及胀塑性流体，均具有屈服值 S_0，即流动曲线不经过原点，因而将此类流体也统称为广义的宾汉流体。常见非牛顿流体的流动曲线和黏度曲线如图 3-16 所示。

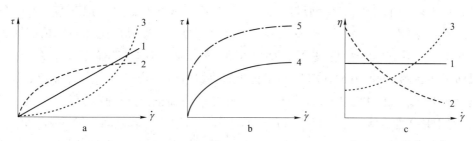

图 3-16　流体的典型流动曲线（a、b）和黏度曲线（c）
1. 牛顿流体；2. 假塑性流体（剪切变稀）；3. 膨胀型、非牛顿流体（剪切变稠）；
4. 假塑性流体（无屈服值）；5. 塑性流体（有屈服值）

三、流变学的基本参数和应用

流变学的测量仪器有毛细管流变仪、旋转流变仪、混炼机型流变仪、拉伸流变仪和落球黏度计等，不同的仪器有各自适用的剪切速率及黏度测定范围，可根据材料类型和测量要求的不同，选择不同类型的仪器。药物制剂，尤其是半固体制剂的流变学测量，旋转流变仪的应用最为广泛。

旋转流变仪是通过测定转子在旋转过程中所产生的力矩或应力，分析样品的黏度及黏弹性，主要分为两种测量模式，即应变控制型（控制施加的应变，测量产生的应力值）和应力控制型（施加一定的应力，测量产生的应变值）。通过测量样品的绝对变量，力矩、旋转角位移以及旋转角速率，并结合相关数学方程可计算得样品的详细流变学参数，包括：弹性模量（elastic modulus，G'，Pa）和黏性模量（viscous modulus，G''，Pa）随时间、温度、频率或应力/应变的变化曲线，流体的应力松弛模量（relaxation modulus）及蠕变柔量（creep compliance）等瞬时响应参数，以及黏度关于剪切速率、剪切时间及温度等自变量的函数方程。

弹性模量是正弦负荷下剪切力中与剪切应变同相位的分量除以剪切应变的商，由于弹性形变是弹性势能的存储，因此弹性模量也称存储模量（storage modulus）。黏性模量是复数模量的虚部，由于黏性形变是能量的耗散，因此黏性模量也称损耗模量（loss modulus）。复数模量（complex modulus，G^*，Pa）是剪切模量的一种数学表示，为实部与虚部之和，实部是弹性模量，虚部为黏性模量，其模为动态模量（dynamic modulus，G），G 定义为：

$$G^* = G(\cos\delta + i\sin\delta) = G' + iG'' \tag{3-19}$$

式中，$G' = G\cos\delta$，$G'' = G\sin\delta$。

相角（phase angle，δ，°），即损耗角（loss angle），是正弦切变中应力与应变的相位差，表示弹性或黏性的比例，定义为：

$$\text{tg}\delta = G''/G' \tag{3-20}$$

复数黏度（complex viscosity，η^*，Pa·s）是黏度的一种数学表示，为实部与虚部之和，实部称为动态黏度，而虚部与复数模量的实部有关，反映与弹性形变相关的信息，定义为：

$$\eta^* = G''/i\omega = G''/\omega - iG'/\omega = \eta' - i\eta'' \tag{3-21}$$

黏弹性物质的黏度函数与剪切持续时间有关，而且在剪切流动中还表现出法向应力差（normal stress difference）效应，而牛顿流体无此效应。由于黏性和弹性是相对的，若实验过程相对缓慢，呈现黏性，反之呈现弹性，只有在适宜的时间标度内才能观察到黏弹性响应。线性黏弹性是指流体在小应变或小应变速率下的流变特性，在此范围内应力与应变以线性关系为特征，微分方程亦为线性方程。流变参数的测定一般在线性黏弹性范围（linear viscoelastic range，LVR）进行。通过上述的动态物质函数和参数可以把黏弹性流体在正弦应变力作用下的弹性形变和黏性形变区分开。复数模量和复数黏度是从不同角度描述黏弹性物质的特征，不是相互独立的参数，都是角频率的函数，具有特定的换算关系。

根据胡克定律，对弹性固体施加正弦交变的剪切力后，其应变亦为正弦交变形式，应变和应力同相位。根据牛顿内摩擦定律，对牛顿流体施加正弦交变应力后，其相位相差为 $\pi/2$。而对于黏弹性流体，相位相差 δ 介于弹性固体和黏性液体之间，即 $0°<\delta<90°$，相位差越大则黏性越明显，表现为液体特征，反之，则表现为固体的特征，因此，相角可以反映溶液-凝胶状态下的物质特征。如图 3-17 为旋转流变仪（锥板模式）测量的卡波姆凝胶的典型流变曲线，在所测量的角频率范围内弹性模量大于黏性模量（弹性占优势），相角较低，呈典型的凝胶特征，且凝胶体系较稳定。

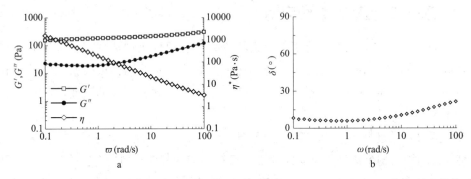

图 3-17　卡波姆凝胶的弹性模量、黏性模量和复数黏度（a），及相角（b）与角频率的关系

高分子的流变学行为是材料本身物理与化学性质的具体体现，直接反映其力学性质，与材料内部高分子的分子质量及其分布、支化或交联，以及分子链取向、聚集态等高次结构密切相关。高分子流变学对药用高分子材料加工和应用具有重要意义，在药物制剂领域，混悬剂、乳剂，及软膏剂、凝胶剂等半固体制剂的流变学性质与制剂的稳定性、药物释放速率、制剂的涂展性及皮肤滞留性存在紧密联系，通过测定相关表征参数，分析不同状态下的力学行为及流动性，可作为制剂处方设计与评价的重要手段，如了解凝胶的相转变过程、不同条件下的状态和力学性能等。

第六节　聚合物的自组装性质

一、嵌段共聚物的自组装

扫码"学一学"

与低分子表面活性剂类似，某些聚合物（主要是嵌段共聚物）在一定条件下能自组装（self-assemble）形成不同形态的纳米级的胶束、囊泡和单分子层等结构。这种自组装性质为获得新型功能纳米药物载体提供了新的途径，在药物和基因传递、纳米反应器、疾病诊断等方面都具有广泛的应用前景。在药物制剂领域中，研究最为广泛的是球形胶束和聚合物囊泡（polymersomes），其形态如图 3-18 所示。

在选择性溶剂（一般为水）中，两亲性嵌段聚合物的疏水嵌段由于疏水性相互作用彼此聚集压缩成核，亲水嵌段环绕在核周成壳，形成核-壳结构的聚合物胶束（micelles），这种胶束通常为球形，由于胶束核为疏水性空间，且亲水性壳将其与外界环境隔绝开来，使核部位成为理想的疏水性药物的容纳空间，故胶束多用于疏水性药物的装载。如果聚合物能自发形成封闭的双层结构，亲水嵌段分布于双层膜层的内外表面，疏水嵌段压缩于双层膜层中间，由此形成的泡囊状结构即为聚合物囊泡。与由磷脂分子通过自组装形成的泡囊状结构——脂质体相似，疏水性药物分子可以容纳在疏水性膜层之间，亲水性药物分子亦可容纳在水性内核之中，故聚合物囊泡可用于不同溶解性能

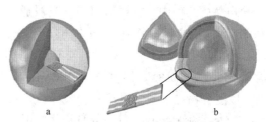

图 3-18　球形胶束和聚合物囊泡的形态
a. 聚合物胶束，b. 聚合物囊泡

药物分子的装载。同时，由于合成聚合物的高分子质量，其自组装形成的疏水性膜较脂质体膜更厚，一方面提高了膜层的稳定性，另一方面极大的扩展了膜层的容纳空间，故一般认为聚合物囊泡对疏水性药物的装载能力远大于脂质体，且由于囊泡的膜结构不同于脂质体膜中规则排列的磷脂双分子层，一般认为其对水性内核中所载的亲水性分子有更好的限制作用，可能会有效避免药物的突释和泄露。

　　能够自组装的两亲性嵌段共聚物包括线形（各种两嵌段、三嵌段和多嵌段共聚物）和支化（接枝、星型和树状）聚合物两大类。一般通过可控的离子聚合或自由基聚合反应制备聚合物，嵌段的具体组成由所选择的引发剂和聚合单体决定，由于可供选择的聚合单体种类丰富，且可以方便的对引发剂进行修饰和改造，所以能方便地制备出具有多种功能特点（如能对 pH、温度、离子强度等作出响应）的功能聚合物。

　　除能形成丰富的自组装形态以及便于功能化修饰的特点外，聚合物胶束或囊泡在药物递送方面还具有以下优势：①稳定性：两亲性聚合物的临界聚集浓度值（critical aggregation concentration，CAC）通常在 $10^{-6} \sim 10^{-7}$mol/L，仅约为小分子表面活性剂的千分之一（磷脂约为 $10^{-3} \sim 10^{-4}$mol/L），其自组装趋势和所形成超分子结构的稳定性能均强于小分子表面活性剂，使其进入机体后在体液稀释条件下仍然保持完整性，有效防止所载药物的快速释放。②长循环性：直接使用以 PEG 作为亲水链段的嵌段共聚物构建的聚合物自组装体，其表面形成更加密集的 PEG 链层，充分发挥 PEG 的隐形功能，延长体内循环时间。

　　除了两亲性嵌段共聚物在水性介质中通过疏水链的聚集缔合成核壳结构的聚合物胶束外，一些聚电解质也可通过静电或氢键等作用力发生缔合，或基于大分子间氢键作用促使多组分高分子在选择性溶剂中自组装，形成类似胶束结构的聚集体（图 3-19）。

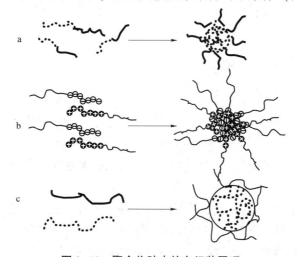

图 3-19　聚合物胶束的自组装原理
a. 两亲性嵌段共聚物胶束；b. 聚电解质复合物胶束；c. 非共价键胶束

聚电解质胶束中，共聚物的部分嵌段通过分子间力作用（包括疏水作用、静电作用、金属络合作用或氢键作用）凝聚形成内核，而柔性亲水链（如 PEG）构成束缚链（tethered chain）状的致密栅栏，包裹在内核外，维持胶束的空间稳定性。例如，聚乙二醇嵌段聚（L-谷氨酸）共聚物（PEG-b-PGA）的羧基与顺铂形成配位复合物（图 3-20），该复合物在溶液中自组装为粒径 20nm 左右的类胶束结构。这种聚合物-顺铂复合物注射液（NC-6004）目前已进入Ⅲ期临床试验。

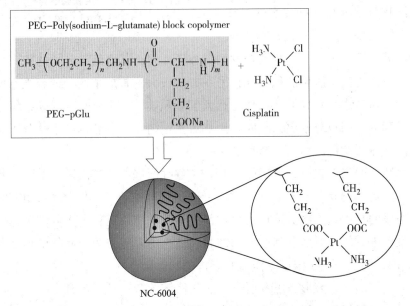

图 3-20　聚乙二醇-聚（L-谷氨酸）嵌段共聚物-顺铂复合物的结构

嵌段共聚物自组装体在药物制剂，特别是新型药物递送系统中的应用非常广泛。最简单的应用是利用胶束的增溶作用改善药物的溶解度或溶出度，如 Soluplus© 是 BASF 公司生产的一种适于热熔挤出工艺的聚氧乙烯-聚醋酸乙烯酯-聚乙烯吡咯烷酮共聚物，以其为载体制备的固体分散体，在溶出过程中形成的聚合物胶束可增溶难溶性药物、抑制析出药物结晶，从而提高难溶性药物的口服生物利用度。泊洛沙姆 407 是一种三嵌段的非离子型高分子表面活性剂，其温度响应的原位胶凝作用也是基于溶液温度升高后疏水作用增强引起的胶束堆砌。研究报道最多的是基于合成或天然改性得到的嵌段共聚物自组形成的纳米胶束或囊泡作为药物递送的载体。目前，已有聚合物胶束的药物制剂上市，如载紫杉醇的 mPEG-PDLLA 胶束（Genexol® -PM）。

二、临界聚集浓度的测定

嵌段共聚物在选择性溶剂中自组装形成超分子体系的趋势强弱可以用临界聚集浓度（CAC）作为衡量指标。CAC 定义为两亲性聚合物在选择性溶剂中聚集形成自组装体的最低浓度，如果形成的自组装体是聚合物胶束，也称为临界胶束浓度（critical micelle concentration，CMC）。一般而言，CAC 越小则自组装趋势越强，形成的自组装体的热力学稳定性也越好。

两亲性聚合物的 CAC 通常采用芘荧光探针法测定。其原理是利用电子由高能单重态到基态单重态退激而产生的荧光光谱与物质所处环境所具有的相关性。即当水溶液中两亲性分子达到一定浓度而形成自组装体时，会将溶液中的芘分子包裹进自组装体的疏水部位，如胶束内核或囊泡膜层，导致芘所处的环境由极性突变为非极性，芘分子荧光光谱也会随之发生改变（包括吸收带的红移和吸收强度的变化），CAC 值的估算正是利用了荧光光谱的这种变化。常规的测定过程如下：配制相同芘浓度的系列浓度的聚合物溶液，室温静置过夜使充分平衡后，用荧光分光光度计测定荧光光谱，固定发射波长为 390nm，扫描并记录 300~350nm 波长范围的激发光谱。以激发波长为 337nm 与 334nm 处的荧光强度的比值（I337/I334）对聚合物浓度的对数值作图，曲线拐点所对应的浓度值即为该聚合物的 CAC 值，见图 3-21。

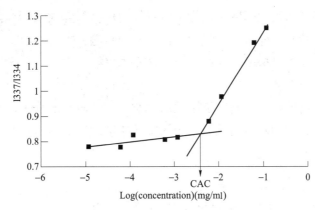

图 3-21 I337/I334 对聚合物浓度的对数值作图

第七节 渗透性和药物通过聚合物的扩散

扫码"学一学"

一、渗透性和透气性

气体或液体通过扩散和吸附过程，由浓度高的一侧经高分子材料扩散到浓度低的一侧的现象称为渗透性（permeability），气体分子渗透通过聚合物膜称为透气性（gas permeability）。渗透性不应与多孔性混淆，多孔性是指材料有极小的连通孔道。高分子材料作为包装材料或药物传递装置的组件时，渗透性和透气性（尤其是水和氧、液体的油脂类成分）对于材料的选择和使用，以及药品稳定性具有重要意义。

液体或气体分子经聚合物的渗透过程首先是它们溶解在聚合物内，然后向低浓度方向扩散，最后从聚合物的另一侧逸出，因此，渗透性和透气性与液体或气体在聚合物内的溶解性有关。当溶解性不大时，渗透过程遵循 Fick 第一定律。

聚合物的渗透性及透气性受聚合物的结构和物理状态影响较大，主要因素有：

（1）温度 温度升高，高分子链运动增强，分子透过的孔道变大，渗透性好。

（2）极性 透过物质与聚合物极性越相近，相容性越好，越易透过。

（3）渗透分子的大小 分子大的渗透性低。

（4）链柔性 链柔性大，渗透性好。结晶度大或交联降低链段的柔性，渗透性下降；加入增塑剂则能提高分子链柔性，渗透性增大。

此外，分子的对称性则有利于提高气密性，例如，丁基橡胶分子链中存在对称的甲基，其气密性在各种聚烯烃橡胶中最好，适用于药品包装容器的密封胶塞。

药用高分子薄膜具有不同的水蒸气透过性，以下按每 25μm 厚的膜，24 小时水蒸气的透过量（g/100cm^2）的大小顺序列出：聚乙烯醇（0.155）、聚氨酯（0.046~0.155）、乙基纤维素（0.12）、醋酸纤维素（0.06~0.12），醋酸纤维素丁酸酯（0.078）、流延法制的聚氯乙烯（0.016~0.031）、挤出法制的聚氯乙烯（0.009~0.016）、聚碳酸酯（0.012）、聚氟乙烯（0.005）、乙烯-醋酸乙烯共聚物（0.002~0.005）、聚酯（0.003）、聚乙烯涂层的赛璐玢（>0.002）、聚偏二氯乙烯（0.002）、聚乙烯（0.001）、乙烯-丙烯共聚物（0.001）、聚丙烯（0.001）和硬质聚氯乙烯（0.001）。

二、药物通过聚合物的扩散

药物制剂中，通常采用贮库装置或骨架装置控制药物的释放过程。药物一般溶解或分散在装置中，药物由装置向外转运的过程有以下几个步骤：①药物溶出并进入周围的聚合物或孔隙；②由于存在浓度梯度，药物分子扩散通过聚合物屏障；③药物由聚合物解吸附；④药物扩散进入体液或介质。

一般情况下，药物的转运机制决定溶质的扩散类型，而溶质分子大小和聚合物的结构制约溶质的扩散系数，并控制溶质从装置中的释放速度。制剂中药物的释放过程大多为分子扩散机制，很少由对流产生。

（一）Fick 扩散

1. Fick 扩散定律　药物分子通过聚合物的扩散，可用 Fick 第一定律来描述：

$$J = -D \frac{\mathrm{d}C}{\mathrm{d}x}$$
（3-22）

式中，J 为溶质流量，$mol/(cm^2 \cdot s)$；C 为溶质浓度，mol/cm^3；x 为垂直于有效扩散面积的位移，cm；D 为溶质扩散系数，cm^2/s（通常，D 被看作常量，但实际上扩散系数可通过改变聚合物的结构加以调节）；负号表示扩散方向，即药物分子扩散朝向浓度降低的方向进行。

Fick 第一定律给出稳态扩散的药物流量，非稳态时的扩散可用 Fick 第二定律描述：

$$\frac{\partial C}{\partial t} = D \frac{\partial^2 C}{\partial x^2}$$
（3-23）

式（3-23）表示在扩散场中的任一固定容积单位中，药物浓度沿一固定方向 x 的改变。

2. 药物通过聚合物薄膜的扩散　在药剂学的实际应用中，药物通过薄膜的扩散常涉及胶囊壁扩散、聚合物包衣层扩散，药物与聚合物之间的亲和力、聚合物的结晶度对药物的扩散影响甚为显著。固体聚合物的晶区是大多数药物分子不可穿透的屏障，扩散分子必须绕过它，晶区所占的百分比越大，分子的运动越慢。在无孔固体聚合物中扩散，自然是更为困难的过程，需要移动聚合物链才能使药物分子通过。对于无孔隙的固体聚合物薄膜来说，由于聚合物两侧的浓度差很大，在很长的释放时间内，其差值几乎是常数，如果 J 和 D 为常数，将式（3-22）在膜厚度为 h 的范围内积分，可得下式：

$$J = \frac{DK}{h} \Delta C$$
（3-24）

式中，ΔC 为薄膜两侧的溶质浓度差，mg/cm^3；K 为分配系数（K＝聚合物膜中溶质的浓度/溶出介质中溶质的浓度）；DK/h 为溶质通透系数（P），cm/s（常用来评价药物通过聚合物的渗透性能）。

显然，D、K 值越大，则 P 值越大，选择聚合物时，应注意药物与聚合物在热力学上的相容性，否则药物很难通过聚合物膜扩散。稳态时，只要聚合物膜两侧的浓度差（ΔC）恒定，则药物通过聚合物薄膜的释放呈零级（ΔC、D、K 和 h 皆为常数）。

3. 药物通过聚合物骨架的扩散　对于分散在疏水性骨架（matrix）中的药物扩散，根据质量平衡原理，Higuchi 给出了如下的数学处理，其原理见图 3-22。

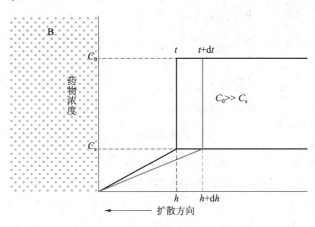

图 3-22　药物在骨架中扩散模型

C_0. 初始载药量；C_s. 药物在聚合物骨架中的饱和溶解度；h. 药物分子扩散路径；B. 漏槽

根据图 3-22，前沿扩散路径移动 dh，则扩散的药物量变化值为 dM，则有：

$$dM = C_0 dh - \frac{C_s}{2} dh = \left(C_0 - \frac{C_s}{2} \right) dh \qquad (3-25)$$

式中，M 为单位面积扩散出的药物量，mg/cm^2；C_0 为初始载药量，mg/cm^3；C_s 为药物在聚合物骨架中的饱和溶解度，mg/cm^3；h 为药物分子扩散路径，cm。

根据 Fick 定律：

$$dM = \frac{DC_s}{h} dt \qquad (3-26)$$

合并式（3-25）和式（3-26），得：

$$h\,dh = \frac{DC_s}{\left(C_0 - \frac{1}{2}C_s \right)} dt \qquad (3-27)$$

积分得：

$$h = \left(\frac{2DC_s t}{C_0 - \frac{1}{2}C_s} \right)^{\frac{1}{2}} \qquad (3-28)$$

将式（3-28）代入式（3-26），积分得：

$$M = \left[C_s D (2C_0 - C_s) t \right]^{\frac{1}{2}} \qquad (3-29)$$

一般情况下，$C_0 \gg C_s$，则：

$$M = \left[2C_s D C_0 t \right]^{\frac{1}{2}} \qquad (3-30)$$

式（3-30）即著名的 Higuchi 方程。Higuchi 方程说明，药物由聚合物骨架释放量与 $t^{1/2}$ 呈线性关系。对于多孔骨架（图 3-23），可用下述方程描述药物释放过程：

$$M = \left[C_a D_a \frac{\varepsilon}{\tau} (2C_0 - \varepsilon C_a) t \right]^{\frac{1}{2}} \qquad (3-31)$$

式中，C_a 为药物在释放介质中的溶解度，mg/cm^3；D_a 为药物在释放介质中的扩散系数，

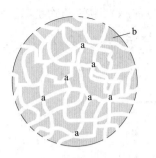

**图3-23 药物由多孔聚合物
骨架释放的示意图**

a. 药物；b. 聚合物骨架

cm^2/s；t 为时间，s；ε 为骨架的孔隙率；τ 为曲折因子；M 为单位面积扩散的药物量，mg/cm^2；C_0 为药物在骨架内单位体积的药量，mg/cm^3。由式（3-31）可见，孔隙率越大，释放越快，曲折因子越大，则分子扩散路径越长，M 越小。

亲水骨架由于水进入后骨架溶胀，药物是通过溶胀凝胶层扩散释放，式（3-31）不适用。为了描述亲水骨架的药物释放，需引入非 Fick 扩散的概念。

（二）非 Fick 扩散

聚合物的结构特性可能影响药物通过聚合物的扩散系数，但不会改变扩散机制（Fick 扩散）。聚合物的松弛特性，对溶质通过聚合物的扩散机制可产生很大影响，如当溶剂（水）穿透一种原本是玻璃态的亲水性聚合物时，聚合物-水界面可出现一个膨胀层，此时大分子链的松弛可影响药物的扩散释放。如将一个未溶胀的玻璃态水凝胶聚合物放入可溶胀介质中，首先，溶剂分子渗入聚合物骨架，玻璃态聚合物开始溶胀，溶胀部分的聚合物由于玻璃化转变温度的降低（如 T_g 低于溶胀介质温度时），转变成高弹态，未溶胀部分仍为玻璃态。此时溶胀具有两个界面：一个是处于玻璃态与高弹态之间的界面，称为溶胀界面，以速度 v 向玻璃态区移动；另一界面是处于溶胀的高弹态与溶胀介质（即溶剂）之间的界面，它向外移动，从平面几何角度而言，玻璃态区限制了溶胀只能朝一个方向进行，即向内溶胀，这种限制在玻璃态区内产生了一个压缩应力而在高弹态区产生了拉伸张力，一旦这两个溶胀界面会合，玻璃态区将完全消失，聚合物将转变成高弹态，此时溶胀限制因素消失，溶胀则向三维方向进行。

当载有药物的玻璃态聚合物与水溶液相接触时，由于溶胀作用，分散于聚合物中的药物开始向外扩散出来，因此药物的释放同时有两个速度过程：水扩散进入聚合物过程和链的松弛过程。随着聚合物骨架的继续溶胀，药物不断扩散出来，药物释放的总速率由聚合物网络的溶胀速率所控制，即药物释放速率与时间的关系取决于水的扩散速率及大分子链松弛速率。

药物扩散与聚合物松弛时间的相对重要性可用德博拉数（Deborah number，D_e）来表示，D_e 定义为特性松弛时间（τ）与溶剂的特性扩散时间（t）的比值。

$$D_e = \frac{\tau}{t} \tag{3-32}$$

$$t = \frac{L^2}{D_w} \tag{3-33}$$

式中，L 为控释装置的特性长度；D_w 为水的扩散系数。

当 $D_e \ll 1$ 时，分子是在一种黏流态的混合体系中扩散，聚合物结构变化瞬间发生，可以用具有强烈浓度依赖的扩散方程描述。当 $D_e \gg 1$ 时，溶剂分子是在一种具有弹性特征的介质中扩散运动，因此，在扩散过程中聚合物结构不变，通常用扩散系数与浓度无关的经典扩散方程来分析，也称为低于 T_g 的 Fick 扩散。当分子通透速度取决于聚合物溶胀速度时，$D_e \approx 1$，分子是在一种黏弹态的体系中扩散，溶剂扩散到聚合物中，聚合物链不立即发生重排，因为松弛对扩散过程有影响，药物通过聚合物的渗透和迁移过程不符合 Fick 定律。至今尚无一个普适的理论能描述这种在黏弹态聚合物中的扩散迁移；这种松弛与扩散双重作用导致一种复杂的转运行为，称为非 Fick 扩散。

另外，自由体积理论（Yasuda 等提出）则将聚合物膜中溶质的扩散现象与自由体积关联起也。这一理论假定：①膜中的高分子链与溶剂能任意混合，膜中产生的空隙大小位置不规整；②不考虑高分子链或溶剂以及溶剂之间的相互作用；③溶质只能通过比自身大的空隙经膜扩散。④溶质能扩散的自由体积大小与膜中溶剂的自由体积大小相同。用下式来表示膜中溶质的扩散系数与膜内溶剂率的关系。

$$\frac{D_m}{D_w} = \psi(q)\exp\left[-B\left(\frac{q}{V_w}\right)\left(\frac{1}{H}-1\right)\right] \tag{3-34}$$

式中，q 为溶质的截面积；$\psi(q)$ 为截面积在 q 以上的空隙存在的几率；B 为比例常数；V_w 为自由体积，由于溶质在凝胶膜内的扩散系数 D_m 与在水中的扩散系数 D_w 之比与膜内溶剂（水）率 H 成正比。例如，凝胶的溶剂率（溶胀度）越大，溶质的透过性也就越大。

（三）扩散系数

当药物由剂型内向外扩散释放时，由于药物浓度差的关系，药物分子的热运动将朝着降低浓度梯度，趋向平衡的方向进行，在这样的过程中，药物分子质量的转移，即为扩散，由 Fick 第一定律可知，浓度梯度的存在是引起扩散的先决条件，没有浓度梯度就没有扩散。扩散是常见的现象，它描绘分子或颗粒的直线运动，按照 Stokes-Einstein 扩散方程，扩散系数为：

$$D_0 = \frac{kT}{6\pi r\eta} \tag{3-35}$$

式中，D_0 为扩散系数，cm^2/s；η 为黏度，$Pa \cdot s$；k 为波耳兹曼常数，$1.380663 \times 10^{-23} J/K$；$T$ 为绝对温度，K；r 为扩散分子的半径（近似于刚性球的半径），cm。

这一方程不能直接应用在多相环境中，也不适合于大分子药物，因为可能存在限制扩散的屏障。实际上，扩散系数并非常数，药物分子的大小、极性、药物在聚合物中的溶解度和聚合物的结构、温度等因素对扩散系数有显著影响。

另外，r 与相对分子质量 M 存在如下关系：

$$r \propto M^v \tag{3-36}$$

由于在良溶剂中 v 是 0.6，式（3-36）可表示为：

$$D_0 = kT/(6\pi M^{0.6}\eta) \tag{3-37}$$

物质（粒子）在凝胶中的扩散行为受构成凝胶的高分子网络的分子密度影响。当网络稀疏时，主要由扩散粒子和溶剂的相互作用控制，与在溶液中的扩散行为相似。但是，当网络较致密时，则粒子扩散还受构成网络的高分子链限制。粒子尺寸（r）比凝胶的网络尺寸小时，粒子在凝胶内的扩散系数 D 为：

$$D = D_0\exp(-kr) \tag{3-38}$$

式中，$-kr$ 是粒子半径 r 与网络尺寸的比值。此式表示粒子的尺寸与网络尺寸之比决定粒子在凝胶内扩散受抑制的程度。

药物通过多孔聚合物的速率与聚合物多孔网络的曲折度、孔隙的大小、孔隙的分布、药物在孔隙壁上的吸附性质等有关，而药物通过无孔聚合物时，大分子链之间的距离是影响通过速率的重要因素。前一种情况下，扩散系数 D 用下式表示：

$$D = D_a\frac{\varepsilon k_p k_\tau}{\tau} \tag{3-39}$$

式中，D_a 为药物在液体介质（或充满水的孔隙）中的扩散系数，cm^2/s；ε 为孔隙率；τ 为曲折因子；K_p 为药物在聚合物–介质（水）之间的分配系数；K_τ 为限制性系数（与药物分子半径或聚合物平均孔径有关）。

D_a 是在实验条件下药物在纯水中的扩散系数，可按一般物理化学实验法或查表求得，事实上这也是一种假设条件，因孔道中的药物浓度不断变化，准确测定是相当困难的；ε 可用水银孔隙仪测定；τ 一般为 3，但随多孔网络的无序性的增加而增加；K_p 可用在已知浓度的药物溶液中浸泡聚合物的传统方法来计算；限制性系数 K_τ，其平均孔径用水银孔隙仪测定（药物的分子半径可查阅文献或用近似法测定）。

药物通过无孔聚合物的扩散过程是在大分子链的间隙进行的（1~10nm），任何导致扩散屏障增加的形态改变，都会引起有效扩散面积的相应减少以及大分子链流动性的下降。

第八节　生物黏附性

黏附（adhesion）或称黏着或黏接等，一般指同种或两种不同的物体表面相黏接的现象。药物制剂中，通常利用高分子水凝胶在生物表面（如黏膜）的黏附作用，达到长时间滞留、缓释或靶向给药的目的。

扫码"学一学"

一、生物黏附

生物黏附（bioadhesion）指两个生物表面或生物表面与其他天然或合成材料表面的黏结。药剂学中，生物黏附一般是用来描述聚合物（包括合成的以及天然的）与软组织（如消化道膜、皮肤等）之间的黏附作用。生物黏附的作用部位可能是皮肤、黏膜、软组织的细胞层（如上皮细胞）等。如果黏附发生在黏膜层表面，则称为黏膜黏附（mucoadhesion）。黏膜黏附性可以改善局部药物传递或药物吸收。黏膜表面存在水性黏液，相对于皮肤更具亲水性，因此，水凝胶在黏膜表面的黏附就显得更为重要。黏膜由各种体腔（如胃肠道、呼吸道等）的腔壁所组成，这些腔壁有单层上皮细胞（胃、小肠、大肠和支气管等部位）或多层的层状上皮细胞（如食管、阴道、角膜等部位），单层上皮细胞的黏膜含有杯状细胞，杯状细胞能够直接把黏液分泌到上皮的表面；多层的上皮细胞或靠近组织的多层细胞含有特殊的腺体，如唾液腺分泌黏液到上皮表面，黏液在黏膜表面是以凝胶层的形态存在。黏液的主要成分为黏蛋白型糖蛋白（mucin glycoprotein）、脂质和水，其中水占 95% 以上。黏蛋白型糖蛋白是黏液中最主要的成分，是内聚力和黏附性的根源，并具有独特的凝胶性质。不同部位黏膜表面的黏液层厚度不同，胃部的黏液层厚度为 50~450μm，而口腔的黏液层厚度是 0.7μm，黏液的主要功能是保护黏膜、润滑黏膜（此时又有抗黏附作用）。

黏膜黏附材料大多是亲水性的高分子，其相对分子质量一般在 10 万以上，含有能与黏蛋白形成氢键的基团（如羧基或羟基），以利于形成互穿和分子链缠结、及氢键结合，又被称作"湿性"黏附剂。除非水的吸收受限，否则它们很容易过度吸水形成润滑性的胶浆；这类高分子具有高度的柔性，各个链段具有相对的运动独立性，从而促进聚合物链的互穿和互相扩散；其表面性质与黏膜表面的黏液相似，界面自由能很低。

黏附性在药物制剂中有着广泛的应用，如延长药物在吸收部位或黏膜的滞留时间，有利于药物的吸收或在人体的特定部位定位释放药物。丙烯酸聚合物是典型的黏膜黏附材料，如卡波姆（carbomer）和聚卡波菲（polycarbophil），在药物制剂中用于黏膜黏附片的骨架材料，以及眼、鼻腔或阴道等黏膜部位给药的凝胶制剂。黄体酮阴道缓释凝胶（商品名 Crinone®）是将微粉化黄体酮分散在聚卡波菲为基质的凝胶中制备的一种阴道黏膜给药的长效制剂，由于聚卡波菲具有良好的生物黏附性，凝胶在用药部位滞留时间可达 72 小时以上，药物持续缓慢吸收，可控制较低的黄体酮血药浓度。而 DuraSite® 技术则采用了聚卡波菲和泊洛沙姆 407 为主要处方成分实现延长眼部滞留时间的目的，基于这种技术的阿奇霉素和贝西沙星的长效眼用制剂已经上市。

　　药物制剂与黏膜的黏附现象存在以下的几种情况：干的或部分水化的药物制剂与大量的黏液层表面接触（如颗粒剂用于鼻腔）；已充分水化的药物制剂与大量的黏液层表面接触（水性混悬制剂用于胃肠道）；干的或部分水化的药物制剂与薄的或不连续性的黏液层表面接触（某些局部用片剂或贴片用于口腔或阴道）；充分水化的制剂与薄的或不连续性的黏膜表面接触（水性半固体或液体微粒制剂用于口腔或阴道）。制剂与黏膜的黏附过程存在以下两个阶段：①接触阶段：含黏膜黏附剂的制剂与黏膜紧密接触，某些情况下，两者的表面很容易接触，例如，把某一制剂黏附在口颊、阴道内，或者将微粒沉积在呼吸道内。而另外一些情况下，如经口腔递送的混悬剂，混悬液中的颗粒吸附在胃肠道的黏膜上是黏附过程中形成接触的先决条件，微粒的附着力应足以使微粒保留在黏膜表面直到药物被转移。②强化阶段：黏接阶段发生很多物理化学的作用，使黏着牢固、黏附力加强，黏结时间延长。有些制剂在眨眼或口腔运动的应力作用下黏结作用增强。一般认为，药物制剂与黏膜的黏结点有三个区域，即黏膜黏附剂层、黏膜区和界面区（黏液层），如图 3-24 所示。

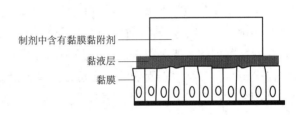

图 3-24　黏膜黏附的黏结区

　　黏膜黏附失败的可能情况如图 3-25 所示。对于弱的黏膜黏附剂来说，黏膜黏附剂与生物黏液层的界面可能出现分层断面；对较强的黏膜黏附剂来说，开始时是黏液层出现分层断面，然后是制剂中正在水化的黏膜黏附剂层出现分层断面。除了最弱的黏附剂外，黏附连接的分离是由于吸水聚合物的溶胀而致内聚力不足；对于强黏膜黏附过程（且存在大量黏液）来说，提高内聚力是非常必要的。

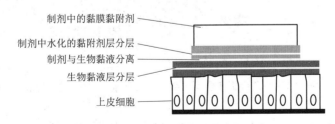

图 3-25　黏膜黏附失败的可能情况

二、生物黏附的机制

　　理想的生物黏附性药物传递系统的黏附性存在下列 3 种作用机制：聚合物润湿与溶胀；生物黏附性聚合物链与聚合物的线团和黏膜黏蛋白的互穿作用；在线团的链之间很微弱的化学结合。

　　生物黏附性的增加基本上存在两种解释：①黏膜黏附性的分子与生物黏液里面的糖蛋白互

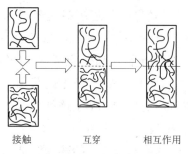

接触　　　　互穿　　　相互作用

图 3-26　生物黏附过程互穿作用的过程

穿，再通过继发的相互作用而结合（图 3-26）；②黏附加强来源于干的、部分水化的黏膜黏附性材料的溶胀力和黏液脱水力，取决于水的运动，而与大分子的互穿作用关系不大。但生物黏附的机制是否还可能有其他特性，目前还不完全清楚。

黏膜黏附性高分子与黏蛋白的糖蛋白之间的相互作用过程，必须具有至少下列 5 种特性中的一种：①足够量的氢键基团（如—OH 和—COOH）；②阴离子表面电荷；③相对分子质量较大；④分子链高度柔性；⑤表面张力不妨碍在黏膜表面铺展。水凝胶是通过分子间力与生物表面结合的，黏膜层的更新或变动速率影响黏膜黏附性，限制水凝胶在作用部位的黏附时间，特别是在胃肠道黏膜上，由于酶的降解作用（如胃蛋白酶、溶酶体酶、胰酶等）、微生物降解、酸降解、食物摩擦、机械脱落等原因，导致结合力薄弱，所以它的作用点要很多才能达到强的黏附作用。因此，一般都是选用相对分子质量大、浓度高、反应性基团较多的聚合物。

生物黏附性形成的理论主要包括电子理论、吸附理论、润湿理论、扩散理论和断裂理论，以下简要介绍润湿理论和扩散理论。

1. 润湿理论　生物黏附剂或黏液能够在相应的生物表面铺展是一个重要前提。润湿理论是液状黏附剂的主要黏附理论，它是利用界面张力来预测黏附剂铺展力以及黏附力的大小。高分子与生物组织表面能的研究可以用来预测黏膜黏附性。

如图 3-27 所示为生物黏附性聚合物（或水凝胶）在胃肠道内的软组织表面的铺展。由杨氏公式可得接触角与界面张力（σ）的关系：

$$\sigma_{tg} = \sigma_{bt} + \sigma_{bg}\cos\theta \tag{3-40}$$

式中，下标 t 代表组织，g 代表胃肠道内容物。生物黏附性聚合物 b 能够产生自发性的润湿作用时，θ 必须等于 0 或近于 0。因此，可以得出下面的公式：

$$\sigma_{bt} \geqslant \sigma_{tg} + \sigma_{bg} \tag{3-41}$$

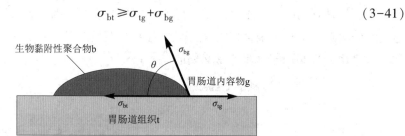

图 3-27　黏附性聚合物在含有内容物的胃肠道组织中的接触角示意图

铺展系数 S_{bt} 可以用来预测生物黏附性聚合物在组织表面的铺展性。

$$s_{bt} = \sigma_{tg} - \sigma_{bt} - \sigma_{bg} \tag{3-42}$$

由式（3-42）可见，要使生物黏附性聚合物在组织表面铺展，铺展系数必须为正值，因此必须使组织和内容物的界面张力（σ_{tg}）增大，而其他两个界面张力（σ_{bt} 和 σ_{bg}）减小，从理论上来说这种参数的求算是不难的，组织与内容物间的界面张力 σ_{tg} 可以采用经典的 Zisman 分析，而在生物黏附性聚合物与胃肠道的内容物之间界面张力可以用一般的表面张力测定法，如 Wilhelmy 平板法测定，组织与生物黏附性聚合物的界面张力可以通过下式计算：

$$\sigma_{bt} = \sigma_b + \sigma_t - 2F(\sigma_b \sigma_t)^{1/2} \tag{3-43}$$

式中，F 为常数，可从文献中查阅。

生物黏附性聚合物与组织界面张力正比于聚合物与聚合物之间的 Flory 反应参数（c）：

$$\sigma_{bt} \sim c^{1/2} \tag{3-44}$$

如果 c 很小，即生物黏附性聚合物和生物组织之间结构相似时，铺展性增强，具有比较强的黏附结合力。

除了铺展系数，也常用黏附功（W_{bt}）来评价黏附作用的强度。根据 Duprē 方程，黏附功等于组织的表面张力和生物黏附性高分子的表面张力之和减去二者间的界面张力。

$$W_{bt} = \sigma_b + \sigma_t - \sigma_{bt} \tag{3-45}$$

2. 扩散理论　生物黏附性聚合物链以及黏液的大分子链之间的互穿作用与缠绕作用见图 3-28。聚合物链穿透黏膜层的程度决定结合强度，聚合物链穿透进入黏膜黏液的网络的作用大小，取决于浓度梯度和扩散系数，显然，二者之间的交联不利于互穿作用，但是短链和链端的缠结有利于互穿作用。现在，一般认为

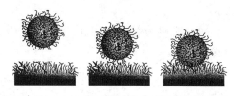

图 3-28　生物黏附性聚合物和黏膜黏液的大分子链之间的互穿作用

互穿作用的深度达到 $0.2 \sim 0.5\mu m$ 的范围内，才能够形成有效的生物黏附结合。穿透深度（l）可按下式来计算：

$$l = (tD_b)^{1/2} \tag{3-46}$$

式中，t 是接触时间；D_b 是生物黏附性材料在黏膜中的扩散系数。要实现扩散作用，生物黏附性的聚合物应该在生物组织黏液内有比较好的溶解性，它在化学结构上应该是相类似的，因此，最佳的生物黏附作用应该满足生物黏附性聚合物的溶解度参数（d_b）与靶黏膜的糖蛋白的溶解度参数（d_g）相似。

第九节　聚合物水分散体及其成膜性

一、水分散体的特点

制剂包衣可实现稳定药物、掩味缓释及肠溶等目的。常用的薄膜包衣材料有水溶性的和有机溶剂溶解的。对于水溶性的聚合物材料，可采用水作为包衣溶剂，但能够溶解于水中的聚合物品种不多，适用性很窄。虽然可以把一些聚合物溶解在酸性或碱性溶液中，如虫胶、羟丙甲纤维素酞酸酯（HPMCP）等，但药物对酸、碱的敏感性必然妨碍这种方法的应用。对于水不溶性的聚合物材料，可采用有机溶剂作为包衣溶剂，但有机溶液包衣的最突出的问题是有机溶剂的挥发性、易燃性、易爆性、毒性以及由此带来的一系列其他困难。而且不论用水溶液或有机溶液包衣其局限性是包衣液中聚合物含量偏低，包衣过程费时耗能。

水分散体（aqueous dispersions）是指以水为分散剂，聚合物以直径为 $50nm \sim 1.2\mu m$ 的胶状颗粒悬浮的具有良好物理稳定性的非均相系统，其外观呈不透明的乳白色，故也称为胶乳（latex）。根据制备方法不同，水分散体基本上可分为真胶乳和假胶乳两类。真胶乳采用乳液聚合法制备，产物中聚合物以 $10nm \sim 1\mu m$ 的粒子分散于水中，粒子沉降受布朗运动

扫码"学一学"

制约，相对稳定。假胶乳是以聚合物为原料，通过物理方法（如乳化-溶剂挥发法、相转变法和溶剂变换法等）缩小聚合物粒径制成水分散体，残留单体和引发剂含量低，其性质与真胶乳无明显不同。

水分散体中聚合物以微小胶粒形式存在，其黏度与相对分子质量无关，聚合物含量对水分散体和聚合物溶液的黏度影响显著不同。水分散体的固体含量可高达30%，同时具有较低的黏度。包衣过程中，随着溶剂挥发，水分散体的黏度仍可基本保持不变，而溶液包衣则黏度很快增加。高固体含量下的低黏度是水分散体用作包衣液的一个特殊优点，这意味着可有效缩短包衣时间，避免高浓度聚合物溶液包衣工艺普遍存在的粘片、粘锅现象。水分散体适用于所有薄膜包衣工艺及设备，也适合于各种固体制剂包衣，包括口服控释制剂。

USP-NF已收载乙基纤维素、甲基丙烯酸共聚物的水分散体。一些常用的水分散体产品及特点见表3-9。

表3-9 用于制剂包衣的水分散体产品

商品名	制备方法	特点
Eudragit NE 30D/40D	乳液聚合	胃崩型丙烯酸树脂类胶乳液。固体含量30%（W/W），不需另加增塑剂。胶乳液中可能含有未反应的单体、引发剂、表面活性剂和其他聚合反应过程添加的化合物
Eudragit L 30D	乳液聚合	肠溶型丙烯酸树脂类胶乳液。固体含量30%（W/W），含有十二烷基硫酸钠和聚山梨酯80
Eudragit FS 30D	乳液聚合	结肠溶型丙烯酸树脂类胶乳液。固体含量30%（W/W），含有十二烷基硫酸钠和聚山梨酯80
Eudragit RL/RS 30D	溶剂变换法	渗透型丙烯酸树脂类胶乳液。固体含量30%（W/W），含有山梨酸和氢氧化钠
Surelease	相转变法	含乙基纤维素25%（W/W）的加增塑剂的胶乳液，含有油酸、癸二酸二丁酯、微粉硅胶和氨水
Aquacoat ECD	乳化-溶剂挥发法	含乙基纤维素30%（W/W）的未加增塑剂的胶乳液，含有十二烷基硫酸钠和鲸蜡醇
Aquacoat CPD	乳化-溶剂挥发法	邻苯二甲酸醋酸纤维素胶乳液，固体含量30%（W/W）

二、水分散体包衣的成膜性

聚合物水分散体包衣的成膜机制与有机溶剂包衣截然不同。在聚合物有机溶剂溶液包衣时，薄膜形成经历从黏性液体到黏弹性固体的转变，干燥衣膜的性质取决于聚合物与溶剂的相互作用及溶剂的挥发情况。水分散体的成膜过程如图3-29所示，水分散体黏着于固体表面使固体表面润湿，此阶段聚合物以大量的不连续粒子存在；随后水分不断蒸发使聚合物粒子愈来愈靠近，包围在胶乳粒子表面的水膜不断缩小产生很高的表面张力，促进粒子进一步靠近，因高分子链中残留能量导致高分子链自由扩散，在最低成膜温度以上，最终产生黏流现象而发生粒子间的相互融合。

用作水分散体包衣的聚合物必须形成连续的膜才能起到包衣作用。温度低于聚合物的最低成膜温度（MFT）时，其粒子不能融结成膜。因此，包衣温度应高于MFT 10~20℃以上，确保达到薄膜形成的理想条件。MFT太高的聚合物不适于薄膜包衣，此外还可通过加入增

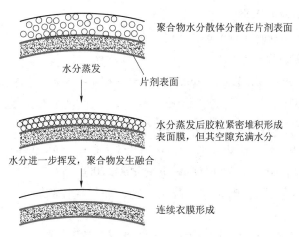

图 3-29 聚合物水分散体成膜过程示意图

聚合物水分散体分散在片剂表面

水分蒸发

片剂表面

水分蒸发后胶粒紧密堆积形成表面膜，但其空隙充满水分

水分进一步挥发，聚合物发生融合

连续衣膜形成

塑剂降低其 MFT，但需注意正确选择增塑剂。水分散体包衣液中增塑剂应与聚合物有很强的亲和性质。增塑剂用量不足时，不能完全克服胶粒变形的阻力，形成的是不连续的薄膜衣。相反，增塑剂用量过多易导致胶粒凝集、衣膜发黏、流动性差等。增塑剂一般在制备胶乳液的过程中加入，使之取得均匀的增塑效果以及避免包衣过程中增塑剂与胶乳粒子的分离。与乙基纤维素、丙烯酸树脂类聚合物相容性较好的增塑剂有癸二酸二丁酯、邻苯二甲酸二乙酯、枸橼酸三乙酯、乙酰枸橼酸三乙酯、乙酰化单甘酯、三醋酸甘油酯等，它们在水中的溶解度都较小，用量一般在 15%～30%。

参考文献

［1］何曼君. 高分子物理（修订版）［M］. 上海：复旦大学出版社，1990.

［2］甘景镐. 天然高分子化学［M］. 北京：高等教育出版社，1993.

［3］郑俊民. 药用高分子材料学［M］. 3 版. 北京：中国医药科技出版社，2009.

［4］梁晖，卢江. 高分子科学基础［M］. 北京：化学工业出版社，2005.

［5］苏德森，王思玲. 物理药剂学［M］. 北京：化学工业出版社，2004.

［6］Nikolaos A Peppas, Atul R Khare. Preparation, structure and diffusional behavior of hydrogels in controlled release［J］. Adv Drug Deliv Rev, 1993,（11）：1-35.

［7］Park K, Shalaby W, Park H. Biodegradable hydrogels for drug delivery［M］. Pennsylvania：CRC Press, 1993.

［8］Wu S. Surface and interfacial tensions of polymer melts. II. Poly（methyl methacrylate）, poly（n-butyl methacrylater）and polystyrene［J］. J Phys Chem, 1970, 74：632-638.

［9］Kaelble DH, Moacanin J. A surface energy analysis of bioadhesion［J］. Polymer, 1977, 18：475-482.

［10］Ritger PL, Peppas NA. A simple equation for description of solute release［J］. J Control Release, 1987, 5：23-36.

［11］Chickering DE, III, Mathiowitz E. Fundamentals of bioadhesion. In：Lehr CM, ed. Bioadhesive drug delivery systems-Fundamentals, Novel Approaches and Development. New York：Marcel Dekker, 1999：1-85.

［12］Lee PI. Controlled release systems fabrication technology（Vol II）［M］. Boca Raton,

扫码"练一练"

Florida：CRC Press，1988.

［13］Kim CJ. Advanced pharmaceutics：physicochemical principles［M］. Boca Raton，Florida：CRC Press，2004，72-82.

［14］Kydonieus AF，Bemer B. Transdermal delivery of drugs（Vol I）［M］. Boca Raton，Florida：CRC Press，1987.

［15］顾雪蓉，朱育平. 凝胶化学［M］. 北京：化学工业出版社，2005.

［16］Lin CC，Metters AT. Hydrogels in controlled release formulatios：Network design and mathematical modeling［J］. Adv Drug Deliv Rev，2006，58：1379-1408.

［17］徐晖，丁平田，郑俊民. 聚合物系统中药物的非扩散控制释放［J］. 药学学报，2000，35：710-714.

［18］Peppas NA，Bures P，Leobandung W，et al. Hydrogels in pharmaceutical formulations［J］. Euro J Pharm Biopharma，2000，50：27-46.

［19］史铁钧，吴德峰. 高分子流变学基础［M］. 北京：化学工业出版社，2009.

第四章 药用天然高分子材料

天然高分子材料因其安全、来源广泛、性能优良、便于化学改性提升性能等特点，在药物制剂的中间体、制剂处方和药品包装方面应用非常广泛，尤其是淀粉和纤维素及其衍生物，很早便开始用于固体制剂、液体和半固体制剂等剂型。本章将分别介绍药物制剂中常用的多糖、蛋白和天然橡胶类药用高分子材料的结构、来源和制法、性质及其应用等。

第一节 淀粉及其衍生物

扫码"学一学"

一、淀粉和氧化淀粉

（一）淀粉

1. 结构、来源和制法 淀粉（starch）广泛存在于绿色植物的须根和种子中，如玉米、麦和米中含淀粉75%以上，马铃薯、甘薯和许多豆类中的淀粉含量也很丰富。这些原料通过除杂质、破碎、研磨、脱水、干燥和过筛等工艺过程都可制备出淀粉。近年来，化学合成辅料不断问世，新出现的辅料有取代药用淀粉的趋势，但由于淀粉具有许多独特的优点，如安全性好、价格低廉、来源广泛、供应稳定等，故迄今为止，淀粉仍不失为最基本的药用辅料之一。

淀粉是天然存在的多糖，从结构上可以分为两类，直链淀粉（amylose）和支链淀粉（amylopectin），它们的结构单元都是 D-吡喃葡萄糖。直链淀粉以 α-1,4 苷键连接葡萄糖单元，相对分子质量为 $3.2 \times 10^4 \sim 1.6 \times 10^5$，相当于聚合度 n 为 200～980。直链淀粉由于分子内氢键作用，链卷曲成螺旋形，每个螺旋圈大约有 6 个葡萄糖单元，其分子链构象见图 4-1，其化学结构式见图 4-2。

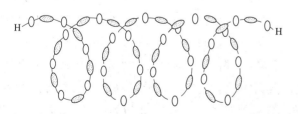

图 4-1 直链淀粉螺旋状构象示意图

◯. 葡萄糖单元；◯. α-1,4苷键

图 4-2 直链淀粉化学结构式

支链淀粉的直链部分也为 α-1，4 苷键，而分支处则为 α-1，6 苷键。支链淀粉的相对分子质量较大，根据分支程度的不同，平均相对分子质量范围在 1000 万～2 亿，相当于聚合度为 5 万～100 万。一般认为，支链淀粉中每隔 15 个聚合单元，就有 1 个 α-1，6 苷键接出的分支。支链淀粉分子的形状很像高粱穗，小分支极多，估计至少在 50 个以上（图4-3），其化学结构式见图4-4。1984 年，Lineback 基于支链淀粉分子为"团簇"的概

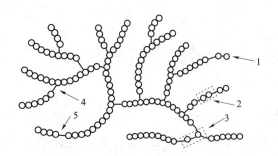

图 4-3 支链淀粉链型构象示意图

1. 葡萄糖单元；2. 麦芽糖单元；3. 异麦芽糖单元；
4. α-1，6苷键；5. α-1，4苷键

念提出了新的淀粉颗粒模型，如图 4-5 所示。而直链淀粉呈随机或螺旋状结构存在，这取决于颗粒中的脂类物质（大多数谷类淀粉存在这类物质）。在各种淀粉中，直链淀粉约占 20%～25%，支链淀粉占 75%～80%。实验室一般采用正丁醇法分离提纯直链淀粉和支链淀粉，即用热水溶解直链淀粉，然后用正丁醇结晶沉淀分离得到纯直链淀粉。

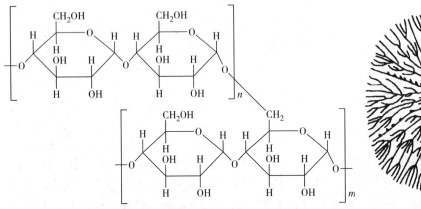

图 4-4 支链淀粉化学结构式

m. 支链聚合度；*n*. 主链聚合度；1. α-1，6苷键

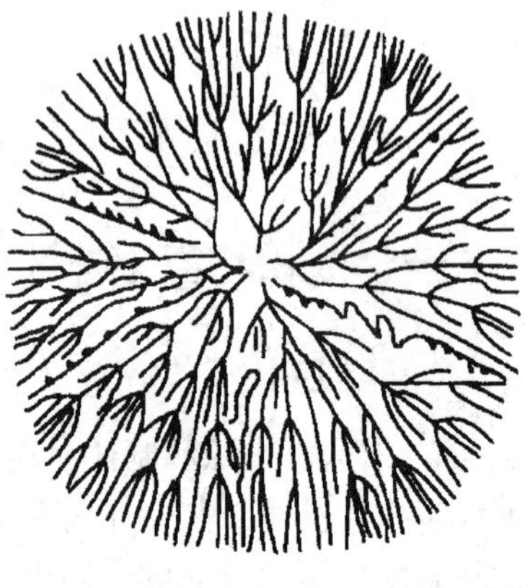

图 4-5 淀粉大分子颗粒示意图

淀粉分子中每个葡萄糖单元中含有 2 个仲醇基团和 1 个伯醇基团，这些醇羟基与一般醇类（如甲醇，乙醇）一样能进行酯化或醚化反应。20 世纪以来，将淀粉改性为醋酸酯、丙酸酯、丁酸酯、琥珀酸酯、油酸酯、甲基丙烯酸酯和乙基醚、氰乙基醚、羧甲基醚、羟丙基醚等的衍生物相继取得成功，但对其性能的研究还不充分，它们在医药和其他工业领域的应用远不如纤维素衍生物广泛。

2. **性质** 玉米淀粉为白色结晶性粉末，无臭。如生产时蛋白质分离不充分则易变质，有臭气和酸味。淀粉颗粒在显微镜下可见为多角形或球形，粒径大小为 2～45μm。玉米淀粉的松密度为 0.462g/ml，轻敲密度为 0.658g/ml，比表面积为 0.40～0.75m²/g；流出性不佳，流出速度为 10.8～11.7g/s。淀粉不溶于水、乙醇和乙醚等，但吸湿性很强，由于淀粉表面葡萄糖单元的羟基排列于内侧，故呈微弱的亲水性并能分散于水中，与水的接触角为 80.5～85.0°。在常温常压下，淀粉吸收一定的平衡水分，谷类淀粉为 10%～12%，薯类淀粉为 17%～18%。浓度为 2% 的玉米淀粉水分散体的 pH 为 5.5～6.5。淀粉在干燥状态下且不受热时性质稳定。

淀粉在 5% 的冷乙醇和冷水中不溶解，在 37℃ 水中体积迅速膨胀 5%～10%，pH 对其溶胀几乎无影响。在 60～80℃ 热水中能发生溶胀，直链淀粉分子从淀粉粒中向水中扩散，形成胶体溶液，而支链淀粉则仍以残余淀粉粒的形式保留在水中，二者用离心法很容易分离。出现这种现象的原因，是在淀粉粒中，支链淀粉构成有序的立体网络，其中间被直链淀粉所占据，形成固体溶液。在热水中，处于无序状态的螺旋结构的直链淀粉分子伸展成线形，

脱离网络，故而分散于水中；而分离了直链淀粉以后的溶胀淀粉粒，在加热并搅拌后可形成稳定的黏稠胶体溶液，冷却后仍不变化。这种支链淀粉经脱水干燥后，粉碎成粉末，仍易在凉水中溶胀并分散成胶体溶液；而分离出来的直链淀粉分散液虽经同样的干燥处理，在热水中也不复溶。

淀粉粒中的淀粉分子有的处于有序态（晶态），有的处于无序态（非晶态）。在偏光显微镜下呈现双折射现象是晶态结构的反映。淀粉在水中加热至 60~70℃ 开始膨化，至 70~75℃ 时瞬时大量膨化，体积增加数倍，此时双折射现象消失，淀粉粒破裂，视浓度不同可形成糊、凝胶或溶胶。淀粉形成均匀糊状溶液的现象称为糊化（gelatinization），相应的温度称为糊化温度。玉米淀粉糊化温度为 62~72℃，马铃薯淀粉为 56~66℃。直链淀粉所占比例大时，糊化困难；支链淀粉所占比例大时，较易使淀粉粒破裂。其他影响糊化的因素有搅拌时间、搅拌速度、酸碱度和添加的化合物等。

糊化后的淀粉又称 α 化淀粉。将新鲜制备的糊化淀粉浆脱水干燥，可得易分散于凉水的无定形粉末，即可溶性 α 化淀粉。速溶淀粉制品的制造原理就是使淀粉 α 化。

淀粉凝胶经长期放置，会变成不透明甚至发生沉淀现象，称为"老化"或"退减"作用（retrogradation）。其原因是淀粉分子有很多—OH，放置后分子间彼此吸引并通过氢键与邻近分子结合，导致与水的亲和力低，故易于从水溶液中分离出来，浓度低时生成沉淀，浓度高时，由于氢键作用，糊化的淀粉分子又自动排列成序，形成致密的三维网状结构。故老化可视为糊化的逆转，但老化不可能使淀粉彻底逆转复原成生淀粉的结构状态。老化最适宜温度在 2~4℃，高于 60℃ 或低于 -20℃ 都不会老化。含水量在 30%~60% 的淀粉凝胶易老化，含水量低于 10% 的干燥状态及在大量水中均不易发生老化。

淀粉遇碘液显色。这是由于淀粉分子呈螺旋结构，且每个螺旋约由 6 个葡萄糖单元构成。该螺旋的内径适合碘分子进入，形成碘络合物，从而呈现深蓝色或紫红色，呈色的溶液加热时，螺旋圈伸展，颜色褪去，冷却后又恢复结构，重显颜色。

3. 应用 淀粉是口服制剂的基本材料，主要用作片剂的稀释剂、崩解剂、黏合剂、助流剂，作为崩解剂用量在 3%~15%，作为黏合剂用量在 5%~25%，用作稀释剂、填充剂和崩解剂的淀粉，宜用平衡水分小的玉米淀粉和小麦淀粉。近年来，淀粉也被用作新型药物传递系统的辅料。

由于淀粉分子上存在众多活泼的羟基，可以通过氧化反应、交联反应、醚化反应、酯化反应等途径来制备一系列各种性能的淀粉衍生物。如 USP、NF 现收载的可灭菌玉米淀粉（sterilisable maize starch），遇水或蒸气灭菌不糊化，可用于某些专门的医疗用途，如手术和检验手套的润滑剂或扑粉。

4. 安全性 淀粉应用安全无毒，小鼠腹腔注射 LD_{50} 为 6.6g/kg。已列入 GRAS，收载入 FDA《非活性组分指南》，可以用于片剂、口腔片、胶囊剂、散剂、局部用制剂。

（二）氧化淀粉

1. 结构、来源和制法 淀粉在一定 pH 和温度下与氧化试剂反应所得到的产品称为氧化淀粉（oxystarch），在制剂工业中未见广泛应用。2005 年版《中国药典》首次收载本品，采用高碘酸盐为氧化剂，其他各国药典未见收载。淀粉的氧化反应比较复杂，一般有三个类型的基团可以被氧化成羧基和羰基，分别为还原端的醛基和葡萄糖分子中的伯、仲醇羟基。氧化剂不同，淀粉的氧化机制也不相同。高碘酸氧化一般只发生在 C2-C3 上，促使 C2-C3 键断裂，得到双醛淀粉。影响淀粉氧化的因素还包括体系的 pH、温度、氧化剂浓度以及淀粉的来源和结构等。

2. 性质 氧化后淀粉颗粒一般仍保持原淀粉的结晶结构，但是淀粉颗粒的无定形区则发生明显变化，即淀粉颗粒的一部分转变成水溶性物质而流失。氧化淀粉随着氧化程度的增高，其特性黏度和糊化温度都降低，而黏合力增加。

3. 应用 氧化淀粉与天然淀粉相比，广泛地被应用于纺织、造纸、冶金和石油等领域。在食品工业中，氧化淀粉用作低黏度增稠剂。

二、糊精和麦芽糖糊精

（一）糊精

1. 结构、来源和制法 糊精（dextrin）为部分水解的玉米淀粉或马铃薯淀粉。淀粉易水解，与水加热即可引起大分子断链；与无机酸共热时，可水解为糊精或葡萄糖。淀粉水解是大分子逐步降解为小分子的过程，这个过程的中间产物总称为糊精。糊精分子有大小之分，根据它们遇碘–碘化钾溶液产生的颜色不同，分为蓝糊精、红糊精和无色糊精等，其相对分子质量为 $4.5×10^3 \sim 8.5×10^4$ 不等。制剂中应用的糊精按淀粉转化条件的不同，有白糊精和黄糊精之分。

将干燥状态的淀粉水解，经过酸化、预干燥、糊精化及冷却四个步骤可制得糊精。酸水解干淀粉一般用稀硝酸喷雾，因盐酸含氯离子，可能影响药物制剂氯化物杂质的测定。淀粉转化成糊精的过程受酸量、加热温度及淀粉含水量等因素的影响，可制得不同黏度的产品。

2. 性质 糊精为白色或淡黄色粉末，微有异臭。松密度为 $0.80g/cm^3$，含水量 5%（W/W）。不溶于乙醇（95%）、乙醚和丙二醇；缓慢溶解于冷水；极易溶于沸水并形成胶浆状溶液。国内习惯上称高黏度糊精者，其水溶物含量约为 80%。糊精溶液放冷黏度增加，显触变性，剪切作用下黏性降低，静置后成糊或成凝胶。糊精制成胶浆后在放置过程中黏度缓缓下降。在水溶液中，随着温度、pH 或其他条件改变，糊精分子有聚集趋势。糊精溶液老化、凝胶化则黏度增加，对于溶解性较差的玉米淀粉糊精尤其显著。

3. 应用 糊精在药剂学中可作为片剂或胶囊剂的稀释剂、片剂的黏合剂，也可作为口服液体制剂或混悬剂的增黏剂；糖包衣配方中的增塑剂和黏合剂；混悬剂的增稠剂。

4. 安全性 一般认为，作为辅料应用的剂量下，糊精无毒、无刺激性，已列入 GRAS，收载入 FDA《非活性组分指南》，容许用于片剂，虽然大量摄入可能有害，但较大剂量用于营养补充未见不良反应。小鼠静注 LD_{50} 为 $0.35g/kg$。

（二）麦芽糖糊精

1. 结构、来源和制法 麦芽糖糊精（maltodextrin）是由食用淀粉经酸或酶部分水解而得的麦芽糖与糊精的混合物。主链 D–葡萄糖单体以 $\alpha-1，4$ 苷键相连，支链以 $\alpha-1，6$ 苷键相连，相对分子质量为 $900 \sim 9000$。麦芽糖糊精的结构式见图 4-6。

葡萄糖当量是淀粉水解程度的量度，定义为每 100g 干燥物中所含 D–葡萄糖的克数，是该物质还原能力的函数。麦芽糖糊精的葡萄糖当量<20。葡萄糖当量不同的麦芽糖糊精，其物理性质如溶解度、黏度也不同。《中国药典》、USP/NF、BP、PhEur 均已收载本品。

2. 性质 本品为无甜味、无臭的白色粉末或颗粒。本品易溶于水，微溶于乙醇。若其葡萄糖当量提高，则吸湿性、可压性、溶解度、甜度也随之提高，但黏度下降。麦芽糖糊

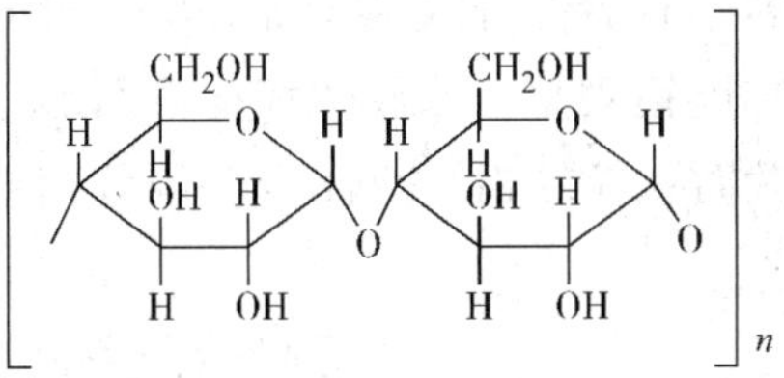

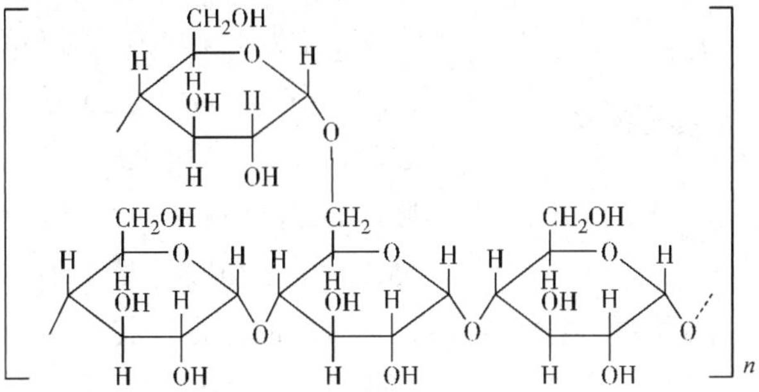

图 4-6　麦芽糖糊精的结构式

精的休止角和松密度很低，分别为 28.4°~35.2° 和 0.13~0.57g/cm^3。

3. 应用　直接压片或湿法制粒时，可用作片剂的黏合剂或稀释剂，对片剂或胶囊剂的溶出无不良影响；可用作喷雾干燥辅料；在水性薄膜包衣过程中，可用作片剂薄膜包衣材料；还可在液体制剂中用作糖浆结晶抑制剂和溶液渗透压调节剂等。葡萄糖当量较高的麦芽糖糊精尤其适用于咀嚼片处方。在药物制剂中，可以提高溶液黏度或防止糖浆结晶，并且可作为糖的口服营养代用品。麦芽糖糊精在药物制剂中的常用浓度见表 4-1。

表 4-1　麦芽糖糊精在药物制剂中的常用浓度

用途	浓度（%）
片剂和糖浆剂的结晶抑制剂	5~20
溶液渗透压调节剂	10~50
喷雾干燥辅助材料	20~80
直接压片黏合剂	2~40
湿法制粒黏合剂	3~10
水性薄膜包衣	2~10

4. 安全性　本品无毒、无刺激性。麦芽糖糊精是易消化的糖类，营养值约为 17kJ/g（4kcal/g）。在美国一般认为麦芽糖糊精与人可直接食用的食品成分安全性相当，已列入 GRAS，收载入 FDA《非活性组分指南》，英国允许用于非注射给药制剂。

三、预胶化淀粉

1. 结构、来源和制法　预胶化淀粉（pregelatinized starch，PGS）又称部分预胶化淀粉、可压性淀粉，是在水存在的条件下，将淀粉粒全部或部分破坏的产物。工业生产的预胶化淀粉有几种型号，我国目前供药用的产品是部分预胶化淀粉，国外预胶化淀粉商品 Starch 1500 G（美国 Colorcon 公司）中含有 5% 的游离态直链淀粉，15% 的游离态支链淀粉，80% 非游离态淀粉，不同物理状态的 3 种淀粉的配合，形成其特殊的性能。

2. 性质　预胶化淀粉有不同等级，外观粗细不一，颜色从白色至类白色不等。在偏光显微镜下检查预胶化淀粉颗粒，有少部分或极少部分呈双折射现象，其外观因制法不同而呈片状或聚集的颗粒状。扫描电镜观察，预胶化淀粉表面形态不规则，并呈现裂隙、凹隙等，此种结构有利于粉末压片时颗粒的相互啮合。X-射线衍射图谱显示，经过预胶化处理后，淀粉的结晶峰明显消失。

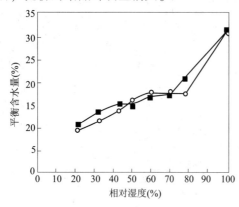

图 4-7　预胶化淀粉吸水与脱水的等温线
■. 脱水；〇. 吸水

预胶化淀粉不溶于有机溶剂，微溶至可溶于冷水，冷水中可溶物占 10%～20%，其 10% 水混悬液 pH 为 4.5～7.0。国产预胶化淀粉的松密度为 0.50～0.60g/cm³，粒度无大于 80 目者，大于 120 目者占 5%，通过 120 目者占 95%。预胶化淀粉的吸湿性与淀粉相似，25℃时相对湿度为 20%～65% 时，平衡吸湿量为 11%～17%。在经历不同湿度的环境后，其平衡含水量的变化不大（图 4-7）。由于预胶化淀粉容易吸湿，应保存于密闭容器中，放于阴凉、干燥处。

预胶化淀粉有自身润滑性，流动性比淀粉、微晶纤维素好，国内产品休止角为 36.56°。此外，预胶化淀粉还有干燥黏性，可增加片剂硬度，减少脆碎度，可压性好，弹性复原率小。

3. 应用　USP NF、BP、JPE 都已收载预胶化淀粉，我国于 1989 年批准应用，现已收载入药典，在药物制剂领域有多方面用途：①预胶化淀粉由于其中游离态支链淀粉润湿后的巨大溶胀作用和非游离态部分的变形复原作用，因此具有极好的促进崩解作用，且其崩解作用不受崩解介质 pH 的影响；②改善药物溶出作用，有利于生物利用度的提高；③改善成粒性能，加水后有适度黏着性，适于流化床制粒和高速搅拌制粒，粒度均匀，成粒容易。结构紧密的预胶化淀粉具有黏结性和相对较窄的粒度分布，细小颗粒的含量少，有助于减轻压片或胶囊填充时的扬尘问题，并可改善物料的流动性；④低含水量的预胶化淀粉（Starch 1500LM 含水量低于 7%）作为稀释剂，可使遇湿气不稳定的药品制成胶囊剂后变得极为稳定，如维生素 C、阿司匹林等。

预胶化淀粉目前主要用作片剂的黏合剂、崩解剂，片剂及胶囊剂的稀释剂和色素的展延剂等。应用于直接压片时，同时使用的润滑剂硬脂酸镁用量不可超过 0.5%，以免产生软化效应（表 4-2）。

表 4-2　预胶化淀粉在药物制剂中的常用浓度

应用	浓度（%）
硬胶囊稀释剂	5～75
直接压片黏合剂	5～20
湿法制粒黏合剂	5～10
片剂崩解剂	5～10

α 淀粉是预胶化淀粉的一种，《日本药典》已收载，它不具有崩解性，在制剂中只作黏合剂使用。国外近年开发的 δ 淀粉是一种在加水条件下经高压物理改性的淀粉，可使淀粉及其压制品的溶解度、崩解度、黏合性和硬度等都大大改善。

4. 安全性　已收载入 FDA《非活性组分指南》，容许用于胶囊剂、混悬剂和片剂。无毒、无刺激性，大量口服对身体有害。

四、羧甲淀粉钠

1. 结构、来源和制法 羧甲淀粉钠（sodium carboxymethylstarch，CMSNa），又称乙醇酸淀粉钠（sodium starch glycolate），为聚 α-葡萄糖的羧甲基醚，取代度为 0.5，其结构式见图 4-8。本品是将淀粉在碱性介质中进行羧甲基化反应，然后用酸中和，并通过物理或化学方法进行交联后制得。羧甲淀粉钠的相对分子质量一般为 $5×10^5 \sim 1×10^6$，各国生产的羧甲淀粉钠具有不同的取代度和交联程度。

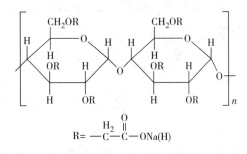

图 4-8 α-D-葡萄糖单元以 α-1，4 苷键相连的羧甲淀粉钠结构图

2. 性质 羧甲淀粉钠为白色至类白色、无臭无味、自由流动的粉末，松密度 0.75g/cm³，轻敲密度 0.945g/cm³。镜检呈椭圆或球形颗粒，直径 30~100μm。羧甲淀粉钠的物理化学性质和其崩解作用受交联度和羧甲基化程度的影响。

羧甲淀粉钠可以 2%（W/V）的浓度分散于水，体积膨胀 300 倍并在静置时形成高度水化的溶胀层。本品在乙醇（95%）中的溶解度约 2%，不溶于其他有机溶剂。2% 的羧甲淀粉钠水分散液的 pH 值为 5.5~7.5，此时体系黏度最大而且稳定。体系 pH 低于 2 时析出沉淀，pH 高于 10 时水分散液的黏度下降。本品一般含水量在 10% 以下，但有较大的吸湿性，25℃及相对湿度为 70% 时的平衡吸湿量为 25%，故需密闭保存，防止结块。

3. 应用 羧甲淀粉钠作为胶囊剂和片剂的崩解剂广泛应用于口服药物制剂中，适用于直接压片和湿法制粒压片工艺。湿法制粒时，将羧甲淀粉钠加入颗粒内部，在润湿状态下起黏合剂的作用，而在颗粒干燥后又能起崩解剂的作用。羧甲淀粉钠在片剂中用量通常为 2%~8%，一般情况下 2% 已足够，最佳用量为 4%，由于其快速吸水、溶胀，因而可发挥快速崩解作用。本品是某些口崩片的理想辅料，尤其是在湿法制粒压片或制剂体积较小时。很多崩解剂的崩解作用受疏水性辅料（如润滑剂）的影响，但羧甲淀粉钠受其影响较小。另外，本品在液体制剂中可用作助悬剂。

4. 安全性 羧甲淀粉钠无毒，无刺激性，是安全的口服辅料。《中国药典》、USP/NF、BP 和 JPE 已收载，已列入 FDA《非活性组分指南》。

五、羟丙淀粉

1. 结构、来源和制法 羟丙淀粉出现在 20 世纪 30 年代末，它不仅具备羟乙淀粉的许多优良特性，更主要的是制备本品所用的环氧丙烷比环氧乙烷沸点高，生产过程更安全。但直到 20 世纪 50 年代，美国 FDA 批准羟丙淀粉作为食品添加剂，本品才开始大量工业生产。2004 年版的 JPE 收载了羟丙淀粉，规定羟丙基含量为 2.0%~7.0%。本品可用玉米淀粉为原料，在 NaOH 的碱性条件下，以环氧丙烷为改性剂制得。

2. 性质 羟丙淀粉为能够自由流动的白色或近白色的粉末，10%（W/V）水分散液的 pH 为 4.5~7.0，在水中不溶，也不溶于乙醚和乙醇。本品为羟丙基与淀粉的醚，由于醚键稳定性高，不易断裂，不易脱落，受电解质或 pH 的影响小，因而本品在高湿度条件下和 pH 3~9 的乳剂体系中均稳定。淀粉经羟丙基醚化处理后，减弱了其颗粒结构内部氢键的强度，随着羟丙基摩尔取代度的增加，糊化温度下降，所以在冷水中易膨胀，形成的凝胶透明度高，稳定性好，可在低温存放。羟丙淀粉成膜性好，保水性好。本品可与阳离子（单价、二价）、油类或硅油等配伍。

3. 应用 在制剂工业中，羟丙淀粉可用作控释片剂的骨架材料和直接压片的亲水性骨架材料，与角叉胶混合可用于制备软胶囊，也可用作制剂的黏合剂、崩解剂、乳化剂、增稠剂等。

4. 安全性 本品口服安全无毒，被美国 FDA 列为 GRAS 的辅料品种。

第二节　纤维素和纤维素衍生物

一、纤维素和纤维素衍生物性质概述

纤维素（cellulose）是植物纤维的主要组分之一，广泛存在于自然界中，药用纤维素的主要原料来自棉纤维，少数来自木材。棉纤维含纤维素 91% 以上，木材含纤维素较低，约在 40% 以上。

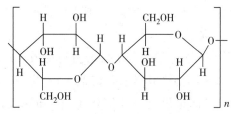

图 4-9　纤维素的化学结构

纤维素为长链线型高分子化合物，它的结构单元是 D-吡喃环形葡萄糖。每个纤维素分子是由 n 个葡萄糖单元以 β-1，4 苷键连接构成，其化学结构见图 4-9。纤维素的聚合度随纤维素的来源和制备方法而异，平均约为 10000 左右。

（一）纤维素

1. 化学反应性 纤维素分子的每个葡萄糖单元中有 3 个醇羟基，其中 2 个为仲醇羟基，另一个为伯醇羟基。纤维素的氧化、酯化、醚化、分子间形成氢键、吸水、溶胀以及接枝共聚等都与纤维素分子中存在大量羟基有关。这些羟基酯化能力不同，以伯羟基的反应速度最快。

纤维素分子的两个末端葡萄糖单元性质不同：一个末端第 4 位碳原子上多一个仲醇；另一末端葡萄糖单元中则在第 1 位碳原子上多一个内缩醛羟基，当葡萄糖的环式结构变为开链式结构时，此羟基转变成醛基而具有还原性，显醛基的反应。

2. 氢键的作用 纤维素分子间和分子内存在大量的羟基，符合氢键形成的条件。由于纤维素的分子链聚合度很大，如果其所有的羟基都参与形成氢键，则分子间的氢键力非常之大，可能大大超过 C—O—C 的共价键力。一般来说，纤维素中结晶区内的羟基都已形成氢键，而在无定形区，则有少量没有形成氢键的游离羟基，所以水分子可以进入无定形区，与分子链上的游离羟基形成氢键，即在分子链间形成水桥，发生溶胀作用。

3. 吸湿性 纤维素结晶区和无定形区的羟基，基本上是以氢键形式存在，氢键断裂，游离羟基的数量增多，其吸湿性增加。市售粉状纤维素在相对湿度为 70% 时，其平衡含水量约为 8%～12%。纤维素吸水只发生在无定形区，吸水量随其无定形区所占比例的增加而增加，实际上，经碱处理过的纤维素其吸湿性比天然纤维素大。

纤维素吸水后，再干燥的失水量与环境的相对湿度有关。纤维素在经历不同湿度的环境后，其平衡含水量的变化存在滞后现象，即吸附过程的吸水量低于解吸附过程的吸水量，见图 4-10。该现象与氢键形成的速度以及水分在材料内部扩散的阻力有关。

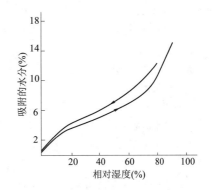

图 4-10 纤维素吸水后的脱水滞后
→. 吸水；←. 脱水

4. 溶胀性 纤维素在碱液中能产生溶胀，其有限溶胀可分为结晶区间溶胀（液体只进到结晶区间的无定形区，X 射线衍射图不发生变化）和结晶区内溶胀（X 射线衍射图谱改变）。水有一定的极性，能进入纤维素的无定形区发生结晶区间的溶胀，稀碱液（1%～6% NaOH 溶液）的作用也类似于水，但浓碱液（12.5%～19% NaOH 溶液）在 20℃ 能与纤维素形成碱纤维素，具有稳定的晶格，所以也只能发生有限溶胀。纤维素溶胀能力的大小取决于碱金属离子水化度，碱金属离子的水化度又随离子半径而变化，离子半径越小，其水化度越大，如氢氧化钠的溶胀能力大于氢氧化钾；纤维素的溶胀是放热反应，温度降低，溶胀作用增加；对同一种碱液并在同一温度下，纤维素的溶胀随其浓度而增加，至某一浓度，溶胀程度达最高值。

5. 机械降解特性 纤维素原料经研磨、压碎或强烈压缩时可发生降解，聚合度下降。机械降解后的纤维素比氧化、水解或热降解的纤维素具有更强的反应能力。

6. 可水解性 纤维素水解时，酸是催化剂，可降低苷键断裂的活化能，增加水解速度。一般情况下纤维素对碱比较稳定，但在高温下，纤维素也发生碱性水解。

（二）纤维素衍生物

全世界每年生产的天然纤维素有 5 千亿吨以上，被工业部门利用的约有 10 亿吨，其中约有 2% 被制成各种纤维素酯和醚。对纤维素进行化学结构修饰的目的在于改善纤维素的加工性能和影响药物传递性能。纤维素类衍生物作为一类重要的药用辅料，其化学结构以及相应的理化性质对药物制剂研究具有特殊重要的意义。

水溶性纤维素醚类衍生物的水溶液具有热致凝胶化作用是这一类化合物比较突出的特点，这在其他水溶性聚合物中极为少见。纤维素醚类衍生物的多功能性及在较低温度条件下展示出的优良性能，使其在药物制剂领域中得到广泛应用。

1. 药用纤维素衍生物的类别 纤维素的结构改造一般是按葡萄糖单体中三个羟基的化学反应特性（酯化、醚化、交联和接枝）来分类，常用作药物辅料的一些纤维素衍生物有以下几种，见图 4-11。

图 4-11 纤维素酯、醚和醚酯类衍生物的化学结构式

酯类

醋酸纤维素	R＝—H，或—COCH₃
醋酸纤维素酞酸酯（CAP）	R＝—H，—COCH₃，或—COC₆H₄COOH
醋酸纤维素丁酸酯（CAB）	R＝—H，—COCH₃，或—COCH₂CH₂CH₃

醚类

| 甲基纤维素(MC) | R＝—H，或—CH₃ |

甲基纤维素(MC)　　　　　　　　R＝—H，或—CH$_3$

乙基纤维素(EC)　　　　　　　　R＝—H，或—C$_2$H$_5$

羟丙纤维素(HPC)　　　　　　　R＝—H，或$\left[CH_2C(CH_3)HO\right]_m$H

羟乙纤维素(HEC)　　　　　　　R＝—H，或$\left[OCH_2CH_2\right]_n$OH

羟丙甲纤维素(HPMC)　　　　　R＝—H，—CH$_3$，或$\left[CH_2C(CH_3)HO\right]_m$H

羧甲纤维素钠(CMCNa)　　　　　R＝—H，或—CH$_2$COONa

羧甲纤维素钙(CMCCa)　　　　　R＝—H，或$(—CH_2COO—)_2$Ca^{2+}

醚酯类

羟丙甲纤维素酞酸酯(HPMCP)　　R＝—H，—CH$_3$，—CH$_2$C(CH$_3$)HOH，—COC$_6$H$_4$COOH 或—CH$_2$COHOC(CH$_3$) C$_6$H$_4$COOH

醋酸羟丙甲纤维素琥珀酸酯 （HPMCAS）　　R＝—H，—CH$_3$，—COCH$_3$，—COCH$_2$CH$_2$COOH，$\left[CH_2C(CH_3)HO\right]_m$COCH$_3$， 或$\left[CH_2C(CH_3)HO\right]_m$COCH$_2CH_2$COOH

2. 化学结构与性质　纤维素衍生物的化学结构对其性质（如水中溶解度、黏度等）有显著影响，主要体现以下方面。

（1）取代基团的性质　纤维素衍生物的性质相当程度上取决于取代基团的极性。如非离子型醚类衍生物乙基纤维素的疏水基团占优势，则几乎不溶于水，如果引入较强极性基团（如羧基，羟基）则大大地增加纤维素衍生物的亲水性。

（2）被取代羟基的比例　纤维素酯和醚类化合物分子中被取代羟基数的平均值一般以取代度（degree of substitute，DS）来描述，其计算方法如表4-3所示。取代基的结构及其立体位阻对能够达到的取代度有一定限制，如甲基纤维素的取代度可高达1.8，而乙基纤维素的取代度只能达到1.2~1.4。

表4-3　取代度为1.27的甲基纤维素

单体上的取代基	摩尔含量（%）		所占 DS 的分数
葡萄糖（无取代）	16		0.00
6 位取代	11		
2 位取代	34	47	0.47
3 位取代	2		
3，6 位取代	2		
2，6 位取代	24	31	0.62
2，3 位取代	5		
2，3，6 位取代	6		0.18

（3）在重复单元中及聚合物链中取代基的均匀度　在工业生产规模上，由于反应试剂进入大分子内部受到空间位阻的限制，导致取代基在聚合单元内及聚合物链上产生了不均匀的分布。如表4-3所示，反应产物中包括未反应产物、全反应产物及部分反应产物。工业上进行碱化的过程中，由于反应不够均匀，甲基纤维素的取代度必须达到1.2才能保证产物具有所需的溶解度。而实验室溶液法制备甲基纤维素，由于反应均匀，取代度只要达到0.6就可以满足溶解度的要求。纤维素羟基衍生物的取代基均匀性更为复杂。反应剂环氧丙烷或环氧乙烷既能够与葡萄糖单体上原有的羟基起反应，也可能与已增长的侧链反应，因而取代基分布的均匀性更差。

取代基不同、取代的比例不同，则纤维素衍生物的物理、化学性质及药物释放性能也不同，见图 4-12A 和 4-12B。

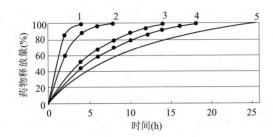

图 4-12A　不同黏度型号的 HPMC 2208 对
维生素 C 释放的影响

　1. KCP；2. K100P；3. K4MP；
　4. K15MP；5. K100MP

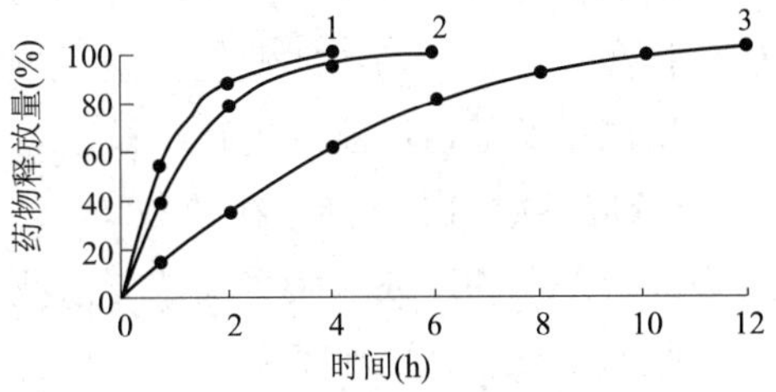

图 4-12B　不同取代基的纤维素衍生物对
药物释放的影响

1. HPMC；2. CMC；3. HPC

　　（4）链平均长度及衍生物的相对分子质量分布　侧链长度及相对分子质量分布对修饰后的纤维素的性能有显著的影响。以 HPMC 2208 为例，表 4-4 列出了黏度为 15000mPa·s 的 7 个批号 HPMC 的物理化学性质，图 4-13 是不同羟丙基含量的 HPMC 2208 制成的萘普生缓释骨架片的释放速度常数（以 $h^{-0.5}$ 表示）。可以看出，HPMC 的羟丙基含量和相对分子质量的多分散性指数对药物释放有显著影响。

表 4-4　某些不同批次 HPMC 2208 的取代基和相对分子质量的差异

批次	黏度 （mPa·s）	甲氧基含量 （%）	羟丙氧基含量 （%）	数均相对 分子质量	重均相对 分子质量	多分散性系数
1	15200	23.7	8.7	143953	608274	4.24
2	14000	22.5	10.9	161338	613714	3.80
3	14200	25.9	11.1	211649	622861	2.94
4	15000	26.4	7.2	187060	613351	3.28
5	15000	25.5	5.3	119901	568659	4.74
6	15000	22.7	10.7	167805	633932	3.78
7	12491	23.4	9.5	158695	603797	3.80

　　3. 纤维素衍生物的反应性　纤维素衍生物因含有羟基，能与一些带有功能基的化合物反应，通过共价键结合使其结构更加稳定或溶解度降低，如与甲醛、乙醛、乙二醛、戊二醛反应形成缩醛或半缩醛；与甲氧基化合物形成醚或次甲基化合物；与环氧化烃形成聚醚；也可以不用添加交联剂而通过 pH 和温度的改变进行分子内交联（如交联 CMC-Na）。在纤维素骨架上修饰具有特殊性能的合成聚合物，可形成支链纤维素或纤维素接枝化合物，其中最常用的单体为丙烯酸或其他乙烯类化合物。在

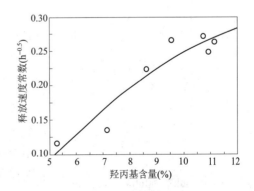

图 4-13　不同羟丙基含量的 HPMC 2208
制成的萘普生缓释骨架片的释放速度常数

纤维素微球的表面用不同的醚化剂、酯化剂或交联剂进行原位化学反应，可以改变微球的表面电荷、Zeta 电位及疏水性，以利于巨噬细胞的吞噬作用。

4. 玻璃化转变温度 纤维素衍生物的玻璃化转变温度（glass transition temperature，T_g）可以应用膨胀计（dilatometry，DM）、差示扫描量热法（DSC）、差热分析法（DTA）和热机械分析法（TMA）等技术测定。由于测量方法、样品批号、试样形状、残余溶剂含量的不同，所测得的数值可能有差异，只有应用同一方法在同一条件下所得的结果才有可比性。

5. 溶度参数和表面能 在预测高分子材料性质时，常用到溶度参数和表面自由能。溶度参数通常采用黏度或溶胀实验的方法测定，也可采用一些物理常数（如热系数、临界压或表面张力）或基团贡献值并结合半经验公式计算，但一般认为计算值准确性较低。纤维素衍生物的表面自由能一般可以用一定浓度的聚合物溶液的表面张力来表征，其极性及非极性则可用接触角来估计。

6. 物理配伍相容性 纤维素衍生物很少单独使用，一般是与其他聚合物、增塑剂或不同物料混合使用。在固相物料配伍性的研究中，目前多采用系统的测试来代替传统的试凑法，可应用以下技术：微量热计、差热分析、差示扫描量热法、热机械分析、红外光谱及X-射线衍射法等。聚合物间或聚合物与增塑剂间的相容性大多以 T_g（DSC 法，DTA 法）或软化温度 T_s（TMA 法）来评估，如两者相容，则混合物的 T_g 将处在两者的 T_g 之间；部分相容，则可能观察到两个 T_g（分别为混合物的 T_g 和过量组分的 T_g）。药剂学中，这种方法大量用于研究聚合物包衣材料与增塑剂的相互作用，以降低成膜温度或探索衣层机械性质与其渗透能力之间的相关性。

软化点下降系数（softening point depression coefficient，K_s）可用于表示聚合物与增塑剂相互作用对软化点影响的强弱。表 4-5 列出了 EC、HPMC 和 HPMCP 薄膜应用各种不同增塑剂的软化点下降系数。可以看出，一般在包衣生产中常用的丙二醇，并不具有期望的降低软化温度作用。水对纤维素衍生物也具有降低软化温度作用，故 CAP、HPMC、HPMCP和 EC 薄膜在较高相对湿度的环境中贮藏时，软化温度也相应降低。

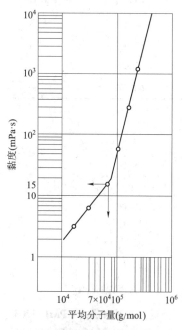

图 4-14 HPMC 黏度与平均相对分子质量的关系图

图示相对分子质量为 70000 的
HPMC 其黏度为 15mPa·s

7. 溶胀性 纤维素衍生物能吸收水分，导致其体积增大而发生溶胀。以 HPMC 为例，其溶胀体积的大小与粒度、羟丙基含量、黏度和胶凝温度等因素有关。胶凝温度愈高，溶胀度愈低。胶凝温度同为 90℃ 的 HPMC 虽然水化速度都较快但溶胀体积小，而型号为 SR 者，由于粒度较细，溶胀体积则更小，故适合用作缓释材料。

8. 黏度 黏度（viscosity）对于辅料的功能性关系重大，例如，低黏度的 HPMC 产品（标示黏度为 3、6、15、50、100mPa·s），多用作薄膜包衣或湿法制粒的黏合剂。标示黏度较高的 HPMC 黏度在 15mPa·s 以上直到 10000mPa·s，可以作为增稠剂或缓释制剂的载体，而肠溶衣水分散体如 HPMCP 和 HPMCAS 的黏度也可以用斯（Stokes）来表示，其单位为 mm^2/s。药用高分子辅料的黏度取决它的相对分子质量（图 4-14）、聚合度、取代度、水化作用和热胶凝温度等。纤维素衍生物的水溶液通常表现为非牛顿流体，即切变速率增加，表观黏度下降。高黏度产品的这种非牛顿流体的性质比较显著。另外，纤维素衍生物的黏度也与 pH 相关。

9. 生物黏附性 纤维素衍生物在水中溶胀后即具有黏附性，可黏附于生物组织、黏膜等处，利用此种生物黏附性质可延长制剂在易于药物吸收部位的滞留时间。纤维素衍生物可用作生物组织或黏膜的黏着剂。纤维素衍生物的黏附持续时间与其相对分子质量有较密切的关系，纤维素衍生物的链长变长，黏附力增加，但高于某临界值，分子链的增长将降低生物黏附强度，中等黏度的 HEC 黏附时间最长。

10. 热凝胶化和昙点 热凝胶化（thermal gelation）和昙点（cloud point）是水溶性非离子型纤维素衍生物的重要特征，这种特征表现为聚合物的溶解度不随温度升高而升高。将聚合物溶液加热，当温度高于低临界溶液温度时，聚合物从溶液中分离出来，该温度称为昙点。这种热力学现象可能影响衍生物的性能，但也可以被利用来制备凝胶或作为缓释制剂骨架。各型号的 HPMC 都具有这样的性质。

通常观察热凝胶化过程的温度有两个：第一是初期沉淀温度（incipient precipitation temperature，IPF），此时光透过率达 97.5%；第二是昙点，此时光透过率为 50%。文献中常引用这两种温度，IPF 一般被定义为起浊的最低温度，而沉淀温度要稍高些。热凝胶化温度与纤维素衍生物的取代基的类型和数量有关，MC 的热凝胶化温度很易测出，在 50~55℃ 时可形成坚硬的凝胶。HPMC 2906 及 HPMC 2910 酷似 MC，但亲水性较强，其热凝胶化温度比之稍高，分别为 60~68℃ 及 58~64℃，形成的凝胶较软，HPMC 2208 在 70~90℃ 形成的凝胶更柔软，其硬度不易测定。

影响热凝胶化温度的其他因素有：聚合物的浓度、升温速度、施加应力速度、添加剂的种类等。如聚合物浓度增加 2%，热凝胶化温度下降 4~10℃。PEG、丙二醇由于具有增溶作用，可提高热胶凝化温度，而甘油、山梨醇及盐类由于具有脱水作用，胶凝速度加快。

纤维素衍生物的这种溶胶-凝胶转变原理可以被用来制备温度敏感型给药系统，如含有离子型表面活性剂的乙基羟乙基纤维素（ethylhydroxyethylcellulose，EHEC）的低浓度水溶液在室温时为液体，而在体温时则黏度显著增加。表面活性剂、电解质对温度敏感系统的黏度和昙点都有明显的影响。

盐类对纤维素衍生物凝胶化的影响可以改变 HPMC 为辅料制备的盐酸普萘洛尔片的崩解时限（表 4-5）。

表 4-5 以 HPMC 2208 为骨架的普萘洛尔片在不同离子及离子强度时对崩解时限的影响

无机盐	浓度（mol/L）	离子强度（mol/L）	崩解时限（min）	昙点（℃）	骨架结构变化
NaH_2PO_4	0.6	0.6	>120	29.2	完整，快速凝胶化
NaH_2PO_4	0.9	0.9	52	18.9	崩解，凝胶化很慢
Na_2HPO_4	0.1	0.3	>120	52.0	完整，快速凝胶化
Na_2HPO_4	0.3	0.9	23	28.3	崩解，凝胶化很慢
Na_2HPO_4	0.8	2.4	>120	6.3	完整，无凝胶化
NaCl	0.9	0.9	>120	43.7	完整，快速凝胶化
NaCl	1.5	1.5	>120	32.0	完整，快速凝胶化
NaCl	2.0	2.0	85	24.7	崩解，快速凝胶化
NaCl	2.5	2.5	>120	19.0	完整，无凝胶化

11. 液晶 在室温下，相对分子质量较高的纤维素衍生物在水溶液中的浓度达到临界

体积分数（0.3~0.5）时，能形成液晶（liquid crystal）。对于一定的聚合物和溶剂，临界体积分数随温度升高而增大。强酸性溶剂有利于液晶相的形成。影响液晶相形成的因素有分子链的刚性、取代基的类型、取代度、摩尔含量、溶剂和温度等。

例如，20%~50%的HPC水溶液可见双折射和彩虹条纹的胆甾型液晶的特性。此外，MC、HPMC、HEC和CMC-Na在室温和37℃也形成液晶结构。由于HPC能形成稳定、易控制的液晶相，因此它是水溶性纤维素衍生物液晶研究最多的模型化合物。液晶相的存在对于解释药物释放系统中载体的有序结构对药物释放的影响有一定的意义。

二、粉状纤维素和微晶纤维素

（一）粉状纤维素

1. 结构、来源和制法 粉状纤维素（powdered cellulose）又称纤维素絮（cellulose flocs，microfine cellulose），可利用植物纤维浆经水解、干燥和粉碎等工序制得。粉状纤维素的聚合度约为500，相对分子质量约为 2.43×10^5，不含木素、鞣酸和树脂等杂质。NF、BP、PhEur及JPE等药典收载粉状纤维素。

2. 性质 粉状纤维素呈白色，无臭无味，具有纤维素的通性，不同细度的粉末其流动性和堆密度不一，国外有多种商品规格，其粉末颗粒大小从35μm至300μm不等。相对湿度为60%时，本品的平衡吸湿量大都在10%以下，特细的规格吸湿量较大。粉状纤维素具有一定的可压性，最大压紧压力约为50MPa。本品流动性较差，不同规格的产品休止角介于36°~62°之间，松密度为0.139~0.391g/cm³，轻敲密度为0.210~0.481g/cm³。

本品可分散于大多数液体中，但在水、稀酸和大部分有机溶剂中几乎不溶。在5%（W/V）的氢氧化钠溶液中微溶。粉状纤维素在水中不溶胀，但在次氯酸钠（漂白剂）稀溶液中可溶胀。

3. 应用 可用作片剂的稀释剂，硬胶囊或散剂的填充剂。在软胶囊剂中可用作油性悬浮性内容物的稳定剂，以减轻沉降作用。也可作口服混悬剂的助悬剂。低结晶度的G-250颗粒可以用于直接压片，以改善流动性和压缩性，但是它的可稀释容量（dilution potential）较微晶纤维素差。挤出或滚圆法制备小丸时，粉状纤维素可作为微晶纤维素的替代品。食品工业中可作为无热量食品的添加剂（表4-6）。

表4-6 粉状纤维素在药物制剂中的常用浓度

应用	含量（%）
片剂干黏合剂	5~25
崩解剂	5~15
助流剂	1~2
胶囊填充剂	0~100

4. 安全性 由于价廉，在国外，粉状纤维素广泛用于口服制剂和食品中，一般认为无毒、无刺激性。粉状纤维素口服不吸收，因此几无潜在的毒性。粉状纤维素用作制剂辅料不会引起腹泻，但不宜大量应用。滥用含有纤维素的制剂，如吸入或注射，会导致纤维素肉芽肿。美国FDA将本品列入GRAS，英国允许用于非注射制剂中。

（二）微晶纤维素

1. 结构、来源和制法 微晶纤维素（microcrystalline cellulose，MCC）结构式同纤维

素，但其在水中的分散性、结晶度和纯度等与纤维素不同。微晶纤维素聚合度约为220，相对分子质量约为36000，可由稀无机酸溶液水解α-纤维素制得，广泛用于固体制剂以改善粉体的性能。《中国药典》、BP、JP、PhE和NF均收载本品。

2. 性质　微晶纤维素为高度多孔性颗粒或粉末，呈白色，无臭无味。具有压缩成型作用、黏合作用和崩解作用。市售各种级别的微晶纤维素品牌和型号繁多，平均粒径20～200μm不等，不同粒度有不同的性质。微晶纤维素的含湿量一般很低，在相对湿度为60%时，平衡吸湿量约为6%（W/W）。本品不溶于稀酸、有机溶剂和油类，但在稀碱液中少部分溶解，大部分膨化。各国生产的微晶纤维素在标准规格上有一定的差异（表4-7）。

表4-7　市售不同规格的微晶纤维素及其性质

商品名	休止角	松密度（g/cm³）	轻敲密度（g/cm³）	比表面积（m²/g）	流动性（g/s）	平均粒径（μm）	含水量（%）
Ceolus KG	49°					50	≤6.0
Emcocel 90M	34.4°	0.29	35		1.41	91	≤5.0
Avicel PH 101		0.32	0.45	1.06～1.12		50	≤5.0
Avicel PH 101				1.21～1.30		100	≤5.0

3. 应用　微晶纤维素广泛用作口服片剂及胶囊剂的黏合剂、稀释剂和崩解剂，此外，也可作为倍散的稀释剂和丸剂的赋形剂。上市的几种不同规格的微晶纤维素的不同之处在于它们的生产方法、粒径大小、水分、流动性以及其他物理性质。大粒径品种的流动性较好，低水分的品种可以和湿敏感物质一起配伍使用，高密度品种能够改善物料的流动性（表4-8）。

表4-8　微晶纤维素在药物制剂中的常用浓度

应用	含量（%）
吸附剂	20～90
抗黏着剂	5～20
胶囊黏合剂或稀释剂	20～90
片剂崩解剂	5～15
片剂黏合剂或崩解剂	20～90

国外市场上近年来推出不少微晶纤维素与其他物料的混合物（预混辅料），用于各种口服制剂中。如市场上的RC/CL型微晶纤维素，称胶态纤维素（colloidal cellulose）或可分散纤维素（dispersible cellulose），它是以纤维素水解后的α-纤维素与亲水性分散剂一起研磨，然后干燥制成。微晶纤维素（不少于80%）和羧甲纤维素钠的复合产品，可以在水中分散形成触变胶，羧甲基纤维素钠的用量可根据物料的规格在8.3%～18.8%（W/W）之间变动。本品被BP、NF和JPE（称为microcrystalline cellulose and carmellose sodium）收载，主要用于干糖浆、混悬剂，有时也作为水包油乳剂和乳膏的稳定剂。另外，微晶纤维素与某些辅料如角叉菜胶或瓜尔胶等的共混物都已上市。

微晶纤维素球形颗粒（microcrystalline cellulose spheres），为具有高圆度和机械强度的球形细粒剂，可作为包衣型缓释制剂、苦味掩盖制剂的核芯，已广泛用于缓释包衣微丸。本品与蔗糖球形颗粒相比，颗粒之间的粘连作用较小，便于包衣。

4. 安全性　本品已被列入 GRAS，并收载入 FDA 的《非活性组分指南》。本品广泛应用在口服药物制剂和食品中，是相对无毒和无刺激性的物质。本品口服后不吸收，几乎没有潜在的毒性。大量使用可能引起轻度腹泻。滥用含有纤维素的某些制剂，如吸入或注射给药，会导致纤维素肉芽肿。

三、纤维素酯类

（一）醋酸纤维素

1. 结构、来源和制法　醋酸纤维素（cellulose acetate）是部分乙酰化的纤维素，收录于《中国药典》，其乙酰基含量为 29.0%～44.8%（W/W），即每个结构单元约有 1.5～3.0 个羟基被乙酰化，其结构式见图 4-11。醋酸纤维素内的游离醋酸不得超过 0.1%。

醋酸纤维素是以纯化的纤维素为原料，硫酸为催化剂，加过量的醋酐，使其全部酯化成三醋酸纤维素，然后水解降低乙酰基含量，达到所需酯化度的醋酸纤维素由溶液中沉淀出来，经洗涤、干燥后，得固态产品。随乙酰化程度和分子链长度的不同，醋酸纤维素的相对分子质量在较大的范围内变动。

2. 性质　醋酸纤维素是白色到类白色的、可自由流动的粒状或片状物。无味无臭，或微有醋酸臭。粉末松密度约为 0.4g/cm^3；玻璃化温度为 170～190℃；熔点 230～300℃。

醋酸纤维素的溶解性极大地受到所含乙酰基数量的影响。根据取代基的含量不同，其在有机溶剂中的溶解度差异很大。醋酸纤维素溶于以各种比例混合的丙酮-水、二氯甲烷-乙醇、二甲基甲酰胺中。三醋酸纤维素含乙酰基量最多，熔点最高，因而限制了它与增塑剂的配伍应用，并且也限制了水的渗透性。国产的二醋酸纤维素在 25℃、相对湿度 95% 时，吸水量约 10%，熔点在 260℃以上（同时分解）。醋酸纤维素与下列增塑剂有相容性：二乙基酞酸酯、聚乙二醇、三乙酸甘油酯和枸橼酸三乙酯。

本品用有机溶剂配成 10%（W/V）的溶液，黏度范围为 10～230mPa·s。不同平均黏度的醋酸纤维素可混合使用。纤维素经醋酸酯化后，分子结构中多了乙酰基，只保留少量羟基，降低了结构的规整性，因此，性质也发生变化，其耐热性提高，不易燃烧，吸湿性变小，电绝缘性提高。

在高温高湿下，醋酸纤维素会缓慢水解，游离酸含量增加，并有醋酸臭味。

3. 应用　醋酸纤维素曾经广泛用于药物缓释和掩味，但由于众多新型的纤维素衍生物的相继问世，已被逐步取代。醋酸纤维素用作片剂的半透膜包衣，特别是渗透泵型片剂和植入剂，可控制、延缓药物的释放。醋酸纤维素也被用来制备具有缓、控释特性的微球或微粒。例如，对乙酰氨基酚颗粒在做成咀嚼片之前包上一层醋酸纤维素衣膜。缓释片剂中也可用醋酸纤维素作为直接压片的骨架材料，其释药特征可通过改变药物与醋酸纤维素的比例或加入增塑剂来调整，但不受醋酸纤维素的相对分子质量和粒径分布的影响。醋酸纤维素薄膜也可用于经皮给药制剂。

醋酸纤维素水分散体（平均粒径 0.2μm），含固体成分 10%～30%，其黏度为 50～100mPa·s，可用于缓释包衣。

4. 安全性　醋酸纤维素具有生物相容性，广泛应用于口服剂中，一般认为其无毒、无刺激性，已收载于 FDA《非活性组分指南》。对皮肤无致敏性。多年来用作肾透析膜直接与血液接触，无生物活性且安全，在生物 pH 范围内稳定，可与几乎全部可供医用材料配伍，并能用射线或环氧乙烷灭菌。

（二）纤维醋法酯

1. 结构、来源和制法 纤维醋法酯（cellacefate, cellulose acetate phthalate, CAP），又称醋酸纤维素酞酸酯，是部分乙酰化的纤维素的酞酸酯，其分子中一半的羟基被乙酰化，1/4 的羟基被酞酸的一个羧酸基团酯化（酞酸的另外一个羧酸基团是游离的），含乙酰基 17.0%~26.0%，含酞酰基（$C_8H_5O_3$）30.0%~36.0%，含游离酞酸不得超过 0.6%。其化学结构式见图 4-15。

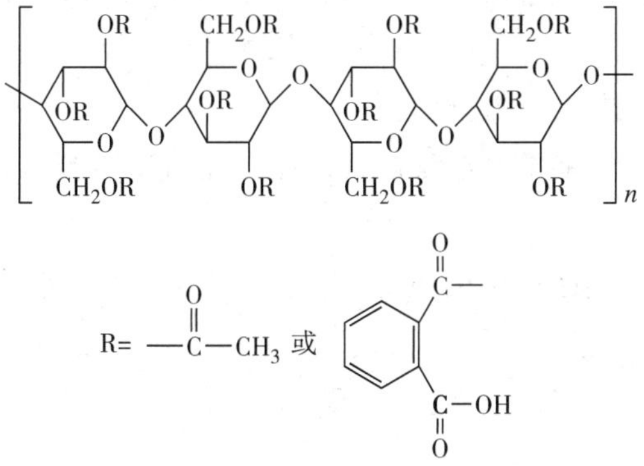

图 4-15 纤维醋法酯结构式

2. 性质 CAP 为白色易流动、有吸湿性的粉末，微有醋酸臭，松密度 $0.260g/cm^3$，轻敲密度 $0.266g/cm^3$；熔点 192℃，玻璃化转变温度 160~170℃。

本品不溶于水（0.8mg/ml）、乙醇、烃类及氯化烃类，可溶于丙酮与丁酮及醚醇混合液，不溶于酸性水溶液，故不被胃液破坏，但在 pH 为 6.0 以上的缓冲液中可溶解。很多溶剂和混合溶剂都可使纤维醋法酯溶解，但其溶解度都在 10%（W/W）以下。本品浓度为 15%（W/W）的丙酮溶液的黏度为 50~90mPa·s。

CAP 在 25℃，相对湿度 60% 时的平衡吸湿量为 6%~7%，但保存时应避免过多吸收水分，长期处于高温高湿条件，发生缓慢水解，游离酸增加，且黏度改变。

3. 应用 CAP 作为肠溶包衣材料，一般加入酞酸二乙酯作增塑剂，任何与 CAP 合用来增加其效果的增塑剂，都必须经过筛选。在用混合溶剂时，重要的是先要将 CAP 溶于溶解度较大的溶剂，然后再加入第二种溶剂，一定要将 CAP 加入到溶剂中，而不能反过来加。

NF 已收载含 30%CAP 的肠溶包衣水分散体（商品名 Aquacoat CPD）。CAP 水分散体和有机溶剂溶液相比，具有下列优点：①粒度在 0.2μm 左右，避免了有机溶剂蒸汽对工作人员的伤害；②生产过程无有机溶剂残留；③溶液的黏度比同浓度的有机溶剂溶液低得多，喷雾包衣时在片面上分布快而均匀；④包衣后的片剂有更好的抗胃酸及在小肠上端被吸收的作用；⑤包衣后的片剂片面美观，特别是带有标识的片剂。CAP 包衣的用量为片芯重量的 0.5%~9.0%。

某些离子化合物，像碘化钾和氯化铵，可透过 CAP 膜。在这些情况下应该选择合适的隔离层。

在固体剂型中，CAP 一般用于直接压片或用作包衣材料。添加增塑剂可增加 CAP 的防水性能。CAP 与许多增塑剂是相容的，并且能够与其他包衣材料如乙基纤维素合用，可用于制备控释给药制剂。

4. 安全性 CAP 口服安全，毒性低，已收载于 FDA《非活性组分指南》，可用于口服片剂。英国准许用于非注射用的制剂中。长期与其接触的工作人员未见皮肤反应，但对耳、黏膜及呼吸道有刺激性。

（三）醋酸丁酸纤维素

1. **结构、来源和制法**　醋酸丁酸纤维素（cellulose acetate butyrate，CAB）是部分乙酰化的纤维素的丁酸酯，国内外均未收入药典，国外有商品。CAB 的制法与醋酸纤维素相似，其中部分乙酰基为丁酰基代替，结构式见图 4-11。

2. **性质**　CAB 与醋酸纤维素的性质相似，但熔点比醋酸纤维素低，疏水性强，熔点的高低与乙酰基和丁酰基的比例有关。CAB 与很多增塑剂有较好的相容性。CAB 与三醋酸纤维素不同，可以溶解在丙酮中，吸湿性也较小。

3. **用途**　CAB 可作为三醋酸纤维素的代用品，在药物控释领域可用作疏水性基质和半渗透膜等。

4. **安全性**　CAB 的应用已有悠久历史，虽认为口服安全，但未见法定文件收载。

四、纤维素醚类

（一）羧甲纤维素钠

1. **结构、来源和制法**　羧甲纤维素钠，BP 和 JP 称 carmellose sodium，PhEur 称 carmellosum natricum，USP 称 carboxymothylcellulose sodium（CMC－Na），俗称纤维素胶（cellulose gum）。视所用纤维素原料不同，CMC-Na 相对分子质量在 9 万~70 万之间。市售 CMC-Na 有许多级别，取代度在 0.7~1.2 之间，化学结构式见图 4-11。

CMC-Na 的制法是将纤维素原料制成碱纤维素，然后用乙醇作反应介质进行醚化后制得。

2. **性质**　CMC-Na 为白色至几近白色、无味颗粒状粉末，其松密度为 $0.78g/cm^3$，pK_a 为 4.30，在 227~252℃间变棕色（焦化）。本品有吸湿性，在 37℃和相对湿度为 80%时，可吸附 50%以上的水分，因此影响制成品质量。本品不溶于丙酮、乙醇、乙醚和甲苯，在任何温度的水中均易分散，形成透明、胶状溶液。本品在水中的溶解度随着取代度的不同而不同，黏度、溶解度和分散度等性质与其相对分子质量或聚合度、取代度和溶解介质的 pH 有密切关系。如 pH 低于 2 时，CMC-Na 产生沉淀，大于 10 时黏度迅速下降。

国外市售的 CMC-Na 具有不同的规格，按其 1%溶液计，高黏度者黏度为 1~2Pa·s，中黏度者黏度为 0.5~1Pa·s，低黏度者黏度为 50~100mPa·s。随着浓度增加，其水溶液的黏度也随之增大。CMC-Na 的等电点为 pH 8.25，在 pH 4~10 范围内非常稳定，最适 pH 为中性。纤维素部分羟基醚化后降低了链间引力，打乱了晶态纤维素的有序结构，从而具有水溶性，并在水溶液中呈现不同的黏度。

国外市售的 CMC-Na 取代度也存在差异，取代度为 0.2~0.5 者溶于稀碱或分散于水中成黏稠液，取代度大于 0.5 者溶于水成黏液，取代度增加到更大的数值（2 以上）时，虽然链间引力下降，但由于取代基的疏水性，则需要非极性溶剂来溶解。药物制剂中应用最多的 CMC-Na 是取代度 0.7 的产品，在水中可溶，在有机溶剂中几乎不溶，如《美国药典》收载的 CMC-Na 的取代度在 1.15~1.45 之间，对可溶性组分有更好的配伍相容性。

CMC-Na 可承受 160℃干热灭菌 1h，其水溶液可热压灭菌，但两种灭菌法都可使其相对分子质量下降。CMC-Na 的粒度对它的分散和溶解的难易有相当大的影响，粗粒产品分散性较好，但溶解时间较长，细粒产品溶胀及溶解速度较快。

3. **应用**　CMC-Na 是国内开发和应用最早的纤维素衍生物之一，作为药用辅料，常用作局部、口服液体制剂、以及皮下或肌内注射混悬剂的助悬剂，乳剂的稳定剂和增稠剂（0.25%～1.0%），凝胶剂（3.0%～6.0%）、软膏和糊剂的基质（中等黏度级别，浓度4%～6%），片剂的黏合剂（1.0%～6.0%）等。

CMC-Na 胃肠道内不被消化吸收，口服后吸收肠内水分而膨化，使粪便容积增大，刺激肠壁，故 USP 收载作膨胀性通便药。但大量服用时有缓泻作用，临床上，每日分剂量服用 4~10g 的中黏度或高黏度的 CMC-Na 可作为容积性泻药。CMC-Na 易沉着于组织内，在胃中微有中和胃酸作用，可作为黏膜溃疡保护剂。较高浓度的 CMC-Na 用于凝胶剂基质时，常加入二醇类物质以防止干燥。此外，CMC-Na 还是自黏合造漏术、伤口护理材料和皮肤用贴剂的主要成分，有利于吸收伤口的分泌物或皮肤表面的汗液。

4. **安全性**　CMC-Na 通常被认为是没有毒性和刺激性的物质，不宜用于静脉注射。本品已列入 GRAS，并收载于 FDA《非活性成分指南》，用于牙科制剂，吸入剂，关节内、黏液囊内、真皮内、病损部位内、肌注、滑膜腔内和皮下注射剂，口服胶囊剂、滴丸、溶液剂、混悬剂、糖浆剂和片剂，局部用及阴道用制剂等。

（二）交联羧甲纤维素钠

1. **结构、来源和制法**　交联羧甲纤维素钠（croscarmellose sodium，CCNa），也称改性纤维素胶（modified cellulose gum），收录于《中国药典》。本品是 CMC-Na 的交联聚合物，以药用级的 CMC-Na 为原料，控制一定 pH 和温度交联而得。

2. **性质**　本品为无臭、白色或灰白色粉末。CCNa 商品 Ac-Di-Sol®（FMC 公司）的松密度为 0.529g/cm³，粒度约相当于《中国药典》九号筛。本品虽然是钠盐，由于分子为交联结构，因而不溶于水，与水接触后体积迅速溶胀至原体积的 4~8 倍。本品的粉末流动性好，具有毛细管作用和良好吸水溶胀性，故有助于片剂崩解和药物溶出，为目前常用的超级崩解剂之一。

3. **应用**　CCNa 的特点是不溶于水但却具有良好的吸水性，故主要用作口服制剂的崩解剂，并能加速药物溶出。口服剂型中用作胶囊剂、片剂和颗粒剂的崩解剂。用作片剂崩解剂时，浓度为 0.5%～5.0%，作为胶囊剂崩解剂时，浓度为 10%～25%。

片剂中，CCNa 用于直接压片的用量为 2%。湿法制粒时，CCNa 可分别于润湿阶段或干燥阶段加入（颗粒内加和外加），以更好地发挥其崩解作用。

4. **安全性**　CCNa 通常被认为无毒、无刺激性。收载于 FDA 的《非活性组分指南》（口服胶囊剂和片剂）。本品大量口服可能有缓泻作用，但固体制剂处方中的用量不大可能导致这一问题。已收载于 USP/NF、BP、JPE 和 PhEur。英国允许 CCNa 应用于营养保健品。

（三）羧甲纤维素钙

1. **结构、来源和制法**　羧甲纤维素钙（carboxymethyl cellulose calcium）商品名 ECG 505（日本五德）。本品取代度与 CMC-Na 相近，但相对分子质量较低，聚合度为 300±100。本品系 CMC-Na 与 CaCO₃ 反应制成，由于以钙盐存在，在水中不溶，但能吸收数倍量的水，是世界上唯一一种含钙的崩解剂。已收载入 BP、PhEur、NF 和 JPE，各国产品取代度不一，为 0.5~1.0。

2. **性质**　本品为白色、无味的细粉，有吸湿性和很好的可压性和崩解性。1%（*W/V*）

水分散液的 pH 为 4.5~6.0，95% 的颗粒可通过 73.7μm 的筛孔（相当《中国药典》九号筛）。几乎不溶于乙醇（95%）和醚。本品在水中不溶，由于它与钙的螯合结构具有亲水性，能吸水膨胀到原体积的几倍。在 0.1mol/L 盐酸中不溶，微溶于 0.1mol/L 氢氧化钠溶液中。本品的缺点是其中的钙会与一些含磷酸盐和硫酸盐的药物发生反应。

3. 应用 尽管羧甲纤维素钙在水中不溶，但由于它和水接触后体积膨胀，因此是有效的片剂崩解剂。主要用作片剂的黏合剂（5%~15%）、稀释剂和崩解剂（1%~15%），最高使用浓度为 15%（W/W）；超过此浓度，片剂的硬度减小。本品也作为助悬剂或增黏剂用于口服和局部药物制剂中。

由于 CMC-Na 口服易成糊状，老年人及小儿服用含 CMC-Na 的固体制剂有堵塞的危险，且 CMC-Na 作为片剂的崩解剂性能不好，羧甲基纤维素钙能弥补 CMC-Na 的上述不良性质，而且钙盐也适宜于需限制钠盐摄取的患者应用。

4. 安全性 收载于 FDA《非活性组分指南》，可用于口服片剂。英国许可用于非注射制剂。羧甲纤维素钙用于口服及局部药物制剂中，类似于 CMC-Na，被广泛认为无毒、无刺激性。然而同其他纤维素衍生物一样，口服大量的羧甲纤维素钙有轻泻作用。

（四）甲基纤维素

1. 结构、来源和制法 甲基纤维素（methyl cellulose，MC）是纤维素的甲基醚，含甲氧基 27.0%~32.0%，取代度 1.64~1.92，聚合度 n 为 50~1000，相对分子质量 2 万~22 万。它的主链化学结构式见图 4-11，《中国药典》及世界上主要工业国家的药典都已收载。甲基纤维素是以碱纤维素为原料，用氯甲烷醚化而得，反应产物经分离、洗涤和烘干、粉碎，得粉状成品。

2. 性质 MC 为白色至黄白色纤维状粉末或颗粒，松密度 0.276g/cm³，熔点 280~300℃，同时焦化。甲基纤维素微具吸湿性，25℃、相对湿度 80% 时的平衡吸湿量为 23%。

本品亲水性好，在冷水中形成澄明或乳白色的黏稠胶体溶液，1% 溶液 pH 为 5.5~8.0，不溶于热水、饱和盐溶液、醇、醚、丙酮和甲苯，溶于冰醋酸。MC 在冷水中的溶解度与取代度有关，取代度为 2 时最易溶。MC 水溶液的黏度随温度变化的规律与大多数其他非纤维素衍生物溶液相反，温度上升，初始黏度下降，继续加热则形成凝胶。取代度高的 MC，其凝胶化温度较低，如取代度为 1.24，1.46，1.66，1.89 者，热凝胶化温度分别为 65~75℃，61~65℃，56℃ 或 55℃，煮沸时均产生沉淀，放冷重新溶解。有电解质存在时，MC 的凝胶化温度下降，有乙醇或聚乙二醇存在时，凝胶化温度上升。加蔗糖及电解质至一定浓度时，MC 可析出沉淀，故其质量标准中，一般规定有 NaCl 等电解质的限量。高浓度电解质溶液可增加 MC 黏胶剂的黏度，即因其析出所致。MC 浓度很高时，会以凝胶形式完全沉淀。

MC 的黏度取决于聚合度。USP 规定，标示黏度低于和高于 100mPa·s 的 MC，黏度的允许限度分别为 80%~120% 和 75%~140%。

室温条件下，MC 溶液在 pH 2~12 范围内对碱及稀酸稳定。MC 易霉变，但与常用的防腐剂有配伍禁忌，故其溶液经常用热压灭菌法灭菌。热压灭菌后 MC 溶液黏度的变化与溶液 pH 有关，pH 低于 4 的溶液热压灭菌后黏度下降超过 20%。

有三种方法可使 MC 溶于水：①最常使用的方法是先将适量的 MC 与 70℃ 的水（大约总水量的一半）混合，然后将冷水或冰加入到热浆液中使温度降至 20℃ 以下，可得到澄明、特定黏度的 MC 水溶液；②在与水混合前，将 MC 粉末与处方中其他粉末成分干燥混合（二者比值一般为 7∶1~3∶1）；③在加入水之前用有机溶剂将 MC 粉末润湿。通常，MC 溶液为假塑性流体，无致流值，在凝胶化温度以下表现为非触变性流体性质。

3. 应用 在药剂产品中，低或中等黏度的 MC 可作为片剂的黏合剂；高黏度 MC 可用于改进崩解或作缓释制剂的骨架。高取代度、低黏度级的 MC 可用其水溶液或有机溶剂溶液为片剂进行喷雾包衣或包隔离层；低黏度级 MC 还可用于乳化橄榄油、花生油和液状石蜡。其他应用包括助悬剂、增稠剂、乳剂稳定剂、保护胶体，亦可作隐形眼镜片的润湿剂及浸渍剂（表 4-9）。

表 4-9 甲基纤维素在药物制剂中的常用浓度

应用	浓度（%）
增容通便剂	5.0~30.0
乳膏、凝胶和软膏	1.0~5.0
乳化剂	1.0~5.0
眼用制剂	0.5~1.0
混悬剂	1.0~2.0
缓释片剂骨架	5.0~75.0
片剂黏合剂	1.0~5.0
片剂包衣材料	0.5~5.0
片剂崩解剂	2.0~10.0

4. 安全性 本品通常被认为安全、无毒、无致敏、无刺激性，已列入 GRAS。收载于 FDA《非活性组分指南》，可用于舌下片、肌内注射剂、眼用制剂、口服胶囊剂、口服混悬液及口服片剂、局部用或阴道用制剂。英国也准许用于非注射用制剂中。

如果吞服 MC 时摄取的液体量不足，可能导致食道阻塞。此外，大量摄取 MC 可能会干扰一些矿物质的吸收。然而，上述及其他可能的不良反应主要与 MC 作为通便剂有关，用于口服制剂辅料时，这些副作用不常见。

MC 可用于关节内注射剂和肌内注射剂，不能用于静脉注射产品。大鼠体内研究表明，静脉注射 MC 可能会引起肾小球肾炎和高血压。

（五）乙基纤维素

1. 结构、来源和制法 乙基纤维素（ethyl cellulose，EC）是纤维素的乙基醚，取代度为 2.25~2.60，相当于乙氧基含量 44%~51%。本品已收入《中国药典》以及 BP、PhEur、NF。EC 主链的化学结构式见图 4-11。完全乙氧基化的 EC（取代度 3）其分子式为 $C_{12}H_{23}O_6(C_{12}H_{22}O_5)_nC_{12}H_{23}O_5$，根据 n 不同，分子质量有很大差异。

国际市场上 EC 的商品有 Ethocel（Dow 公司）和 Aqualon（Aqualon 公司）的不同型号产品，国内有类似型号的部分产品。

2. 性质 EC 为白色至黄白色、易流动的粉末及颗粒，真密度 1.12~1.15g/cm³，松密度 0.4g/cm³。EC 不溶于水、甘油和丙二醇，不同取代度的 EC 溶解性见表 4-10。乙氧基含量低于 46.5% 时，EC 易溶于乙酸甲酯、四氢呋喃、芳烃及乙醇（95%）的混合物；乙氧基含量在 46.5% 以上者易溶于乙醇（95%）、乙酸乙酯、甲醇及甲苯。EC 黏度通常测定 25℃

条件下有机溶剂（如8%甲苯与20%乙醇的混合液）溶液的黏度，聚合度不同，黏度有较大差异。

表 4-10　不同取代度的乙基纤维素的溶解性

取代度	乙氧基含量（%）	溶解性
0.5	12.8	溶于 4%~8%NaOH 溶液
0.8~1.3	19.5~29.5	分散于水
1.4~1.8	31.3~38.1	溶胀
1.8~2.2	38.1~44.3	在极性或非极性溶剂中溶解度增加
2.2~2.4	44.3~47.1	在非极性溶剂中溶解度增加
2.4~2.5	47.1~48.5	易溶于非极性溶剂
2.5~3.0	48.5~54.9	只溶于非极性溶剂

药用 EC 的玻璃化温度在 106℃~133℃ 不等，软化点很低，约为 152℃~162℃。药用 EC 不易吸湿，25℃、相对湿度为 80% 的空气中，平衡吸湿量 3.5%。浸于水中时，吸水量极低，且吸收的水分极易蒸发。乙基纤维素耐碱、耐盐溶液，可短时间耐稀酸。乙基纤维素在较高温度及受日光照射时易发生氧化降解，故宜在 7℃~32℃ 避光保存于干燥处。

3. 应用　EC 适宜作为对水敏感药物片剂的骨架，制粒时可将其溶于乙醇，也可利用其热塑性，以挤出法或大片法制粒，调节 EC 或水溶性黏合剂的用量，以改变药物的释放速度。EC 还可用作片剂的黏合剂。用 EC 制得的片剂硬度大、脆性低、溶出度差。

EC 有良好的成膜性，可将其溶于有机溶剂作为薄膜包衣材料。越高黏度的 EC 制成的膜越牢固持久。加入羟丙甲纤维素或增塑剂后可调整 EC 膜的溶解性。缓释片包衣常用的 EC 浓度为 3%~10%，一般片剂包衣或制粒为 1%~3%，由于 EC 疏水性强，不溶于胃肠液，常与水溶性聚合物（如甲基纤维素、羟丙甲纤维素）共用，改变 EC 和水溶性聚合物的比例，可以调节衣膜层的药物扩散速度。某些情况下，EC 水分散体一般用于颗粒或小丸的包衣。EC 包衣的颗粒或小丸能承受压力，因此可以保护包衣层在后续压片过程中免于破裂。

外用制剂中，细粉规格的 EC 能提高制剂的亲脂性和疏水性。在乳膏剂、洗剂或凝膏剂中应用适当溶剂，EC 可作为增稠剂。EC 与很多增塑剂，如酞酸二乙酯、酞酸二丁酯、矿物油、植物油、十八醇等，有良好的相容性。

高黏度的 EC 可用于药物微囊化，药物从 EC 包衣的微囊中释放的过程与微囊壁厚度和表面积有关。

EC 还可用于口腔制剂（例如牙科），作为治疗药物的载体。也可用作口腔贴片的基膜，这种基膜具有高抗张强度，药物维持单向释放。低密度的泡沫状粉末 EC 可用于制备胃漂浮制剂。

4. 安全性　普遍认为 EC 无毒、无致敏性、无刺激性，大鼠口服 LD_{50} > 5g/kg。已列入 GRAS，收载入 FDA《非活性组分指南》，可用于口服胶囊剂、混悬剂、片剂、外用乳剂及阴道制剂。人体不能代谢 EC，故不能应用于注射剂中，否则可能对肾脏造成损伤。

（六）羟乙纤维素

1. 结构、来源和制法　羟乙纤维素（hydroxyethyl cellulose，HEC）是纤维素的部分羟乙基醚，其主链化学结构式见图 4-11。HEC 已收载入《中国药典》、NF、PhEur、BP，市售有不同黏度规格可供选择，国际市场商品化 HEC 一般加有适宜的防黏结剂。

2. 性质 HEC 为淡黄色至乳白色粉末，无臭、无味，具潮解性，其 1%（W/V）水溶液 pH 为 5.5~8.5，松密度为 0.35~0.61g/cm^3，软化点为 134~140℃，205℃时分解。市售产品含水量应在 5% 以下，但由于本品具有潮解性，故贮藏条件不同，含水量不同，吸湿量因自身含水量和环境相对湿度的不同而异。市售商品 Natrosol 250 在 25℃、相对湿度为 50% 时，平衡含水量为 6%，相对湿度为 84% 时，平衡含水量为 29%。

HEC 溶于热水或冷水中，可形成澄明、均匀的溶液，但不溶于丙酮、乙醇和乙醚等有机溶剂，在一些极性有机溶剂中，如甘油，HEC 可以溶胀或部分溶解。

HEC 2% 水溶液黏度一般在 2~20000mPa·s。与羟丙纤维素和羟丙甲纤维素不同，HEC 水溶液加热不形成凝胶。本品水溶液在 pH 2~12 间黏度变化不大，但 pH 5 以下可能有部分水解，升高溶液温度，黏度下降，但冷却后可恢复原状。本品与表面活性剂相容性良好，溶液经冰冻、高温贮藏或煮沸不产生沉淀或胶凝现象。本品溶液易染菌，如长期贮藏应加防腐剂，与大多数水溶性抑菌剂相容性好，与明胶、甲基纤维素、聚乙烯醇及淀粉等相容。

3. 应用 HEC 为非离子型水溶性聚合物，主要用于眼科及局部外用制剂的增稠剂。很多干眼症、隐形眼镜和口干症的润滑剂中都含有本品。HEC 也广泛用于化妆品中。制剂处方中 HEC 的使用浓度根据溶剂和使用的分子质量级别不同而不同。

4. 安全性 本品一般被认为无毒、无刺激性，已收载入 FDA《非活性组分指南》。主要用于眼科和局部用制剂。口服制剂和黏膜给药的局部用制剂中，不得使用乙二醛处理的 HEC。本品也不得用于注射制剂中。

目前，欧洲和美国尚未批准本品用于食品添加剂，这主要受制于 HEC 制备过程中残留的高浓度乙二醇。

（七）羟丙纤维素

1. 结构、来源和制法 羟丙纤维素（hydroxypropylcellulose，HPC）是纤维素的部分聚羟丙基醚，其主链化学结构式见图 4-11。PhEur、BP、JPE 和 USP、NF 收载的 HPC 含羟丙氧基约 53.4%~77.8%，其中容许含有不超过 0.6% 的胶态二氧化硅（JPE 容许含 0.1%~0.3%）或其他防黏结剂，相对分子质量 50000~1250000。《中国药典》已收载，国内一般将 HPC 称作高取代羟丙纤维素，不同级别的商品羟丙纤维素的黏度见表 4-11。

表 4-11 不同级别的商品羟丙纤维素的黏度

级别	黏度（mPa·s）
S	2.0~2.9
SL	3.0~5.9
SLL	6.0~10.0
M	150~400
H	1000~4000

2. 性质 高取代 HPC 为白色或微黄色，无臭无味的粉末，松密度约为 0.5g/cm^3。本品 1%（W/V）水溶液的 pH 为 5.0~8.5。HPC 具有热塑性，在 130℃软化，在 260~275℃焦化。本品有引湿性，吸水量因本身初始含水量、温度和周围空气的相对湿度不同而异。平衡含水量在 25℃、相对湿度 50% 条件下为 4%（W/W），相对湿度 84% 条件下为 12%

（W/W）。HPC 的干品虽有潮解性，但粉末很稳定。

HPC 可溶于甲醇（1∶2）、乙醇、丙二醇、异丙醇（95%）、二甲基亚砜和二甲基甲酰胺，高黏度型号溶解性较差，加入共溶剂（5%~15%）能显著地改变其溶解能力。HPC 在热水中不溶、但能溶胀，易溶于 38℃ 以下水中，40~45℃ 时形成高度溶胀的絮状沉淀，放冷可复溶。

市售高取代 HPC 有非常宽的黏度范围，其黏度与聚合度有关。

HPC 水溶液在不良条件下，易受化学（低 pH）、生物及光降解而致黏度降低。在高 pH 时，碱催化的氧化反应促使 HPC 降解，造成溶液的黏度下降。由于 HPC 分子具有两亲性，不宜与高浓度溶质配伍，因有的溶质可能夺取溶剂中的水分，降低其水合能力，易产生沉淀。HPC 在其他高浓度可溶性物质存在的条件下盐析作用增强，其沉淀温度有所降低。HPC 水溶液在 pH 6.0~8.0 非常稳定，pH 对其黏度无影响。

高取代 HPC 与许多高相对分子质量、高沸点的蜡和油可配伍使用，而且可以用来改变这些材料的某些性质。溶解状态的 HPC 易与常用防腐剂（如羟苯甲酯、羟苯丙酯）存在配伍禁忌。

高取代 HPC 改善了 HPC 易被霉菌和细菌降解的缺点。其水溶液在恶劣条件下易被降解并使黏度下降，微生物产生的某些酶也可使溶液中的 HPC 降解。因此，水溶液长期贮藏需加抑菌剂，高取代 HPC 的有机溶剂溶液一般不需要加抑菌剂。紫外线可使高取代 HPC 降解，其水溶液暴露在光照条件下存放数个月黏度稍有下降。

3. 应用　口服产品中，高取代 HPC 主要用作片剂湿法制粒或干粉直接压片的黏合剂（2%~6%，W/W）、薄膜包衣材料（5%，W/W）和缓释制剂材料（15%~35%，W/W）。如用低黏度的 HPC，药物的释放速度增加。加入阴离子表面活性剂可增加高取代 HPC 溶液的黏度，从而使药物的释放速度降低。高黏度型号的 HPC 能延缓片剂中药物的释放，故往往几种型号混合应用作为长效制剂的骨架。此外，HPC 还可作为混悬剂的增稠剂和保护胶体。HPC 乙醇溶液中可加入硬脂酸或棕榈酸作为增塑剂。

高取代 HPC 也可作为毫微囊的增稠剂，或微囊的囊材。局部用制剂中，HPC 可用于透皮贴剂或眼用制剂。

高取代 HPC 是热塑性聚合物材料，塑料的加工方法对其都适用。高取代 HPC 可以热融挤出薄膜的形式应用于局部制剂。如马来酸氯苯那敏膜剂，以高取代 HPC 作为基质，在较低温度下可成膜。黏膜黏附性 HPC 微球可用于粉末吸入剂。

4. 安全性　本品已列入 GRAS，并收载入 FDA《非活性组分指南》，可用作口服胶囊剂和片剂、局部和透皮吸收制剂的辅料。由于高取代 HPC 在应用浓度下对健康无害，WHO 对其日摄取量未作规定，但过量摄入 HPC 可致腹泻。大鼠 LD_{50}（静脉注射）0.25g/kg；大鼠 LD_{50}（口服）10.2g/kg。

（八）低取代羟丙纤维素

1. 结构、来源和制法　低取代羟丙纤维素（low substituted hydroxypropylcellulose，L-HPC）的羟丙基含量为 5%~16%，约相当于摩尔取代数 0.1~0.2。《中国药典》和国外药典（JP、USP-NF）有单独的 L-HPC 品目。本品是将碱化纤维素和环氧丙烷在高温条件下反应制得。国际市场有不同粒度的产品，水溶液黏度也不同。

2. 性质　L-HPC 的外观为白色至黄白色的粉末或颗粒。无味，无臭或微有异臭且无味。L-HPC 松密度约为 0.46g/cm³，轻敲密度约为 0.57~0.65g/cm³。平均粒子大小不同、等级不一，一些粉体学性质也不同，大粒子崩解性好，小粒子有较强结合性。

L-HPC 在水和有机溶剂中不溶，但在水中可溶胀。在氢氧化钠溶液（1→10）中溶解，形成黏性溶液。由于它的粉末有很大的表面积和孔隙度，故加速了吸湿速度，增加了溶胀性，用于制备片剂时，使片剂易于崩解。同时，它的粗糙结构与药粉和颗粒之间有较大的镶嵌作用，使黏结强度增加，从而提高片剂的硬度和光泽度。L-HPC 的溶胀性随取代基的增加而提高，取代百分率为 1% 时，溶胀度为 500%，取代百分比为 15% 时，溶胀度为 720%，而淀粉的溶胀度只有 180%，微晶纤维素的溶胀度为 135%。

3. 应用 L-HPC 主要作为片剂的崩解剂或湿法制粒的黏合剂，也可应用于直接压片法制备的快速崩解片剂中，或作为缓释片剂的骨架材料。本品在作为崩解剂的同时，还可以提高片剂的硬度，崩解后的颗粒也较细，有利于药物溶出，其崩解性与胃液或肠液中的酸碱度无较大的关系。不同型号的 L-HPC 在药物制剂领域的应用见表 4-12，其在制剂处方中的用量一般为 5%~25%。

表 4-12　不同型号的低取代羟丙纤维素在药物制剂领域的应用

L-HPC 型号	取代度	应用
LH-11	中等	直接压片崩解剂
LH-21	中等	湿法制粒的黏合剂和崩解剂
LH-31	中等	挤出制粒
LH-22 或 LH-32	较低	黏合剂（黏合力较小）
LH-20 或 LH-30	较高	黏合剂（黏合力较大）

4. 安全性 L-HPC 一般被认为无毒、无刺激性，在欧洲、美国及日本等国家都被准许用作药用辅料。

（九）羟丙甲纤维素

1. 结构、来源和制法 羟丙甲纤维素（hypromellose，hydroxypropyl methyl cellulose，HPMC）是纤维素部分甲基化和部分聚羟丙基化的醚，其主链化学结构式见图 4-11，其中 m 为平均取代摩尔数。HPMC 早已收载入各国药典，它的甲基取代度为 1.0~2.0，羟丙基平均取代摩尔数为 0.1~0.34。美国 NF 和日本 JP 收载 4 种型号（表 4-13），其相对分子质量在 10000~150000 间。《中国药典》已收载。

HPMC 的制法与甲基纤维素、乙基纤维素相似，系以棉绒为原料，氢氧化钠膨化得碱纤维素，经氯甲烷与环氧丙烷同时醚化后，纯化、干燥制得。

表 4-13　USP 收载的 4 种型号的 HPMC 的取代基含量

HPMC 型号	$-OCH_3$（%）	$-OCH_3H_6OH$（%）
1828	16.5~20.0	23.0~32.0
2208	19.0~24.0	4.0~12.0
2906	27.0~30.0	4.0~7.5
2910	28.0~30.0	7.0~12.0

市售 HPMC 有不同黏度和不同取代度的各种级别产品。级别加附数字表示，即其 2% 水溶液在 20℃ 的表观黏度，单位是 mPa·s。USP 用通用名后附四位数字来表示 HPMC 的取代基含量。例如，HPMC 1828，头二位数字代表甲氧基的平均百分比含量，后二位数字代表的是羟丙基的平均百分比含量。JP 2001 收载 3 个有关 HPMC 的品目，分别为 HPMC 2208、

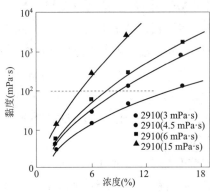

图4-16 同型号不同级别的
HPMC具有不同的黏度

2906和2910。同一级别不同型号的HPMC具有不同的黏度，见图4-16。

2. 性质 本品为无臭、无味、白色或类白色纤维状或颗粒状粉末，松密度为0.341g/cm³；轻敲密度为0.557g/cm³；玻璃化转变温度为170～180℃，加热至190～200℃变成棕色，225～230℃焦化。本品能够溶解在冷水中，形成黏性胶体溶液。在氯仿、乙醇（95%）和乙醚中几乎不溶，但在乙醇和二氯甲烷混合液、甲醇和二氯甲烷混合液以及水和乙醇的混合液中溶解。某些级别的HPMC在丙酮溶液、二氯甲烷和2-丙醇的混合液以及其他有机溶剂中可以溶解。

市售的HPMC有各种黏度级别可供选择。HPMC通常制成水溶液，用有机溶剂配制的HPMC溶液黏度一般较大。HPMC溶于冷水形成黏性溶液，其1%水溶液pH为5.8～8.0。相对分子质量不同的HPMC，其溶液的黏度也不同，相对分子质量越大，则黏度也越大。本品在热水中的溶解性略有不同，HPMC 2208不溶于85℃以上的热水，HPMC 2906不溶于65℃以上的热水，HPMC 2910不溶于60℃以上的热水。

HPMC的胶凝温度视型号不同而异，它的水溶液加热时，最初黏度下降，然后随加热时间延长，黏度上升，形成白色混浊的凝胶。HPMC的甲氧基取代度越低，胶凝温度越高，如HPMC 2208的胶凝温度为80℃，HPMC 2906为65℃，HPMC 2910为60℃。在加热和冷却过程中，HPMC的溶胶与凝胶能够发生可逆的变化。

HPMC有一定的吸湿性，在25℃及相对湿度80%时，平衡吸湿量约为13%。HPMC在干燥环境非常稳定，溶液在pH 3.0～11.0时也很稳定。标示黏度低于和高于100mPa·s规格的HPMC，它们黏度的允许限度分别为80%～120%和75%～140%。

3. 应用 本品的应用与产品的级别和型号有密切关系，可根据剂型的需要确定其型号和用量，然后选择合理的制剂工艺。

低黏度级（一般用E5型号）产品的水溶液，可用作薄膜包衣材料，视黏度等级不同，浓度在2%～10%不等。高黏度级产品可用有机溶剂溶解，用作片剂黏合剂时，用量为2%～5%。高黏度级别的产品可用作阻滞水溶性药物释放的骨架，用量在10%～80%不等。不同级别、不同型号的HPMC，即使黏度相同，制成片剂时药物的溶出速度也不同（图4-17）。

与甲基纤维素相比，HPMC形成的溶液更加澄明，只有极少量难分散的纤维状物存在，因此多用于眼用制剂，可作为滴眼剂和人工泪液的增稠剂，也可作为隐形眼镜的湿润剂，所用浓度为0.45%～1.0%。也可用于局部用制剂，如凝胶或软膏剂的保护胶体、乳剂和混悬剂的稳定剂等，或塑性绷带的胶黏剂。

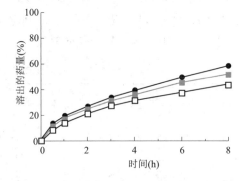

图4-17 不同级别但黏度均为4000mPa·s的
羟丙甲纤维素对乙酰氨基酚片溶出度的影响
● 羟丙甲纤维素2906；□. 羟丙甲纤维素2908；
■. 羟丙甲纤维素2910
（乙酰氨基酚片：药68%，HPMC 32%）

HPMC 的水溶液有抗酶作用，能够在长期储藏过程中保持较好的黏度稳定性，但贮存时应加入抑菌剂。HPMC 用作滴眼剂的增稠剂时，通常加入苯扎氯铵作为防腐剂。本品水溶液可热压灭菌，HPMC 在高温条件下形成沉淀并结块，冷却后经振摇可重新分散。

4. 安全性　本品已列入 GRAS，并在 FDA《非活性组分指南》中收载，用于制备眼用制剂、口服胶囊剂、混悬剂、糖浆剂和片剂，也可用于制备局部给药制剂。

HPMC 为无毒、安全的药用辅料，口服不吸收，但口服过量可致泻，无刺激性，不增加食物的热量。小鼠 LD_{50}（腹膜内注射）为 5g/kg，大鼠 LD_{50}（腹膜内注射）为 5.2g/kg。

五、纤维素醚酯类

（一）羟丙甲纤维素酞酸酯

1. 结构、来源和制法　羟丙甲纤维素酞酸酯（hypromellose phthalate，HPMCP）是 HPMC 的酞酸半酯，由 HPMC 与酞酸在冰醋酸中酯化而得，其结构式见图 4-11。不同规格 HPMCP 的甲氧基、羟丙氧基和羧苯甲酰基百分含量见表 4-14。

表 4-14　NF 两种级别 HPMCP 的取代基百分含量

取代基	型号	
	HPMCP 220824	HPMCP 200731
—OCH_3	20~24	13~22
—$OCH_2CH(CH_3)OH$	6~10	5~9
—$OCOC_6H_4COOH$	21~27	27~35

HPMCP 的级别命名是在后面附上 6 位数的标号，分别表示不同取代基百分含量范围的中位值，前两位数表示甲氧基，中间两位数表示羟丙基，后两位数表示酞酰基。HPMCP 的相对分子质量 2 万~20 万。USP/NF、PhEur、BP 和 JP 收载本品。

2. 性质　HPMCP 为白色或米黄色的片状物或颗粒，无臭，微有酸味或异味，有潮解性。市售的 HPMCP 有各种不同的级别，取代度及物理性质不同，见表 4-15。

表 4-15　HPMCP 的物理性质

性质	HPMCP220824	HPMCP 200731
熔点（℃）	150	
玻璃化转变温度（℃）	133~137	
休止角（°）	37~39	
松密度（g/cm³）	0.239~0.275	
软化点（℃）	200~210	
膜透过性（m²·d）	246	213
抗拉强度（kg/m²）	7.71	7.9
伸长率（%）	6.1	5.6

HPMCP 不溶于水和酸性溶液，也不溶于乙醇和己烷，但易溶于碱性水溶液、丙酮-甲醇、丙酮-乙醇或甲醇-二氯甲烷的混合溶液（1：1，W/W）。HPMCP 化学与物理性质稳定，与醋酸纤维素酞酸酯相比，在 50℃长时间放置，游离酞酸的含量很低。在室温条件下，HPMCP 吸收水分 2%~5%，在 25℃和相对湿度为 80%时，平衡吸水量为 11%。

3. 应用　HPMCP 是性能优良的肠溶薄膜包衣材料。因 HPMCP 无味，不溶于唾液，故可用作薄膜包衣以掩盖片剂或颗粒的异味或异臭。HPMCP 在胃液中不溶但可溶胀，并在肠上段快速溶解。一般 HPMCP 使用浓度为 5%～10%，将其溶解在二氯甲烷-乙醇（50∶50）或乙醇-水（80∶20）的混合溶剂中应用。

HPMCP 应用于片剂或颗粒包衣时，可用已确定的包衣工艺，不需加入增塑剂或其他膜材。但加入少量的增塑剂或水可避免出现衣膜龟裂现象。常用的增塑剂，如二乙酸甘油酯、三乙酸甘油酯、二乙基或二丁基酞酸酯、蓖麻油、醋酸甘油酯和聚乙二醇等，都可以与HPMCP 配伍。片剂包衣时，可将微粉化的 HPMCP 分散到预先加有三乙酸甘油酯、枸橼酸三乙酯或酒石酸二乙酯等增塑剂和润湿剂的溶液中。一般用 HPMCP 包衣的片剂比用醋酸纤维素酞酸酯包衣的片剂崩解速度快。

HPMCP 可以单独使用，或与其他可溶性的或不溶性的黏合剂合用制备缓释制剂，其释药速度具有 pH 依赖性。

4. 安全性　HPMCP 应用广泛，特别是作为口服制剂的肠溶包衣材料。HPMCP 已先后于 1981 年及 1985 年收载入《日本药典》和《美国药典》，通常被认为是无毒、无刺激性的材料。大鼠口服 $LD_{50}>15g/kg$。

（二）醋酸羟丙甲纤维素琥珀酸酯

1. 结构、来源和制法　醋酸羟丙甲纤维素琥珀酸酯（hypromellose acetate succinate，HPMCAS）是 HPMC 的醋酸和琥珀酸混合酯，以 HPMC 为原料与醋酐、琥珀酸酐酯化制得，是近些年开发的一种肠溶包衣材料，其结构式见图 4-11。日本已于 1989 年将 HPMCAS 收载入日本药局方局外规，美国 FDA 于 2001 年批准使用本品，2004 年 JPE 和 2005 年 NF 均已收载本品，《中国药典》已收载本品。

HPMCAS 商品名 Aqoat，凝胶色谱测定的相对分子质量约 1.8 万（以聚氧乙烯为标准品），取代基含量如下：甲氧基 12.0%～28.0%，羟丙氧基 4.0%～23.0%，乙酰基 2.0%～16.0%，琥珀酰基 4.0%～28.0%。国际市场 HPMCAS 的主要型号见表 4-16。

表 4-16　国际市场醋酸羟丙甲纤维素琥珀酸酯商品（Aqoat）的型号与性质

级别、型号	标示黏度（mm^2/s）	乙酰基（%）	琥珀酰基（%）	平均粒度	溶解 pH	应用
AS-LF		8	15		≥5.5	
AS-MF		9	11	5μm	≥6.0	细粉，供水性包衣
AS-HF	3	12	6		≥6.5	
AS-LG		8	15		≥5.5	
AS-MG		9	11	1mm	≥6.0	颗粒状，供有机溶剂包衣
AS-HG		12	6		≥6.5	

2. 性质　HPMCAS 为白色至黄白色，无味、微具醋酸异臭的粉末或颗粒，松密度为 $0.2～0.5kg/cm^3$，轻敲密度为 $0.3～0.65kg/cm^3$，平均粒径在 10μm 以下，玻璃化温度为 120～135℃，膜的拉伸强度为 51～55MPa，水蒸气渗透性为 165$g/m^2\cdot d$，伸长率为 165%～210%（20℃，75%RH）。

HPMCAS 溶于氢氧化钠、碳酸钠溶液，易溶于丙酮、甲醇或乙醇-水（1∶1～8∶2）、二氯甲烷-乙醇混合液（1∶1），不溶于水、乙醇和乙醚。标示黏度为 2.4～3.6mm^2/s，黏度限度为标示黏度的 80%～120%（醇-水溶液）。HPMCAS 在 pH 为 5.5～7.1 缓冲液中溶解时间大都在 10min 以内，最长不超过 30min。表 4-16 中乙酰基含量高（＞11%）、琥珀酰基含量低（＜9.6%），在 pH 为 5.5～7.1 的缓冲液中溶解性不良。

HPMCAS 有吸湿性，25℃和相对湿度 82%时，平衡吸湿量约在 10%以下。HPMCAS 的抗拉强度为 450～520kg/cm^2，伸长率为 5%～10%。热重分析表明，温度低于 200℃时 HPMCAS 对热稳定，温度高于 200℃后，HPMCAS 开始快速失重。本品比羟丙甲纤维素酞酸酯（152℃）和醋酸纤维素酞酸酯（124℃）有良好的热稳定性，45℃放置 3 个月，取代基含量无变化，40℃及相对湿度 75%放置 3 个月，有较多醚基分解，乙酰基和琥珀酰基含量略有下降（下降 0.1%～1.6%），故应防潮贮藏。

3. 应用 HPMCAS 为 20 世纪 70 年代开发，近年才被工业发达国家有关部门批准用作片剂肠溶包衣材料、缓释包衣材料和薄膜包衣材料，其粒径在 5μm 以下者也可制成水分散体用于包衣。HPMCAS 的特殊优点是在小肠上部（十二指肠）溶解性好，对于增加药物的小肠吸收比目前应用的其他肠溶材料更理想。

4. 安全性 本品已由 NF 和 JPE 收载供药用。动物实验证明，HPMCAS 口服安全无毒，大鼠和家兔口服 LD$_{50}$均在 2.5g/kg 以上。大鼠实验表明，本品口服 120h 后，大部分由粪便排出，0.2%～3.6%由尿中回收。

第三节 其他多糖类天然药用高分子材料

扫码"学一学"

一、琼脂

1. 结构、来源和制法 琼脂（agar）系自石花菜或红藻类植物得到的黏液汁冷冻脱水干燥制得的产品，民间又称洋菜、冻粉或琼胶。琼脂是至少两种多糖的混合物，其中约含 60%～80%的中性琼脂糖（agarose）及 20%～40%的琼脂胶（agaropectin）。琼脂糖具有胶凝性，由 D-吡喃半乳糖（galactopyranosy）和 L-吡喃半乳糖以 1，3 和 1，4 糖苷键交互连接的琼脂二糖的重复单元构成（图 4-18），其中每个 D-半乳糖的 3，6 位脱水成环。琼脂胶是琼脂糖的硫酸、丙酮酸等酯化的产物，不具胶凝性质。琼脂胶硫酸根中的氢原子可被钙、镁、钾或钠取代。《美国药典》《日本药典》及《中国药典》均已收载本品，市售商品有不同等级，且未见相对分子质量的报道。日本是最大的琼脂生产国，我国台湾和福建省也是琼脂的重要产地。

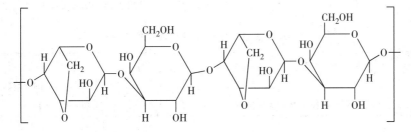

图 4-18 琼脂糖的结构

2. 性质 琼脂为半透明、淡黄色、无味，无特臭，有黏滑性的四方柱体、细长条状或鳞片状细片或粉末状物质。本品吸潮以后呈韧性，干燥后有脆性。琼脂在冷水中不溶解，易溶于沸水中，在冷水中吸水膨胀 20 倍，5%～10%的溶液有高黏度，在热水中缓慢溶解，冷却后成为稳定且有弹性的凝胶（浓度0.1%以下不能胶凝）。琼脂的胶凝温度比其融化温度低很多，其物理特性见表4-17。

表4-17 琼脂凝胶的物理特性

琼脂浓度	凝胶颜色	胶凝温度（℃）	熔化温度（℃）	稳定 pH
1%	乳白色	32~42	80	4~10

3. 应用 琼脂可作为结合剂、软膏基质、栓剂基质、乳化剂、稳定剂和助悬剂，也可用于制备巴布剂、胶囊剂、糖浆剂、果冻剂及乳剂等剂型。例如，浓度为1%的琼脂溶液冷却后即可形成果冻剂。

琼脂食用已有久远历史，若掺和海藻酸钠和淀粉可降低其强度，但是如果掺和槐豆胶、糊精、蔗糖则可增加其强度。10余年来，琼脂被用作缓释制剂的辅料，如将其在加热条件下与抗癌药制成混悬液，用滴制法制成小丸或缓释片，其中的药物释放遵从 Higuchi 模式；也有报道，利用琼脂的凝胶骨架能够包藏空气，用做漂浮片的赋形剂。

本品稳定，可经受热压灭菌，无营养价值，也难被一般微生物利用。

4. 安全性 本品安全、无毒、无刺激性，可用作口服及局部制剂的辅料，已列入 GRAS。小鼠口服 LD_{50} 为 6.1g/kg，大鼠口服 LD_{50} 为 11.0g/kg。

二、海藻酸

1. 结构、来源和制法 海藻酸（alginic acid）的主要来源是盛产于各大洋沿岸的巨型海藻，为褐藻的细胞膜组成成分，一般以钙盐或镁盐形式存在。海藻酸盐类于1881年首先被发现，但其结构式至1965年由于核磁共振技术的发展才被确定。海藻酸是由聚 β-1，4-D-甘露糖醛酸（β-1，4-D-mannosyluronic acid，M）与聚 α-1，4-L-古洛糖醛酸（α-1，4-L-gulosyluronic acid，G）结合而成的线型高聚物，相对分子质量为2万~24万，其结构式见图4-19。

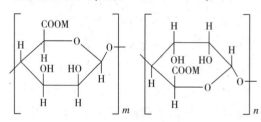

图4-19 海藻酸及海藻酸盐的结构
M 为 Na^+、Ca^{2+}、Mg^{2+}

海藻酸的这两种单体（M，G）交替结合，形成 3 种不同的链段：—M—M—M—、—G—G—G—和—M—G—M—G—，其中 G 链段与钙离子的结合能力优于 M 链段。不同品种海藻中 M 与 G 的比值不同，对产品的性质，尤其在钙离子存在条件下对海藻酸的胶凝作用有很大影响，见表4-18。

表4-18 海藻酸盐的分子结构对其胶凝性能的影响

海藻酸盐的分子结构	胶凝性能
相对分子质量高，含钙量低或 G 链段比例高	良好的胶凝性能，形成的凝胶较硬
相对分子质量低，含钙量高或含 M 链段比例高	黏度较低，作为增稠剂

海藻酸钠收录于《中国药典》。海藻酸丙二醇酯（propylene glycol alginate）是海藻酸的部分羧基被 1，2-丙二醇酯化，另有部分羧基被碱中和的产物，2004 年版 JPE 收载本品。

2. 性质 海藻酸为白色至淡黄色粉末，极微异臭及异味。海藻酸不溶于水、乙醇、乙醚及稀乙醇液（30%），不溶于有机溶剂及 pH 低于 3 的酸溶液。海藻酸的性质与其来源和加工工艺有密切关系。一般而言，海藻酸钠能缓慢溶于水形成黏稠液体，其水溶液的黏度与 pH 有关，pH 低于 4 发生凝胶化，pH 高于 10 不稳定。海藻酸钠具成膜能力，所形成的膜呈透明状且质地坚韧。海藻酸钠与蛋白质、明胶和淀粉具有良好的相容性，还与以下化合物相容，包括天然增稠剂（如黄原胶、瓜尔豆胶、西黄蓍胶等）、药用合成高分子材料（如卡波姆）、糖、油脂、蜡类、一些表面活性剂（如吐温）和有机溶剂（如甘油、丙二醇、乙二醇）等。

海藻酸钠遇二价以上金属离子形成盐而凝固，与吖啶衍生物、结晶紫、醋（硝）酸苯汞、钙盐、重金属及浓度高于 5% 的乙醇不相容。高浓度的电解质及浓度高于 4% 的氯化钠可使其发生盐析。

海藻酸钠具有吸湿性，相对湿度为 20%~40% 时含水量为 10%~30%，其平衡含水量与相对湿度有关，如置于 25℃ 以下和低相对湿度的环境中，其稳定性相当好。海藻酸钠的黏度因规格不同而异，其 10% 水溶液在 20℃ 时黏度为 20~400mPa·s，溶液黏度受海藻酸钠分子质量，测定温度、pH 和切变速率，以及是否含有金属离子、季铵化合物或螯合剂等因素影响。1% 海藻酸钠水溶液在不同温度下保存 2 年仍具有原黏度的 60%~80%。

海藻酸钠的胶凝作用与其分子中古洛糖醛酸（G）的含量和聚合度有关，G 含量越高则凝胶硬度越大。甘露糖醛酸（M）柔性较大，海藻酸钠凝胶的溶胀性与其分子中的 M 单体有关。

海藻酸钠与大多数多价阳离子反应会发生交联，如与钙离子交联形成网状结构。表 4-19 给出了通过调节海藻酸钠与钙离子的比例改变凝胶坚韧性和凝胶形成时间的一些基本规则。

表 4-19 海藻酸钠与钙离子的比例对凝胶性质的影响

钙离子添加量	形成凝胶的性质
少量	凝胶柔软，形成粒状凝胶或海藻酸钙沉淀
恰好中和	凝胶脱水收缩
过量	凝胶坚硬

海藻酸钠贮藏时易染菌，进而影响其溶液的黏度，溶液可用环氧乙烷灭菌。热压灭菌使海藻酸钠溶液黏度下降。γ 射线辐照显著影响海藻酸钠溶液的黏度，不宜应用。本品外用时可加 0.1% 的氯甲酚、0.1% 的氯二甲苯酚或对羟基苯甲酸酯类作防腐剂。

海藻酸丙二醇酯的性状与海藻酸钠相近，为白色至淡黄色颗粒或细粉，无臭、无味，在乙醇中极微溶解，不溶于乙醚，加水或温水形成黏性的胶体溶液，60℃ 以下稳定。海藻酸丙二醇酯的特点在于，在酸性水溶液中既不会像海藻酸钠那样凝胶化，也不会像羧甲纤维素那样黏度下降。室温条件下，海藻酸丙二醇酯在 pH 3~5 时具有较好的稳定性。本品兼具乳化性，其乳化能力优于果胶和阿拉伯胶。

3. 应用 海藻酸广泛应用于药物制剂（如片剂、创伤敷料、牙模等外用材料）、化妆品及食品，部分应用见表 4-20。国际市场上，海藻酸及其盐的产品型号繁多，如 FMC 公司的海藻酸盐商品名为 Protanal，有不同的型号适用于各种用途。

表4-20　海藻酸钠的特性及其在药物制剂中的应用

海藻酸钠特性	药剂学应用
低溶解度和形成凝胶	缓释制剂或埋植剂的载体
聚电解质	生物黏附剂
遇水溶胀	片剂崩解剂
成膜	制备微囊
与二价离子结合	软膏基质或混悬剂的增稠剂

海藻酸用于口服及局部外用制剂中的浓度见表4-21。最近，海藻酸盐还用作亲水性微囊的膜材，以代替采用有机溶剂的微囊化技术和用作缓释制剂的载体。例如，有人研究利用海藻酸和明胶的复凝聚物制备吲哚美辛缓释微粒。据最新报道，海藻酸盐是一种天然的肠溶材料，可以替代明胶用于制备肠溶软胶囊的胶囊壳。以超纯的（通过 0.22μm 微孔滤膜）交联海藻酸钠作为包埋材料的植入剂已有商品出售。海藻酸丙二醇酯可作为口服制剂及一般外用制剂的辅料。

海藻酸钙与壳聚糖合用可用于多肽类药物的控释制剂。海藻酸钙可用作包衣材料，以改善制剂的控释性能，还用作卡介苗微囊的骨架材料。本品用于动物骨骼及软组织的埋植剂，降解时间最长可持续 30 天。海藻酸钙可以经受热压灭菌（115℃）或干热灭菌（150℃，1h）。海藻酸钾目前仅限于制备实验性的水凝胶系统。

表4-21　海藻酸钠在药物制剂中的常用浓度

应用	海藻酸钠浓度（%）
片剂黏合剂	1～3
片剂崩解剂	2.5～10
溶液增稠剂和助悬剂	1～5
O/W 乳剂稳定剂	1～3
糊剂及软膏基质	5～10

国际市场上目前已有同类产品海藻酸钙、海藻酸钾、海藻酸铵，具有不同的溶解度和黏性，在制药和食品工业已应用多年。美国的《食用添加剂法典》（Food Chemicals Codex，1996）和英国的《药典备注》（British Pharmaceutical Codex，1973）已收载本品。

4.安全性　海藻酸钠、海藻酸铵、海藻酸钾和海藻酸钙无毒、无刺激性，已列入 GRAS，海藻酸钠、海藻酸铵、海藻酸钙和海藻酸丙二醇酯被收载入 FDA 的《非活性组分指南》。WHO 确定海藻酸钙可允许的日摄入量最高可达 25mg/kg，过量应用可能有害，粉末吸入或与眼黏膜接触有刺激性。海藻酸钠的急性毒性 LD_{50} 如下：猫腹腔注射为 0.25g/kg；兔静脉注射为 0.1g/kg；大鼠静注为 1g/kg；大鼠口服大于 5g/kg。

三、阿拉伯胶

1.结构、来源和制法　阿拉伯胶（acacia）系 *Acacia senegek*（L.）Willd（豆科）茎及枝渗出的干燥胶状物，产于阿拉伯国家干旱高地，以苏丹及塞内加尔产品质量最佳。阿拉伯胶为糖及半纤维素的复杂聚集体，相对分子质量在 $2.4×10^5 ～ 5.8×10^5$，其主要成分为阿拉伯酸的钙盐、镁盐、钾盐的混合物（约含 80%），缓慢水解阿拉伯酸可得 L-树胶糖、L-鼠李糖、

D-半乳糖和 D-糖醛酸等。本品收录于《中国药典》。

2. 性质　阿拉伯胶呈圆球颗粒状、片状或粉状，相对密度为 1.35～1.49，外表呈白色或黄白色，半透明，易碎，折断面有玻璃般光泽；有潮解性，25℃、相对湿度为 25%～65% 时平衡含湿量为 8%～13%，相对湿度高于 70% 时则吸收大量水分。阿拉伯胶与其他天然胶比较，其水中溶解度最大，25℃ 时最高浓度可达 37%。由于阿拉伯胶的分子中有较多由支链形成的粗短螺旋结构，因此它的水溶液具有较强的黏稠性和黏着性。阿拉伯胶加酸可生成阿拉伯酸，后者水溶液的 pH 为 2.2～2.7，比阿拉伯胶有更高的黏度，但作为乳化剂远不及阿拉伯胶稳定。阿拉伯胶溶液的黏度视材料来源、pH 和盐量而不同。30%（W/V）的溶液 20℃ 时，黏度为 100mPa·s。pH 及氯化钠影响阿拉伯胶分子链上的羧酸的游离程度，并影响其黏度，见图 4-20 和表 4-22。

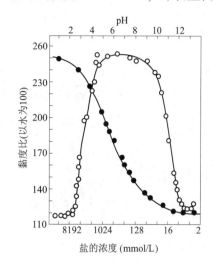

图 4-20　pH（○）及盐浓度（●）对阿拉伯胶水溶液黏度的影响

表 4-22　pH 对阿拉伯胶水溶液黏度的影响

pH	水溶液黏度	原因
2.5 以下	黏度显著下降	羧酸处于非解离态
2.5～10	黏度增加	解离型增加，带电基团的排斥作用导致折叠的分子展开
pH10 以上	黏度显著下降	钠离子的增加，对羧酸起到屏蔽作用，分子呈折叠状态

阿拉伯胶是一种表面活性剂，其 4% 的水溶液在 30℃ 时的表面张力为 6.3×10^{-2} N/m。加入电解质，表面活性增强，使界面上的分子排布更为密集，并能增加阿拉伯胶分子的疏水性。阿拉伯胶是有效的乳化剂，这主要与它形成的界面膜具有很强的内聚力和良好的弹性有关。

阿拉伯胶不溶于乙醇，能溶解于甘油或丙二醇（1:20），在水中的溶解度为 1:2.7；5% 水溶液的 pH 为 4.5～5.0，pH 2～10 时稳定性良好，溶液易霉变，溶液可用微波辐射灭菌。

3. 应用　阿拉伯胶作为药剂辅料历史悠久，主要在口服和局部用药制剂中作为助悬剂（5%～10%）、乳化剂（10%～20%）、黏合剂（1%～5%）、增稠剂和保护胶体。

4. 安全性　本品已被列入 GRAS，并被收载于 FDA 的《非活性组分指南》中，容许用于口服制剂、口腔或舌下片剂；口服安全无毒，家兔口服 LD_{50} 为 8g/kg，大鼠口服 $LD_{50} >$ 16g/kg。不宜用于注射给药。

四、角叉菜胶（卡拉胶）

1. 结构、来源和制法　角叉菜胶（carrageenan）已收载入 NF 及 JPE，是药用水溶性胶，存在于某些种类的红藻中。角叉菜胶主要为硫酸半乳糖酯和 3,6-脱水半乳糖酯的线型共聚物，糖单元交互以 α-1,3-糖苷键和 β-1,4-糖苷键连接。角叉菜胶是阴离子型聚电解质，因取代基不同而存在一系列相近的结构，主要有 κ、l 和 λ 三种类型，市售产品是它们的混合物。三种角叉菜胶结构与功能的区别如图 4-21 和表 4-23 所示。

κ-角叉菜胶

ι-角叉菜胶

λ-角叉菜胶

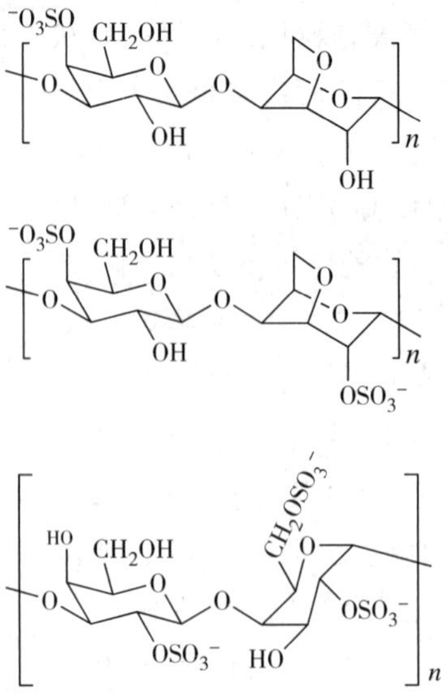

图4-21 κ、ι、λ-角叉菜胶结构式

表4-23 角叉菜胶的类型和结构区别

角叉菜胶类型	1,3及1,4-连接单元	组成	胶凝能力
κ	D-半乳糖4-硫酸酯和3,6-脱水-D-半乳糖	25%硫酸酯和大约34%的脱水半乳糖	阳离子,尤其是钾离子存在下,与水形成凝胶
ι	D-半乳糖2-硫酸酯、D-半乳糖6-硫酸酯和3,6-脱水-D-半乳糖	32%硫酸酯和大约30%的脱水半乳糖	能形成凝胶
λ	1,3连接单元中的C2位上硫酸化	35%的硫酸酯	非胶凝型

2. 性质 角叉菜胶是奶油色到淡棕色粉末。在低倍放大镜下,可见个别颗粒是短纤维状(醇沉淀制品)或薄片状(滚筒干燥制品)。滚筒干燥法制备的角叉菜胶,堆密度约为 $0.6g/cm^3$,而醇沉淀法制品为 $1g/cm^3$。

(1)反应活性 角叉菜胶分子中的糖单元带负电,而且还存在半酯结构的硫酸化基团,这些结构特点使角叉菜胶的化学性质高度活泼,并具有一些特殊的物理性质。例如,角叉菜胶能够与阳离子螯合并形成凝胶,其硫酸基团与蛋白质的荷电基团具有反应活性。

(2)物理化学性质 角叉菜胶溶于热水(>75℃)。κ型和ι型的钠盐溶于冷水,其他的阳离子盐如 K^+ 和 Ca^{2+} 则不能完全溶解,但是有非常好的溶胀性。溶液中阳离子的类型和浓度、角叉菜胶的颗粒密度和孔隙率等因素会影响其溶解性。λ 型角叉菜胶无论带有何种电荷都能溶于水。ι 型角叉菜胶尤其对 Ca^{2+} 敏感,二者可形成高触变性分散液,因此,ι 型角叉菜胶可作为一种很好的助悬剂。

与水混溶的溶剂(如乙醇、丙二醇、甘油、二甲基亚砜)可与角叉菜胶溶液混合,角叉菜胶在这类溶剂中的溶解性和溶液的黏度取决于角叉菜胶的类型、相对分子质量和浓度、溶液中存在的阳离子,以及溶剂与角叉菜胶的混合方式等。

角叉菜胶溶液的黏度随其浓度增大近乎呈指数级增加。这种现象是典型的荷电线性聚合物的性质，而且是聚合物链间相互作用增强的结果。过量的盐由于降低了硫酸酯基间的静电斥力从而可以降低角叉菜胶溶液的黏度。不同类型角叉菜胶的溶解性和胶凝能力见表4-24。

表4-24　不同类型角叉菜胶的溶解性和胶凝能力

	κ	ι	λ
溶解性			
20℃水	仅钠盐溶	仅钠盐溶	溶
80℃水	溶	溶	溶
有机溶剂	不溶	不溶	不溶
胶凝能力			
必需离子	K^+	Ca^{2+}	不胶凝
质地	脆性并脱水收缩	弹性无脱水收缩	不胶凝
剪切力作用后再胶凝	否	是	—
稳定性			
中性及碱性	稳定	稳定	稳定
酸性（pH 3.5）	水解，凝胶态下稳定	水解，凝胶态下稳定	水解

3. 应用　角叉菜胶可以应用于各种非注射给药剂型，包括混悬剂、乳剂、局部用凝胶、滴眼剂、栓剂、片剂和胶囊剂等。混悬剂中通常只采用 ι 型和 λ 型，主要起增稠剂和稳定剂作用。

ι 型角叉菜胶可形成触变胶，振摇后容易倾倒。使用时需加入钙离子以形成凝胶网络。如经咽部给药，λ 型角叉菜胶具有最佳的黏附性。κ、ι、λ 型角叉菜胶合用可制备出容易涂布、且顺应性良好的局部用凝胶。

角叉菜胶作为非注射给药制剂的辅料应用日益广泛。例如，角叉菜胶用作片剂的骨架材料显示出良好的黏合剂性能，与其他树脂和淀粉能相容，从而改变药物释放特性。若在骨架片处方中加入钾盐或钙盐，则能够提供形成凝胶的微环境，从而进一步控制药物释放。

角叉菜胶与胶体微晶纤维素复合粉是一种新推出的薄膜包衣产品（商品名 LustreClear™ LC103），与一般常用的纤维素衍生物的包衣产品相比具有表面光滑、易于吞咽、改善标识的架桥现象、可对蜡质基质包衣等优点。

4. 安全性　角叉菜胶已被列入 GRAS，但已知其肌内注射可引发实验性动物炎症，经常用于建立炎症动物模型。角叉菜胶不被胃肠道吸收，没有证据表明其口服会导致溃疡或对人体造成危害。

五、甲壳质和壳聚糖

1. 结构、来源和制法　甲壳质（chitin）又称壳多糖、几丁质，是产量仅次于纤维素的天然来源聚合物。甲壳质也是自然界除蛋白质外储量最丰富的含氮天然有机高分子。甲壳质是 N-乙酰氨基葡萄糖以 β-1，4苷键结合而成的一种氨基多糖，其基本结构是壳二糖（chitobiose）单元，它的结构与纤维素类似，在葡萄糖单元的 2 位羟基上引入乙酰氨基（CH₃CONH—）构成 β-1，4 结合 N-乙酰氨基葡萄糖聚合物。甲壳质的相对分子质量约为 $1.0 \times 10^6 \sim 2.0 \times 10^6$，其结构式见图4-22。

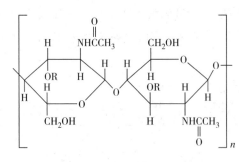

图 4-22　甲壳质的结构式

壳聚糖（chitosan）又称脱乙酰甲壳质，《英国药典》和《欧洲药典》收载其盐酸盐（chitosan hydrochloride），它是甲壳质在碱性条件下脱乙酰基的产物，相对分子质量约为 $3.0 \times 10^5 \sim 6.0 \times 10^5$。根据脱乙酰化程度的不同或含游离氨基的多寡而具有不同的性质。

甲壳质由虾、蟹等动物的甲壳分别经过盐酸和氢氧化钠处理，除去碳酸钙、磷酸盐和蛋白质后制得。甲壳质进一步与热的浓碱溶液作用，其分子上的乙酰基会慢慢脱掉生成壳聚糖。

2. 性质　甲壳质是一种白色、无臭、无定形粉末或半透明的片状物，不溶于水、稀酸、碱溶液和乙醇、乙醚等有机溶剂，溶于无水甲酸、浓无机酸。这是由于甲壳质分子中有乙酰胺基存在，分子间形成很强的氢键。甲壳质这种在水及有机溶剂中的难溶性质，限制了其广泛利用。甲壳质能溶于氯代醋酸和某些有机溶剂组成的二元溶剂，其在不同溶剂中的溶解或溶胀性见表 4-25。

表 4-25　甲壳质在二元溶剂中的溶解情况

有机溶剂	一氯醋酸	二氯醋酸	三氯醋酸	醋酸
CH_2Cl_2	×	△	○	×
$CHCl_3$	×	×	○	
CCl_4	×	×	△	
$ClCH_2CH_2Cl$	×	○		
$ClCH_2CH_2OH$			×	
$ClCH_2CHCl_2$			△	

注：○. 24 小时内溶解；△. 溶胀，数天内溶解；×. 不溶。

与很多天然多糖类化合物相似，甲壳质在碱性水溶液中能与环氧乙烷生成羟乙基甲壳质，也能与氯乙酸反应生成羧甲基甲壳质等衍生物。甲壳质能被溶菌酶、甲壳质酶水解。

壳聚糖的密度为 $1.35 \sim 1.40 g/cm^3$，玻璃化转变温度为 203℃，其 1%（W/V）水溶液的 pH 为 4.0~6.0。壳聚糖具有以下几方面的物理化学性质。

（1）反应活性　壳聚糖是一种带有活泼羟基与氨基的线型聚电解质，可进行化学反应和成盐。壳聚糖所表现出的各种性质与它的聚电解质和多糖结构有关。由于存在大量的氨基，壳聚糖能够与阴离子发生化学反应，因此这两种物质合用会引起理化性质的改变。

壳聚糖分子中的 N 大多以脂肪族伯胺的形式存在，可进行特征氨基反应，例如 N-酰基化和希夫碱（Schiff）反应。壳聚糖的几乎所有功能特性都依赖于它的分子链长度、电荷密度与电荷分布。大量研究表明，不仅壳聚糖在应用时的 pH 值，而且盐的类型、相对分子质量、脱乙酰化程度都能影响其在药剂中的应用性能。壳聚糖游离氨基的邻位为羟基，有螯合二价金属离子的作用，并呈现各种颜色，与铜离子螯合作用最强，其次为锌、钴、铁和锰等，这种螯合作用是可逆的。

壳聚糖吸湿性强，次于甘油，高于聚乙二醇和山梨醇。吸湿后，或水溶液中壳聚糖会发生分解，分解随温度的升高而加快。粉末暴露于光线下易分解，最敏感的波长为 200~240nm 的紫外线。

（2）**溶解性** 壳聚糖在水中少量溶解，在乙醇（95%）、其他有机溶剂，以及中性或 pH 高于 6.5 的碱性溶液中几乎不溶。壳聚糖在绝大多数有机酸的稀溶液或浓溶液中易溶解，在无机酸（除磷酸和硫酸）中有一定程度的溶解。溶解时，聚合物中氨基质子化，使多糖荷正电（RNH_3^+），并使它的盐（盐酸盐，谷氨酸盐等）溶于水中。壳聚糖溶解度受脱乙酰化程度影响，溶液中加入的盐对溶解度也有很大影响。壳聚糖能溶于酸性水溶液中，也称作可溶性甲壳质。

（3）**黏性和胶凝性** 壳聚糖有多种黏度型号的商品。壳聚糖相对分子质量高，为线形结构，没有支链，在酸性环境下是一种极佳的增稠剂。作为一种假塑性流体，其黏度随切变速度的增加而下降。壳聚糖水溶液的黏度随其浓度增加、温度下降和脱乙酰化度增加而增大，此外，也与其相对分子质量、溶液 pH 及离子种类有关。其 1% 水溶液黏度为 100~1000mPa·s。低 pH 条件下，壳聚糖的构象从链状向球形变化，溶液黏度变小。

壳聚糖与盐酸、醋酸等结合可溶于水而形成凝胶，形成凝胶后可以包载药物，减轻药物对胃肠道的刺激，或可控制药物的释放速度。离子强度过高，由于盐析效应，溶解度下降，导致壳聚糖从溶液中析出。当壳聚糖处于溶液中时，由于相邻的氨基葡萄糖单元间的斥力，从而形成伸展构象；加入电解质会减少这种效应，使壳聚糖分子转变为螺旋状构象。

3. 应用 对壳聚糖的研究起始于 20 世纪 70 年代，目前它被公认为很有发展前途的药用辅料，各工业发达国家正在加快其实用化的进程。壳聚糖已载入《中国药典》、BP、PhEur，但甲壳质目前仍未收载入药典，主要是因为后者的来源和原料的质量不稳定。

壳聚糖在医药学、化妆品工业及工农业方面显示出优异的性能和多种用途。在药剂学中，已报道的壳聚糖的应用有：①作为片剂的稀释剂，改善药物的生物利用度及片剂原料的流动性、崩解性和可压性；②具有良好的生物相容性材料，作为植入剂的载体，在体内具有可降解性；③缓控释制剂的赋形剂和控释膜材料，所形成的薄膜对药物有良好的透过性，药物的透过速度与膜的荷电状态有关；也可作为微囊囊材和微球的骨架材料；④具有黏膜黏附性，可用于改善肽类药物的递送效果，应用于结肠定位给药和递送基因、抗癌药物等；⑤可作为外科手术缝合线的材料。

4. 安全性 甲壳质和壳聚糖口服安全无毒，小鼠口服 $LD_{50} > 10g/kg$，小鼠皮下注射 $LD_{50} > 10g/kg$、腹腔注射 LD_{50} 为 5.2g/kg。无皮肤刺激性和眼黏膜刺激性，与人体有很好的相容性，并具有促进伤口愈合的作用及免疫活性。

六、瓜尔胶

1. 结构、来源和制法 瓜尔胶又称愈创树胶（guar gum），是原产印度、巴基斯坦和孟加拉的一年生豆科植物 *Cyamopsis tetragonolobus* 种子中的胚乳，经硫酸浸泡，除去种皮和胚芽后制得。瓜尔胶是半乳甘露聚糖（galactomannan），主链是 β-1，4 苷键结合吡喃甘露糖，每间隔一个甘露糖有一个以 α-1，6 苷键相结合的 α-D-吡喃半乳糖（图 4-23）。半乳糖与甘露糖之比为 1:4~1:2，相对分子质量为 $2.2 \times 10^5 ~ 3.0 \times 10^5$。本品已收载入 NF、BP 和 JPE。

2. 性质 瓜尔胶为白色或淡黄色粉末，密度为 1.492g/cm^3，无味，无臭，不溶于有机溶剂，不溶于油脂和烃类。在冷水或热水中，其 1%（*W/V*）水分散液的 pH 为 5.0~7.0；有极强的溶胀保湿性；其水溶液在 pH 1~10.5 时稳定；1% 溶液的黏度范围在 2.0~22.5Pa·s，pH 7.5~9.0 时，水合作用最好。在水合溶液中加入少量硼酸钠，会形成黏结性

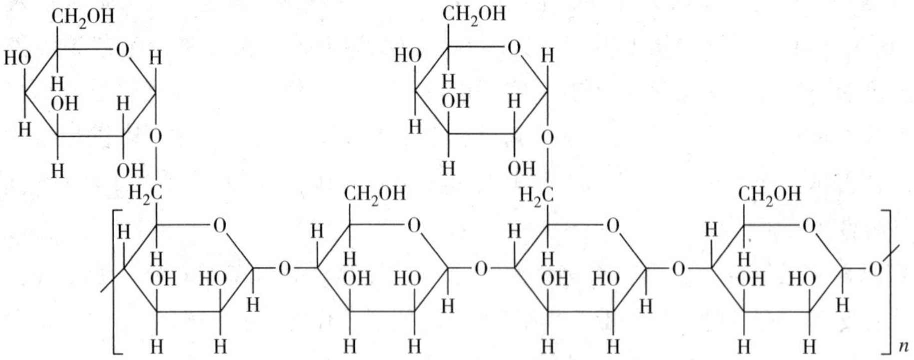

图 4-23　瓜尔胶结构图

凝胶。瓜尔胶比淀粉的增稠性高 5~8 倍，瓜耳胶可迅速分散并立刻溶胀形成高黏度触变性凝胶，室温下在水中浸泡 2~4 小时，可产生最大黏度。在 pH 7.5~9.0 之间达最佳水化速度。

3. 应用　药剂中可作为片剂黏合剂（≤10%）、崩解剂、增稠剂（≤2.5%）、助悬剂、保护胶体、乳剂的稳定剂（1%），其用量在 1%~10% 之间。缓释制剂中，瓜尔胶可代替纤维素衍生物作为缓释材料，如甲基纤维素。本品与微晶纤维素的复合粉（AvicelCE-15）是咀嚼片的理想材料，可减少沙砾感、不黏牙齿、且口感良好。

4. 安全性　瓜尔胶已收载入 USP/NF、PhEur 和 BP，口服安全，小鼠口服 LD_{50} 为 8.1g/kg。过量食用瓜尔胶，溶胀后会造成食道损伤或形成堵塞，因此，不允许用作通便药，英国已禁止将其作为食欲抑制剂的辅料。

七、果胶

1. 结构、来源和制法　果胶（pectin）指可溶性果胶，广泛存在于水果、蔬菜和其他植物的细胞膜中。果胶为天然高分子，由苹果皮或柑橘类果皮等用稀酸提取而得，相对分子质量 3 万~10 万，其结构中 D-半乳糖醛酸以 α-1，4 苷键结合，天然果胶的聚合单元主要是半乳糖醛酸甲酯（甲氧基化的半乳糖醛酸），同时部分羟基乙酰化，低甲氧基化的果胶可能含有酰胺基。果胶的化学结构式见图 4-24。天然果胶按其胶凝能力可分为高度甲氧基化的

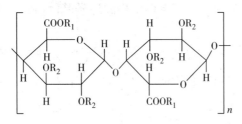

图 4-24　果胶化学结构式

R_1. CH_3，H；R_2. H_3CCO，H

果胶和低度甲氧基化的果胶两种类型。NF 规定药用果胶含甲氧基≤6.7%，含 D-半乳糖醛酸≤74.0%。本品收录于《中国药典》。

2. 性质　果胶为白色、淡黄色无臭的细粉或粗粉，微有胶质口感。果胶溶于水，不溶于乙醇及有机溶剂，可用乙醇、甘油、蔗糖糖浆润湿。

果胶中甲氧基含量越高形成胶冻的能力越强。高甲氧基果胶溶液一般在 pH<3.5 时发生胶凝，在弱酸性条件下稳定，可溶性物质必须在 50% 以上方可形成胶冻。低甲氧基果胶（甲氧基含量低于 7%）溶液，只要有多价离子，如钙、镁、铝等离子存在，即使可溶性物质低于 1% 仍可形成果胶酸盐的胶冻。

3. 应用　果胶在药剂学上作为乳剂的稳定剂，口服缓释制剂（如缓释微丸）的辅料，

还可以作为结肠生物降解制剂的基质。由于激活降解果胶的酶需钙离子，因而果胶与钙盐制成难溶性的果胶钙有利于其在结肠部位降解，低甲氧基化的果胶对钙离子更敏感。果胶也可以与其他聚合物混合制成缓释微球或膜剂，一般与壳聚糖、羟丙甲纤维素作为两相释放的药物制剂的辅料。

果胶在食品和化妆品中应用广泛。《美国药典》规定药用果胶与食品用果胶的质量不同，不允许添加葡萄糖或其他糖类、缓冲盐等。

4. 安全性 果胶口服安全，无毒，无刺激性，也有用于皮下注射的报道。本品已列入GRAS。

八、透明质酸钠

1. 结构、来源和制法 透明质酸钠（sodium hyaluronate，hyaluronan）存在于脊椎动物结缔组织的细胞间隙或胶原微丝的间隙及关节滑液、眼玻璃体、人脐带和皮肤、公鸡冠等生物组织中，其主要作用包括润滑关节、组织保水等。透明质酸钠常以蛋白复合物的形式存在于细胞间隙，在人脐带和皮肤中以凝胶形式存在，在眼玻璃体和滑液中以溶解形式存在，工业上可采用微生物发酵法生产。透明质酸钠作为药用成分已广泛应用于眼科和骨科，近年来透明质酸钠及其酯衍生物作为药用辅料，特别是用于促进生物大分子药物的黏膜吸收也得到广泛的关注。本品已收载入 PhEur 及 BP。

透明质酸钠是一种生物多聚糖，其结构是以 β-1，4-葡糖醛酸和 β-1，3-乙酰氨基葡萄糖结合的双糖重复单元所构成的黏多糖，平均相对分子质量为 $5.0×10^4 \sim 8.0×10^6$，其结构式见图 4-25。

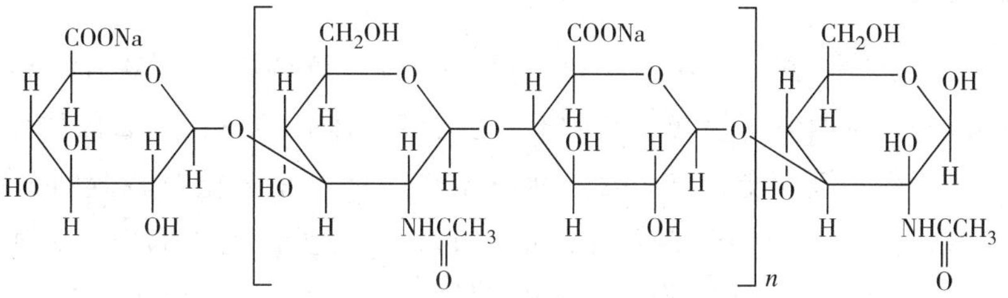

图 4-25 透明质酸钠结构式

2. 性质 透明质酸钠在生理条件下主要以透明质酸形式存在。透明质酸钠为白色至淡黄色粉末或颗粒，极易吸潮。透明质酸钠易溶于水，有很好的亲水性，遇水能高度水化，水化速度因相对分子质量而异，相对分子质量大者水化速度较慢，其溶液具有高度的黏弹性和假塑性，这种良好的流变学性质对医药产品的应用极为有利。透明质酸钠溶液的黏度受到下列条件的影响：①pH（低于或高于7）；②透明质酸酶；③半胱氨酸、维生素C等还原性物质；④紫外线等的影响使其黏度发生不可逆的下降。透明质酸钠不溶于常用的有机溶剂，微溶于有机溶剂与水的混合溶剂。0.5%（W/V）透明质酸钠水溶液的 pH 为 5.0～8.5。

3. 应用 透明质酸作为新型的药物辅料，能够促进药物经黏膜吸收，近年来引起了广泛的关注。由于透明质酸具有特殊的生理功能、理想的流变性、无毒、无抗原性、高度的生物相容性和体内可降解性以及水化后产生的黏弹性，使其成为缓释制剂的理想载体，不但有利于降低最初的药物突释，而且利用透明质酸带负电的聚电解质性质与带有阳离子基团的药物相互作用，对于延缓药物释放也有相当好的效果。由于透明质酸没有抗原性，可以在组织工程中与生物材料联合使用。透明质酸钠水溶液还能形成良好的网状结构，因而具有分子筛作用。

透明质酸已应用于眼科和皮肤科制剂，一般在眼用制剂中浓度为 0.1% ~ 0.25% 的透明质酸即能够增强角膜表面水的存留，改善角膜的润湿性，提高眼部用药的生物利用度。在皮肤科制剂中，含有透明质酸的基质在皮肤表面能形成水化的黏弹性覆盖层，一般选用的透明质酸相对分子质量为 $1.1 \times 10^6 \sim 1.2 \times 10^6$，浓度为 0.1% ~ 0.2%，相对分子质量超过 1.8×10^6 可显著降低药物的渗透性。透明质酸有助于某些疾病的治疗，如肉芽组织的血管生成作用。在治疗血管病变、动脉瘤以及肿瘤时，可将免疫调节剂或抗肿瘤药物加入透明质酸凝胶制成的栓塞剂中，使药物在病变部位局部释放，避免药物的全身毒副作用，达到靶向给药的目的。

透明质酸广泛用于各种复杂的眼科手术；在骨科方面，作为黏弹性补充液（viscosupplementation）治疗多种外伤性关节炎、骨关节炎等取得较好的疗效；外用制剂和化妆品中，可作为天然保湿剂。

透明质酸钠的交联衍生物凝胶可以作为药物传递系统的载体。基于透明质酸钠的交联衍生物的医药制品，在黏弹性手术（viscosurgery）、黏弹性补充液和缓释制剂中的应用显示出优良的性能，最近有报道，其与紫杉醇制成膜剂用来预防外科手术的粘连。另外，透明质酸微球可以用于降钙素、神经生长因子阴道给药，或胰岛素鼻腔给药。

4. 安全性 透明质酸已被 FDA 列入《非活性组分指南》，用于制备局部用凝胶，如眼用制剂。本品小鼠腹腔注射 LD_{50} 为 1.5g/kg，家兔腹腔注射 LD_{50} 为 1.82g/kg，大鼠腹腔注射 LD_{50} 为 1.77g/kg。国外有报道动物实验性致畸。

九、西黄蓍胶

1. 结构、来源和制法 西黄蓍胶（tragacanth）为豆科植物西黄蓍胶树（*Astragalus gumifer labillardiere*）及西亚（伊朗、叙利亚和土耳其等地）产的西黄蓍胶树的干枝被割伤渗出的树胶，经干燥分级而得，其中含有水不溶性、可溶胀多糖黄蓍胶糖（bassorin）为 60% ~ 70%，其余为水溶性多糖黄蓍糖（tragacanthin）。黄蓍糖水解可产生 L-阿糖、L-岩藻糖、D-木糖、半乳糖和半乳糖醛酸。西黄蓍胶除含上述两类糖外，还含有少量的纤维素、淀粉、蛋白质等。西黄蓍胶的相对分子质量约为 840000。本品已收载入《中国药典》、BP、JPE、PhEur、USP/NF。

2. 性质 西黄蓍胶为扁平、层片状带弯曲的碎片，或直、螺旋状的、厚度 0.5~2.5mm 的片状物，也可能为粉状物（50% 通过 200 目筛），呈白色至黄色，透明，无臭，无味，相对密度为 1.50~1.85。本品 1% 水混悬液的 pH 为 5~6。本品难溶于水、乙醇（95%）及其他有机溶剂，遇水易膨胀，体积能增大 10 倍，遇热水或冷水可形成黏性胶液或半凝胶。

本品的黏度与产地、等级有关，一般情况下，其 1% 水溶液的黏度为 100 ~ 4000mPa·s（20℃），温度升高或浓度增加，黏度随之增加，pH 5 时黏度最稳定。

本品干燥状态下稳定，但其凝胶易染霉菌，故含水制品应加防腐剂，一般用 0.1% 苯甲酸（钠）、0.17% 对羟基苯甲酸甲酯或 0.03% 对羟基苯甲酸丙酯。凝胶可热压灭菌，辐射灭菌对黏度有显著影响。

西黄蓍胶与高浓度盐类及天然或合成的助悬剂（如阿拉伯胶、羧甲基纤维素、淀粉及蔗糖）相容性良好。

3. 应用 西黄蓍胶供口服制剂使用或用作食品乳化剂和助悬剂已有悠久历史。可用于乳膏、凝胶和乳剂中，其用量需根据商品等级及处方而定。最近有将其作为心电图导电胶的报道。国内制剂产品中西黄蓍胶不常用。

4. **安全性**　用于口服药物制剂，无毒，偶尔出现较严重的过敏反应，局部使用有发生接触性皮炎的报道。大鼠口服 LD_{50} 为 16.4g/kg，小鼠口服 LD_{50} 为 4g/kg，家兔口服 LD_{50} 为 4g/kg。

十、黄原胶

1. **结构、来源和制法**　黄原胶（Xanthan gum）是糖类物质经野油菜黄单孢菌（*Xanthomonas campesris*）发酵后提取得到的高分子多聚糖，又称苦苷胶、汉生胶或黄单孢菌多糖，具有优越的生物胶性能和独特的理化性质。黄原胶收录于《中国药典》，USP/NF、BP、JPE、PhEur。

黄原胶相对分子质量约为 2.0×10^{6}，具有纤维素主链和低聚糖的侧链，主链 D-葡萄糖以 β-1，4-苷键相连，每隔一个葡萄糖的 C_3 上连接一个由甘露糖-葡萄糖醛酸-甘露糖组成的侧链，侧链甘露糖的 C_6 上带一个乙酰基，末端有一个将 C_4 和 C_6 以丙酮酸缩酮连接的甘露糖。黄原胶形成的刚性聚合物链以单、双或三螺旋的形式存在于溶液中，并且与其他黄原胶分子相互作用，形成复杂的松散结构网络，其结构式见图 4-26。

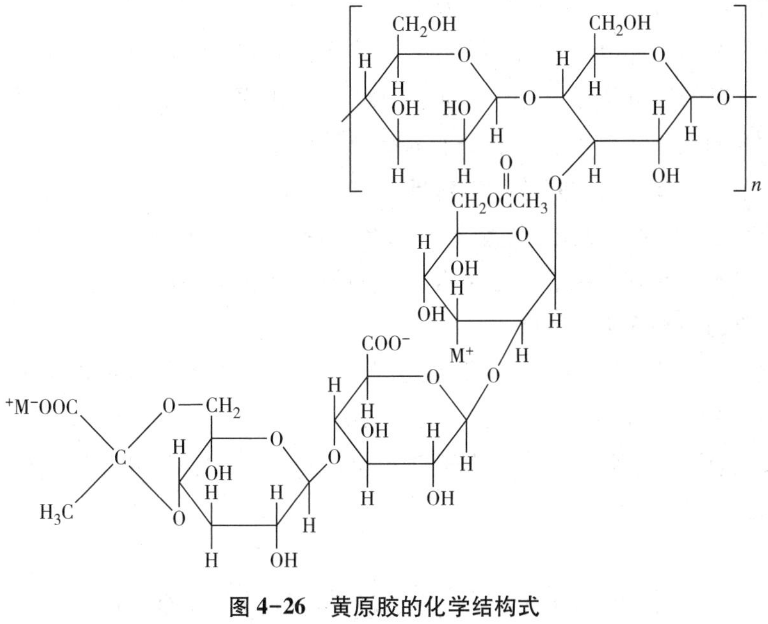

图 4-26　黄原胶的化学结构式

2. **性质**　黄原胶为乳白色或淡黄色、无臭、流动性良好的细粉。溶于冷水或温水，不溶于乙醇及乙醚，但遇 60% 以下的乙醇或丙二醇、甲醇、丙酮时不产生沉淀。黄原胶水溶液在 pH 3~12 和 10~60℃ 条件下都很稳定。黄原胶在水中溶解所需的时间受多种因素影响，如颗粒越大、pH 越低、离子强度越高，则水化及溶解速度越慢。1% 的水溶液动力黏度（25℃）为 1200~1600mPa·s，可见其低浓度时即具有很高的黏性，这一点明显不同于其他高分子亲水胶，10g/L 的水溶液在静置时几乎成凝胶。低浓度的电解质对黄原胶凝胶有稳定作用。与美国 FDA 已批准的多糖类聚合物（如瓜尔豆胶、海藻酸钠、羧甲纤维素）相比，黄原胶的假塑性更突出，黄原胶溶液更易由容器中倾出，这种流变学性质有利于保持制剂产品的适宜性能。

黄原胶分子在溶液中具有刚性棒状构型或螺旋状构型，由于其带有侧链，流体动力学体积很大，分子因氢链缔合或复合，表现出很高的黏弹性，同时由于侧链的作用，纤维素骨架受到保护，故与很多酶、酸、碱及盐类都具有良好的相容性。

黄原胶无热致胶凝作用，其去离子水溶液在高于 60~70℃ 和有电解质存在的条件下，其规则的螺旋结构可转变为无序线团状，导致黏度下降。该过程是可逆的。

黄原胶为聚阴离子电解质，与阳离子型的表面活性剂、聚合物或防腐剂配伍产生沉淀。阳离子型和两性离子型表面活性剂浓度在 15% 以上能使溶解的黄原胶沉淀。在强碱性溶液中，多价金属离子（如钙）能使黄原胶沉淀或胶凝，微量硼酸盐（<300ppm）能使其胶凝，浓硼离子溶液或 pH 降至 5 以下则可避免胶凝，山梨醇或甘露醇也能防止胶凝。

黄原胶可与大多数合成或天然的增稠剂配伍。与纤维素衍生物配伍时，由于黄原胶不含纤维素分解酶，可以防止纤维素衍生物的降解。

3. 应用 液体制剂中，黄原胶常作为增稠剂、助悬剂和乳剂的稳定剂，常用浓度为 200~2000mg/100ml。黄原胶与某些无机助悬剂（如硅酸镁铝，按 1:2~1:9 配比）或某些有机胶类（如瓜尔胶，按 3:7~1:9 配比）混合应用，能形成流变学性质更理想的溶胶。

固体制剂中，黄原胶可作为黏合剂，其黏合力强，且不过于坚硬，也不易出现裂片现象；作为崩解剂，有良好的膨胀性、润湿性和毛细管作用，常以 200 目的细粉与淀粉、微晶纤维素、聚维酮配伍使用，一般用量为 3%~8%。

黄原胶可作为亲水性缓释片的骨架材料，其优异的胶凝特性对亲水性骨架片的性能具有重要作用，表现为以下几点：①快速而良好的水化作用，溶液中离子浓度增加，水化速度变慢；②高度的假塑性和在不同浓度下的高弹性模量；③无热胶凝作用，其流变学性质与温度和离子浓度无关，在不同浓度下都能凝结；④用量不同，药物释放速率不同，用量较高（30%~50%）时可实现接近零级的药物释放特征，且在胃液和肠液中释放模式相同。对于疏水性药物，黄原胶的用量要比亲水性药物低，前者主要通过骨架缓慢溶蚀的机制释放，而后者主要通过扩散机制释放。

4. 安全性 黄原胶广泛应用于口服或局部用制剂中，在药物制剂的常规用量范围内无毒、无刺激性。WHO 允许黄原胶日摄入量为 100mg/kg。狗口服 LD_{50}>20g/kg，大鼠口服 LD_{50}>45g/kg。黄原胶已列入 GRAS，收载于 FDA 的《非活性组分指南》，英国允许用于非注射用制剂。

第四节 蛋白类药用高分子材料

一、人血白蛋白

1. 来源及制法 人血白蛋白（human serum albumin）是自健康人血浆中分离制得的灭菌无热原血清白蛋白，又称清蛋白，为血浆中含量最丰富的一种水溶性球蛋白，占血液总蛋白量的 50%~60%。由人体肝脏细胞合成，成人肝脏每日约合成 12g 白蛋白，其半衰期为 19 天。

自健康人血浆中分离制得的白蛋白有两种制品：一种是从健康人血浆中分离制得的，称人血白蛋白（USP 称 albumin human；BP 和 PhEur 称 human albumin solution）；另一种是从健康产妇胎盘血中分离制得的，称胎盘血白蛋白。在制备时，对血浆或胎盘血原料要进

扫码"学一学"

行肝炎相关抗原 HAA 和转氨酶检查及 HIV 抗体的检查，合格后使用。

临床所用的人血白蛋白是经低温乙醇分离纯化，并经 60℃ 10 小时加热灭活病毒后制成的不同浓度的白蛋白溶液或冻干产品，然后将产品置 30~32℃ 14 天以上或置 20~25℃ 4 周，肉眼观察应无霉菌污染的迹象。本品不含防腐剂，但为防止蛋白在加热灭菌时变性需要加入蛋白稳定剂正辛酸钠和乙酰色氨酸钠。

人血白蛋白是医学上使用量最多的蛋白质，以人血液为原料制造人血白蛋白受到严格的限制。为此，已有基因重组发酵人血白蛋白（rHSA）上市，目前日本、英国已经工业化生产 rHSA，我国已进入临床研究阶段。

2. 结构及性质 白蛋白分子质量 66500Da，由 585 个氨基酸组成，含大量的半胱氨酸（35）、门冬氨酸（36）、谷氨酸（61）、赖氨酸（59）和精氨酸（23）等带电的氨基酸残基。白蛋白的二级结构含有约 55% 为 α-螺旋结构，45% 为 β-折叠片结构和无规线团结构，且分子中含有 7 个二硫键，与疏水作用力、离子键等共同决定了它的三级空间结构：由 3 个连成一排的柔韧球体（区域 I II III）组成的一个椭球体，分子中的氨基酸扭曲成团状或蜂窝状。其结构域 II 和 III 均有一个由疏水性及荷正电的基团所形成的袋状结构，为携带药物分子创造了有利条件，其空间结构见图 4-27。

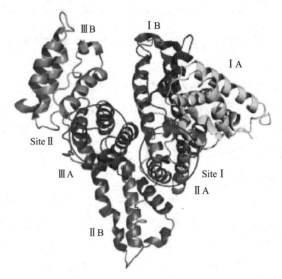

图 4-27 白蛋白的空间结构

固态的人血白蛋白为棕黄色无定形的小块、鳞片或粉末。由于它带有高的净电荷，使其易溶于水，在生理条件下，一个白蛋白分子带有 17 个净电荷，水溶液随其浓度增高由无色变至深黄色，具有一定的黏稠性。白蛋白属于弱酸性蛋白，其等电点 PI=4.7~4.9，较血浆中其他蛋白耐酸耐热，pH 4~9 内稳定，在体积分数为 40% 乙醇中可以溶解，可加热到 60℃ 维持 10 小时仍然稳定，但随蛋白浓度增高热稳定性变差。白蛋白在溶液中的构象和性质是会随溶液中 pH、离子强度等条件发生大的变化。不同 pH 条件下蛋白的空间构象如表 4-26。根据不同的应用需要选择不同的蛋白环境。

表 4-26 白蛋白在不同 pH 条件下的结晶形状

pH	结构	α-螺旋（%）
pH 2.7	伸展呈线状	35
pH 4.3	伸展呈条状	45

续表

pH	结构	α-螺旋（%）
pH 5.0	心形	55
pH 7.0	无晶体	48
pH 10	无晶体	48

3. 应用 白蛋白的生理作用主要是维持血浆的胶体渗透压（占血浆总的胶体渗透压的75%~80%），以及运输游离脂肪酸、胆红素、激素及药物分子等。随着对人血白蛋白的深入研究以及蛋白分离提纯技术的发展，白蛋白的应用也越来越广泛。

（1）治疗作用的白蛋白在临床上用于补充血容量以及提高胶体渗透压，25%的白蛋白20ml能维持的胶体渗透压约相当于100ml血浆或200ml全血的效果；作为血浆代用品，以治疗严重急性的白蛋白损失（如失血，脑水肿，低蛋白血症，肝硬化及肾脏病引起的水肿和腹水等）。

（2）作为稳定剂。为增强多肽类药物和生物制品的稳定性，通常需要加入与药物相容的稳定剂。人血白蛋白一方面由于它的稳定性和溶解性较好；另一方面，它还可以阻止蛋白质吸附于容器壁，因而广泛用于疫苗等生物制品中。HSA在市售的生物制剂中常被用作稳定剂，浓度从0.003%~5%，但通常使用1%~5%的浓度。同时，也常被用作注射药物的共溶剂，在冷冻干燥过程中也被用作冻干保护剂。

（3）由于白蛋白的安全无毒、无免疫原性、可生物降解，并且是一种不具有调理作用的蛋白，可避免对最终制剂产生毒性的优势，它作为药物和基因载体、诊断试剂、手性物质分离剂等的应用更加引人瞩目。作为抗癌药紫杉醇载体开发的紫杉醇白蛋白纳米粒Abraxane®已于2005年被FDA批准上市，用于治疗联合化疗失败的或者辅助性化疗后6个月以内复发的乳腺癌。其制备原理是白蛋白作为乳化剂吸附于有机相的表面，同时和油相中的药物相互作用，当达到平衡时与白蛋白所作用的紫杉醇达到最大量，此时利用均质过程中所产生的超氧化物离子将白蛋白分子内的二硫键断裂和氧化位于34位的游离-SH，从而形成分子间新的二硫键，使白蛋白分子间发生交联，形成稳定的蛋白衣壳。减压除去有机溶剂后，药物一部分以无定型态包裹于蛋白壳内，另一部分以结合型存在。白蛋白在体内有一条独特的小窝蛋白传递通道使药物到达肿瘤部位，使药物有肿瘤靶向性。临床的应用结果显示它较含有聚氧乙烯蓖麻油的紫杉醇注射液疗效更好，毒性更低，且病人的顺应性也得到提高。

（4）在药物传递系统研究中，白蛋白被用于制备微球和微囊、抗癌药栓塞的载体，以及包载难溶性药物的白蛋白微球、纳米粒等微粒制剂。

4. 安全性 白蛋白通常被认为基本上无毒、无刺激性，在FDA的《非活性组分指南》中已收载，主要用于静脉注射。白蛋白注射液的不良反应除恶心、呕吐、唾液分泌增加、发冷、发热反应外，其他不常见。白蛋白禁用于严重的贫血和心衰患者。

白蛋白的豚鼠 LD_{50}（静脉注射）19mg/kg；小鼠 LD_{50}（静脉注射）18mg/kg；大鼠

LD$_{50}$（静脉注射）17mg/kg。白蛋白在人体内无抗原性，能被降解吸收。

二、明胶

1. 来源及制备 明胶（gelatin）是以动物的骨、皮（多为猪、牛的结缔组织或硬骨组织）为原料，通过反复洗浸、脱脂中和、蒸煮液化、灭菌过滤、浓缩烘干等几十道工序得到的含 18 种氨基酸的直链聚合物，通常是平均相对分子质量 15000~25000 之间的多肽混合物。它是胶原（一种纤维蛋白）在温和条件下断链的产物。根据明胶的用途和品质不同，分为医用明胶、食用明胶、工业明胶、照相明胶。其中，相对医用明胶和食用明胶，工业明胶杂质较多，所以在实际生活中有相关法律严禁将工业明胶流入医药和食品领域。目前对明胶的划分主要还是根据其制备方法分为酸法明胶（gelatin A）、碱法明胶（gelatin B）和酶法明胶，制备方法如下。

酸法明胶：通过酸液浸取使胶原水解成不同分子质量多肽制取明胶的方法称为酸法。酸法制胶的步骤：将原料（一般是猪皮）先用冷水洗净，浸渍于 pH 为 1~3 的酸液（浓度不超过 5% 的盐酸、硫酸或磷酸），在 15~20℃ 消化至完全胀开（24~48 小时），再用水将膨胀的原料洗去过量的酸，在 pH 3.5~4 时，用热水提取，再经过浓缩、干燥一系列处理，得到酸法明胶。

碱法明胶：用石灰悬浮液、氢氧化钠溶液等碱性溶液预处理含有胶原的原料来生产明胶的方法称为碱法。碱法制胶的步骤：将含胶原的原料首先经浸灰、水洗和除脂等方式进行预处理，其次将含胶原的原料（已预处理的动物骨骼、皮等）置于石灰悬浮液或氢氧化钠中，温度保持在 15~20℃ 的，1~3 个月后用清水洗去残留氢氧化钙。最后用酸（盐酸、硫酸或磷酸）中和，再用热水提取已被降解的多肽混合物，之后过程同酸法明胶经过浓缩、干燥一系列处理得到碱法明胶。酸法和碱法凝胶性质区别见表 4-27。

表 4-27 酸法明胶和碱法明胶的理化性质

性质	酸法明胶（gelatin A）	碱法明胶（gelatin B）
灰分（%）	0.3~2.0	0.5~2.0
密度（g/cm³）	1.325	1.238
黏度（mPa·s）	15~17	20~75
等电点	7.0~9.0	4.7~5.4
pH（1% *W/V* 溶液，25℃）	3.8~5.5	5.0~7.5
胶凝强度（勃卢姆值）	50~300	50~280

酶法明胶：用酶处理使胶原降解制备明胶的方法称为酶法明胶。但技术不够成熟，未有产品上市。

2. 结构及性质 明胶具有蛋白质的一般物理与化学性质，其组成单元和胶原纤维蛋白基本保持一致，但因制法不同而略有差别。明胶含有 18 种氨基酸（甘氨酸、脯氨酸、羧脯氨酸、谷氨酸、天冬氨酸、丙氨酸、苯丙氨酸、精氨酸、赖氨酸、羟赖氨酸、丝氨酸、白氨酸、缬氨酸、苏氨酸、组氨酸、酪氨酸、蛋氨酸、异白氨酸），含 7 种人体必需氨基酸，各类氨基酸所占比例不同，甘氨酸约占 1/3，脯氨酸与羟脯氨酸约占 1/3，其他占 1/3。明胶含适量水分和无机盐（约 16%），是一种不含脂肪的高蛋白（含蛋白量>82%），其中所含的水分起增塑剂的作用。

（1）溶解性　明胶成品为无色或淡黄色、透明或半透明而坚硬的薄片或微粒，属于非晶体物质，颜色越白品质越好。根据来源不同，明胶的性质也有较大的差异，其中以猪皮明胶性质较优，透明度高，可塑性强。明胶不溶于冷水，但可缓慢吸水膨胀软化，明胶可吸收相当于其自身重量 5~10 倍的水，能够溶解于温水、甘油、山梨醇、醋酸、水杨酸和苯二甲酸中；温水作为明胶最普遍的溶剂时，需要加入甘油等作为明胶的增塑剂。

明胶分子与其他蛋白质一样，在不同 pH 溶液中，可成为正离子、负离子或两性离子。在等电点时，溶胀吸水量最小，加入脱水剂时，在 40℃ 以上能出现单凝聚。明胶在所有 pH 范围内都易溶于水，如加入与明胶分子上电荷相反的聚合物，则带电荷的聚合物能使明胶从溶液中析出，例如阿拉伯胶带负电荷，能和带正电荷的弱酸性明胶溶液反应，溶解度急剧下降。这种共凝聚作用在制剂工艺上最重要的用途，就是制备微囊。

（2）胶凝性　明胶溶于热水形成热可逆性凝胶。明胶在溶液本体中形成由重复肽键—CO—NH—缠绕成的网状组织，具有极其优良的物理性质。明胶溶液形成凝胶的浓度最低极限值约为 0.5%，其水溶液中分子存在两种可逆变化的构型：溶胶形式、凝胶形式，溶胶形式存在于较高的温度（35℃）以上。在 15~35℃ 的范围内，两种形式的明胶分子以平衡状态共存。凝胶存在的温度最高为 35℃。凝胶形成后，它的结构向胶原构型的变化历时很长，要经历不同阶段，其螺旋结构的比例逐步增加。明胶分子互相结合而成三维空间的网状结构，明胶分子的运动受到限制，但其中间夹持的大量液体却有正常的黏度，电解质离子在其中的扩散速度和电导与其在溶胶中相同。

（3）黏度　明胶溶液具有很高的黏度，它在室温下容易形成网状结构，阻碍流动，因而黏度增加。明胶相对分子质量愈大，分子链愈长，则愈有利于形成网状结构，黏度也愈大。《中国药典》明胶的黏度测定是以一种相对值来反映其质量。

（4）稳定性　明胶在室温、干燥状态下比较稳定，可放置数年，在较高的温度（35~40℃）和湿度下保存的明胶倾向于失去溶解性，其原因或许是明胶分子的聚合，此外还包括交联和氢键作用。在水溶液中，明胶能缓慢地水解转变成相对分子质量较小的片断，黏度下降，失去凝胶能力。当温度超过 50℃ 时，明胶水溶液会发生缓慢降解。65℃ 以上降解作用加快，加热至 80℃ 持续 1 小时后，凝胶强度将减少 50%，相对分子质量越小，降解越快。明胶对酶的作用很敏感。

3. 应用　明胶作为一种天然高分子材料具有无毒、无刺激性、可生物降解，且来源广泛，价格低廉，又具有极其优良的理化性质（胶冻力、亲和力、高度分散性、分散稳定性、持水性、被覆性、韧性和可逆性等），其应用非常广泛。

（1）在医药领域，利用明胶有吸水膨胀作用，将其开发成止血海绵，外科敷料等产品。

（2）用于制备软胶囊和硬胶囊。软胶囊和硬胶囊的囊材主要成分都是明胶、增塑剂和水，但硬度和柔韧性差别甚大，主要是因明胶种类及增塑剂种类和量的不同。

（3）明胶的高度分散性、黏性、可塑性等性质使其在药剂中可作为包衣剂、成膜剂、片剂黏合剂和增黏剂。由于明胶制成的颗粒较硬、片剂硬度较大，适用于口含片，使片剂在口腔中缓慢崩解，并对舌有滑润舒适感。此外，它的应用还包括糊剂、锭剂和栓剂。植入递药系统中把它用作生物可降解的骨架材料。

（4）明胶具有性质稳定、有适宜的释药速率、无毒、无刺激性、能与药物配伍，不影响药物的药理作用及含量测定，有一定的强度、弹性及可塑性，具有符合要求的黏度、渗透性、亲水性、溶解性，符合微囊囊材的要求。适用于单凝聚法和复凝聚法制备微囊。

（5）明胶的化学衍生物具有多种用途。明胶衍生物作为血浆代用品已在临床应用，目前使用广泛的产品有氧化明胶、尿素交联明胶（又称聚明胶肽）、琥珀酰明胶。明胶通过衍生化改性，克服了明胶胶凝点高，不适宜作为血浆代用品的缺点。国内已有多家企业生产，主要用于外伤引起的失血性休克，严重烧伤、败血症、胰腺炎等引起的失体液性休克。另外，也用于预防较大手术前可能出现的低血压以及用于体外循环，血液透析时的血容量补充。

三、玉米朊（玉米蛋白）

1. 来源与制法　玉米朊（Zein）别名玉米蛋白，玉米醇溶蛋白。玉米朊为玉米 *Zea mays Linné*（*Gramineae*）麸质中所提取得的一类醇溶蛋白，其中不含赖氨酸或色氨酸，其大致的氨基酸组成如下：丙氨酸 8.3%、精氨酸 1.8%、天冬氨酸 4.5%、胱氨酸 0.8%、谷氨酸 1.5%、谷酰胺 21.4%、甘氨酸 0.7%、组氨酸 1.1%、异亮氨酸 6.2%、亮氨酸 19.3%、甲硫氨酸 2.0%、苯丙氨酸 6.8%、脯氨酸 9.0%、丝氨酸 5.7%、苏氨酸 2.7%、酪氨酸 5.1%、缬氨酸 3.1%。《中国药典》、USP/NF 及《日本药局方》中均有收载。含氮（以干品计）为 3.1%~17.0%，相对分子质量约 38000。玉米朊可由玉米高筋粉以异丙醇为溶剂抽提而得。

2. 性质　玉米朊为白色至淡黄色粉末或小片，无臭无味。本品几乎不溶于水、95%乙醇、丙酮和乙醚，溶于乙醇的水溶液、丙酮的水溶液，在 70%含水丙酮中溶解度最小，但在浓度为 60%~70%的乙醇溶液中溶解度最大。可溶于 pH 11.5 以上的碱性水溶液。本品密度为 1.23g/cm^3。完全干燥时，加热至 200℃无明显分解。

3. 应用　本品可用作片剂包衣材料（15%~20%）。薄膜衣溶液的配方：玉米朊 0.5kg，邻苯二甲酸二乙酯 0.15kg，乙醇（95%）9.5kg。本品包成的薄膜衣有很多优点，对热稳定，有一定抗湿性，机械强度大，而对崩解影响不大，且可受胃肠道中酶的降解。也可做湿法制粒的黏合剂（30%）。此外还可用作乳化剂和发泡剂、缓释衣膜、微囊囊材，膜剂的成膜材料。氢化可的松涂膜剂即用玉米朊为成膜材料制得。

4. 安全性　玉米朊存在于天然食品中，安全无毒，已列入 GRAS。可用于口服。

第五节　天然橡胶和古塔波胶

一、天然橡胶

1. 来源与制备　天然橡胶是从三叶橡胶树分泌的乳胶，经凝固，加工而制得，一般在 5~7 年的橡胶树树皮上倾斜切口采集。

2. 性质　纯的天然橡胶软且发黏，抗张强度差，易溶于多种有机溶剂中（如汽油、二硫化碳、三氯甲烷、四氯化碳、苯等），无确定的熔点，加热后慢慢软化，到 130~140℃完全软化为熔融状态，200℃左右开始分解，270℃急剧分解。天然橡胶有良好的耐碱性，但却受浓强酸的侵蚀，也是一种化学反应能力较强的物质，光，热，臭氧，辐射，屈挠变形，以及铜、锰等金属都能促进橡胶的老化。经硫化处理后，可提高其弹性、强度和耐腐蚀性等，进而制成各种橡胶制品。经改良后的天然橡胶在常温下具有较高的弹性，略有塑性，良好的机械强度，较好的绝缘性，耐摩擦性。

扫码"学一学"

3. 应用　天然橡胶是目前应用最广泛的通用橡胶，从轮胎，胶管，胶带等工业橡胶制品到雨衣，雨鞋等日常生活用品，再到医疗卫生用品，都发挥着其独特的作用。

橡胶在药品包装中得到广泛应用。其作为包装材料具有优良的性质：良好的柔性，回弹性（源于直链结构），压缩成型性，非热塑性，故能耐受高温灭菌和其他灭菌过程，在产品有效期内保持密封并且在针头穿刺后重新密封，还能适应包装瓶的大小形状的变化。此外，天然橡胶还可用于压敏胶和缓释材料，可制成硬膏剂，贴布剂等。

虽然以往天然橡胶一直在使用，但天然橡胶胶乳和天然蛋白所引发的过敏反应也一直是医药领域关注的问题。采用合成的聚异戊二烯代替天然橡胶可在一定程度解决这一问题。

二、古塔波胶

1. 来源与制备　古塔波胶是野生天然橡胶的一种，它来自于东南亚热带雨林的古塔波树（*palaquium gulla*）和南美的巴拉塔树（*mimusops balala*），主要成分为反式-1，4-聚异戊二烯。而在中国有一种特有的杜仲树，它不仅作为一种名贵的中药，还可从其根、茎、叶、花、果实、种子的含胶细胞中提取出主要成分为反式-1，4-聚异戊二烯的天然高分子材料，但各个部位的含胶量并不一致，杜仲皮中含胶细胞主要分布于韧皮部；杜仲叶中含胶细胞主要分布于主脉韧皮部和各级叶脉韧皮部的上下薄壁组织中，海绵组织中也有分布；果实和种子中含胶细胞主要分布于皮的薄壁组织中，由于具有相同的分子组成，故杜仲胶也被称为古塔波胶。古塔波胶的提取步骤为：细胞壁破除、提取古塔波胶，分离与纯化，即得。

2. 理化性质　古塔波胶是硬质橡胶的一种，属于非弹性体，室温下质硬，耐摩擦，耐水，耐酸碱，熔点低，高度绝缘。古塔波胶是天然柔性链高分子，软化点60℃左右，在热水中能变软，冷却时又变硬，可塑性强。由于其有双键，反式结构的特性，且其长链分子处于有序状态，故能够聚集而结晶。

3. 应用　古塔波胶是天然橡胶，且具有优良的性能，早期主要用作海底电缆和高尔夫球，经过改良和转化之后，使其在医药学中也发挥出巨大作用。改良后的古塔波胶处于塑料和橡胶的过渡区，它既可作为塑料，又可作为橡胶弹性材料，还能用作热弹性材料，将其应用于形状记忆材料、天线密封材料、高温阻尼材料，防腐材料，化工材料，宇航用特种材料，高冲击性材料等。在医药学中，作为医用材料可用作骨科外固定夹板，与石膏或石膏绷带相比，古塔波胶夹板重量轻，硬度适中，舒适无刺激，且透气性及透X光性好，拆去时不用锯开、操作方便、安全等特点得到医护人员及患者的认可；此外，还可以用作假肢套，由于其低温可塑，残疾人可对假肢套加热塑形，调整后能更好吻合。

参考文献

［1］郑俊民. 药用高分子材料学［M］. 3 版. 北京：中国医药科技出版社，2009.

［2］方亮. 药用高分子材料学［M］. 4 版. 北京：中国医药科技出版社，2015.

［3］郭圣荣. 药用高分子材料［M］. 北京：人民卫生出版社，2009.

［4］郑俊民，等译. 药用辅料手册［M］. 北京：化学工业出版社，2004.

［5］王浩. 制剂技术大全［M］. 北京：科学出版社，2009.

［6］CARTER D C, HE XM, MUNSON SH, et al. Three dimensional structure of human serum albumin［J］. Science，1989，244（4909）：1195-1198.

扫码"练一练"

［7］FENG X L, JIN Y T, SU Z G. Instability of proteins during bioseparation and the strategy for anti-denaturation ［J］. Prog Biotechnol（生物工程进展），2000，20（3）：67-71.

［8］Raymond C R, Paul J S, et al. Handbook of pharmaceutical excipients（Seventh edition）［M］. London：Pharmaceutical Press and the American Pharmacists Association，2012.

第五章 药用合成高分子材料

随着缓控释制剂、靶向给药制剂等新型药物制剂的研究和生产的不断增长，合成药用高分子材料的研发和应用得到迅速发展，有些已经成为创新制剂的基本材料。本章系统地介绍已收载到多国药典的药用合成高分子材料的制备、性质及其在药剂学中的应用，以及经物理或化学加工得到的药用合成高分子材料制品和药品包装用高分子材料。

药用合成高分子材料大多有明确的化学结构和相对分子质量，来源稳定，性能优良，可供选择的品种及规格较多。但与天然药用高分子材料相比，必须严格控制材料中混杂的未反应单体、残留的引发剂/催化剂和小分子副产物等，以避免可能由此产生的生物不相容性问题以及与药物的配伍禁忌。

第一节 丙烯酸类均聚物和共聚物

一、聚丙烯酸和聚丙烯酸钠

（一）化学结构和制备

聚丙烯酸（polyacrylic acid，PAA）由丙烯酸单体加成聚合生成，用氢氧化钠中和聚丙烯酸即得聚丙烯酸钠（sodium polyacrylate，PAAS），两者均为水溶性聚电解质，其化学结构如下：

$$\begin{array}{cc} \left. \begin{array}{c} -\!\!\!\!+\!CH_2\!-\!CH\!+\!\!\!\!-_n \\ | \\ C\!=\!O \\ | \\ OH \end{array} \right. & \left. \begin{array}{c} -\!\!\!\!+\!CH_2\!-\!CH\!+\!\!\!\!-_n \\ | \\ C\!=\!O \\ | \\ ONa \end{array} \right. \\ PAA & PAAS \end{array}$$

聚丙烯酸可用丙烯酸单体直接在水性介质中聚合制得，引发剂为硫酸钾、过硫酸铵或过氧化氢等。聚合反应温度控制在50~100℃。本法可以合成相对分子质量高达百万的聚丙烯酸。反应中，通过加入异丙醇、次磷酸钠或巯基琥珀酸钠等链转移剂可调节聚合物的相对分子质量。升高反应温度、提高单体和引发剂的浓度均可减小聚合物的相对分子质量。

聚丙烯酸也可通过丙烯酸单体在非水介质中聚合制得，引发剂可使用过氧化苯甲酰或偶氮二异丁腈，也可采用光引发。此外，还可通过聚丙烯酸酯水解制备聚丙烯酸。

聚丙烯酸钠常用氢氧化钠中和聚丙烯酸水溶液，或用丙烯酸钠直接在水中聚合制得，但在用碱中和丙烯酸制备丙烯酸钠单体时，由于有大量热产生，很容易同时导致聚合，而且中和程度不同，制得的聚合物的相对分子质量也不同。

实际生产中，应控制残余单体量在1%以下，低聚物量在5%以下，且无游离碱存在。

（二）性质

聚丙烯酸为硬而脆的透明片状固体或白色粉末，遇水易溶胀和软化，在空气中易潮解。聚丙烯酸的玻璃化转变温度（T_g）为102℃，随着分子中羧基被中和，T_g逐渐升高，中和度为60%的聚丙烯酸钠盐的 T_g 为162℃；聚丙烯酸钠的 T_g 为251℃。

1. 溶解性　聚丙烯酸易溶于水、乙醇、甲醇和乙二醇等极性溶剂，在饱和烷烃及芳香烃等非极性溶剂中不溶。聚丙烯酸钠仅溶于水，不溶于有机溶剂。

聚丙烯酸在水中解离成高分子阴离子和氢离子（$pK_a = 4.75$），当被碱中和以及形成聚丙烯酸钠时，解离程度增加，在水中的溶解度增大；但当溶液中的氢氧化钠过量时，钠离子与羧酸根离子的结合机会增多，解离度减小，溶解度下降，溶液由澄明变得混浊。当溶液中存在氢离子（如加入盐酸）或一价盐离子时，也发生相同现象。聚丙烯酸钠对盐类电解质的耐受能力更差。

碱土金属盐可使聚合物的稀溶液生成沉淀，使聚合物浓溶液形成凝胶，碱土金属离子与羧酸根离子结合使聚合物在水中不再溶解。

2. 黏度和流变性　影响聚合物溶解度的各种因素也影响聚合物溶液的黏度。溶解度越大，黏度也越大。在低 pH 和盐溶液中，聚合物的黏性均减小。升高溶液温度亦有类似影响。

在测定聚丙烯酸水溶液的黏度时，表现出明显聚电解质效应，即溶液的比浓黏度（η_{sp}/c）随溶液的稀释而升高，在达到某一最大值后，随进一步稀释而下降。

聚丙烯酸及其钠盐的水溶液呈现假塑性流体性质。在高剪切应力下溶液的黏度显著下降，聚合度越高或溶液浓度越大，这种流变性质越明显，并表现出较强的触变性。此时，大分子还可以对溶液中共存的固体粒子产生强烈吸附作用形成稳定的三维网状结构，具备类似凝胶的性质。

3. 化学反应性

（1）中和反应　聚丙烯酸类可与各种碱发生中和反应，与多价金属碱中和生成不溶性盐。

（2）酯化反应　在较高温度下，聚丙烯酸可与乙二醇、甘油、环氧烷烃等发生酯键结合形成交联型聚合物。

（3）络合反应　聚丙烯酸和聚醚（如聚氧乙烯）常温下可生成不溶于水的络合物。

（4）脱水和降解反应　在150℃以上，聚丙烯酸分子内脱水形成含六环结构的聚丙烯酸酐，同时分子间作用缩合形成网状异丁酐类聚合物。当温度提高至300℃左右，逸出 CO_2，可进一步缩合成环酮，并逐渐分解。

聚丙烯酸钠有较好的耐热性。

（三）应用

聚丙烯酸和聚丙烯酸钠主要在软膏、乳膏、搽剂、凝胶贴膏等外用制剂及化妆品中作为基质、增稠剂、分散剂、增黏剂。常用聚丙烯酸钠或有机胺中和的聚丙烯酸，相对分子质量在 $2.0 \times 10^4 \sim 6.6 \times 10^4$ 范围内，常用量视用途不同在 0.5%~3% 之间。

聚丙烯酸具有较好的生物黏附性，与其他水溶性聚合物（如聚维酮、聚乙二醇等）共混制备凝胶贴膏的压敏胶。还用于制备多肽及蛋白质药物的口服或黏膜给药制剂。

聚丙烯酸可形成水凝胶，在高于其 pK_a 时，—COOH 呈解离状态，增加了凝胶的水合程度，导致其体积膨胀，呈现 pH 敏感性。

常将丙烯酸与其他单体共聚形成共聚物水凝胶以改善聚丙烯酸水凝胶的性能，如 pH 敏感的乙烯基吡咯烷酮-丙烯酸共聚物（PVP-PAA）以及温度和 pH 双敏感的 N-异丙基丙烯酰胺-丙烯酸共聚物（PNIPAM-PAA）。

（四）安全性

聚丙烯酸和聚丙烯酸钠对人体无毒，即使摄入也不消化吸收，聚丙烯酸钠小鼠口服 $LD_{50} > 10g/kg$，皮肤贴敷试验亦未见刺激性。

二、交联聚丙烯酸（含卡波姆、聚卡波菲）

（一）交联聚丙烯酸钠

1. 化学结构和制备 交联聚丙烯酸钠（Cross-linked sodium polyacrylate）是以丙烯酸钠为单体，在水溶性氧化-还原引发体系（过硫酸盐）和交联剂（二乙烯基类化合物）存在下经沉淀聚合形成的水不溶性聚合物。其化学结构式如下：

$$\sim\!\!\!\sim CH_2\!-\!CH\!-\!CH_2\!-\!CH\!-\!CH_2\!-\!CH\!-\!CH_2\!-\!CH_2\!\sim\!\!\!\sim$$

将聚合产物用甲醇萃取出其中未反应的单体和低聚物，干燥后粉碎得到白色或微黄色的颗粒状粉末。目前国内生产的药用交联聚丙烯酸钠有 SDL-400 等品种。

2. 性质 交联聚丙烯酸钠在水中不溶，但能迅速吸收自重数百倍的水分而溶胀，是一种优良的高吸水性树脂材料。吸水机理与其聚电解质性质有关，羧酸基团吸引与之配对的可动离子和水分子，产生很高的渗透压，结构内外的渗透压差以及聚电解质对水的亲和力，促使大量水迅速进入树脂内。外部溶液中存在盐离子时，渗透压差减小，同时抑制羧酸基团解离，树脂的吸水量和吸水速度均减弱。此外，树脂网络结构的孔径、交联度和交联链的链长、树脂粒度等也影响吸水能力。

树脂吸水后具有很高的凝胶强度和弹性，即使施加一定的压力也不能将水分挤出，但长时间受热吸水率下降。

3. 应用 交联聚丙烯酸钠主要用作外用软膏或乳膏的基质，也是凝胶贴膏的主要基质材料，具有保湿、增稠、皮肤浸润、胶凝等作用。在软膏中用量为 1%～4%，在凝胶贴膏中常用量为约 6%。

此外，交联聚丙烯酸钠大量用作医用尿布、吸血巾、妇女卫生巾等一次性复合卫生材料的主要填充剂或添加剂。

4. 安全性 交联聚丙烯酸钠的安全性参见聚丙烯酸钠。

（二）卡波姆

1. 化学结构和制备 卡波姆（carbomer）为丙烯酸键合蔗糖（或季戊四醇）的烯丙基醚的聚合物，其中丙烯酸羧酸基团含量为 56%～68%，商品名为 Carbopol。根据聚合时使用的材料不同和聚合度的不同，卡波姆有多种类型和品种，常用的有卡波姆 934、卡波姆 934P、卡波姆 940、卡波姆 941 以及卡波姆 1342 等，其中 P 代表口服级。USP-NF 中还收载了卡波姆共聚物、卡波姆均聚物以及卡波姆互聚物。卡波姆共聚物系指丙烯酸和甲基丙烯酸长链烷基酯与季戊四醇烯丙基醚交联的高分子共聚物，但不包括在苯液中交联形成的共聚物；卡波姆均聚物系指丙烯酸与蔗糖（或季戊四醇）烯丙基醚交联的聚合物，但不包括在苯液中交联形成的均聚物；卡波姆互聚物系指含有聚乙二醇与长链烷基酸酯的嵌段共聚物的卡波姆均聚体或共聚体。此外，还有 Carbopol 980、Carbopol 981、Carbopol 1382、Carbopol Ultrez 10、Carbopol Ultrez 20、Carbopol Ultrez 21、Carbopol Ultrez 30、Carbopol ETD 2020、Carbopol ETD 2050 等品种。

卡波姆 900 系列是在苯、乙酸乙酯或乙酸乙酯与环己烷混合液中交联聚合而成，如：

$$\left[CH_2-\underset{COOH}{CH} \right]_x \left[C_3H_5-OC_{12}H_{21}O_{11} \right]_y$$

卡波姆 1300 系列系将聚合物骨架用甲基丙烯酸长链烷基酯进行疏水改性而得。

2. 性质 卡波姆是一种白色、疏松、酸性、引湿性强、有特征性微臭的粉末。

（1）**溶解、溶胀及凝胶特性** 卡波姆 1% 水分散体的 pH 为 2.5~3.5。卡波姆在水中可迅速溶胀，形成交联的微凝胶。卡波姆具有较弱的酸性，用碱中和时，在水、醇和甘油中逐渐溶解，黏度迅速增大，低浓度时形成澄明溶液，浓度较大时形成具有一定强度和弹性的半透明状凝胶。在乙醇中需加入长链脂肪胺或乙氧基长链脂肪胺中和；在甘油中需加入水溶性有机胺中和。随着碱的加入，开始时黏度逐渐增加，在 pH 6~11 之间达到最大黏度或稠度且十分稳定，更高 pH 时黏度反而下降。卡波姆凝胶具有显著塑性流变性质。

卡波姆分子溶胀、溶解及黏度变化的原因在于分子中存在大量羧基。粉末状的卡波姆分子链卷曲很紧，分散于水中后，其分子即与水合分子链产生一定程度的伸展而溶胀，此时溶液黏度很低；当用碱中和时，分子中的羧基解离，长链进一步伸展，分子体积增大1000 倍之多，形成弥漫状结构，黏度增加。

利用氢键结合也可实现卡波姆的溶胀与凝胶化，如含 5 个或以上乙氧基的非离子表面活性剂可与其形成氢键，使卡波姆卷曲的分子张开而增稠，但此过程需时较长。该法适于对碱敏感药物的包埋。

（2）**乳化及其稳定作用** 卡波姆在乳剂系统中的最大优点是具有乳化和稳定双重作用。一方面分子中存在的亲水和疏水部分（如 Carbomer 1342）使其具有乳化作用，另一方面可在较大范围内调节两相黏度（大部分型号均可采用）。卡波姆部分用水溶性无机碱中和、部分用油溶性（长链）有机胺中和是发挥其稳定作用的关键。

（3）**稳定性** 固态卡波姆较稳定，104℃ 加热 2 小时不影响其性能，但 260℃ 加热30min 完全分解。

卡波姆宜中和后使用，中和后的凝胶正常情况下不发生水解或氧化，反复冻融也不被破坏；在 pH 5~11 范围内可高压蒸汽灭菌或 γ-射线照射，但 pH 过高或过低使其黏性变差。长时间贮存后黏性略有增加，光照下贮存时黏性损失很大，可加入抗氧剂减缓反应。卡波姆的水分散液中需加防腐剂，但高浓度的某些抑菌剂（如苯扎氯铵、苯甲酸钠）会使黏度减小，且产生沉淀。高浓度电解质可使卡波姆凝胶崩散，溶液或凝胶黏性下降；阳离子聚合物等可与卡波姆形成不溶性盐。

3. 应用

（1）**黏合剂与包衣材料** 卡波姆可作颗粒剂和片剂的黏合剂，常用浓度为 0.75%~3.0%；作为包衣材料具有衣层坚固、细腻和滑润感好的特点。

（2）**外用制剂基质** 卡波姆可用于液体或半固体制剂中以调节制剂的流变性，包括乳膏剂、凝胶剂、洗剂、软膏剂，用于眼部、直肠、阴道和局部外用，具有优良的流变学性质与增湿、润滑能力。作为凝胶剂基质时，常用浓度为 0.5%~2.0%。

（3）**乳化剂** 卡波姆可作为乳化剂，用于制备外用 O/W 型乳剂，常用浓度为 0.1%~0.5%。Carbomer 1342 是一种新型的高分子乳化剂，其他型号也具一定的辅助乳化剂作用。

（4）**增黏剂和助悬剂** 卡波姆可用于内服或外用液体制剂中增黏。卡波姆具有交联的网状结构，特别适合用作助悬剂，常用浓度为 0.5%~1.0%。

（5）缓控释材料　卡波姆的缓控释作用基于其溶胀与形成凝胶的性质。与线性聚合物相比，更高黏度的卡波姆并不使药物的释放变慢。轻度交联卡波姆（低黏度）通常比高度交联卡波姆（高黏度）能更有效地控制药物释放。与一般的水凝胶骨架不同，卡波姆骨架的释药性能与pH有关；此外，当卡波姆完全水化时，内部的渗透压使凝胶结构破裂，凝胶密度降低，但仍保持完整的凝胶，药物以均匀的速率（零级或近于零级释放动力学）通过凝胶层向外扩散。卡波姆用量较少时还具有阻滞剂的作用。以卡波姆为骨架材料、阻滞剂或黏合剂的缓控释制剂，必须注意贮藏一段时间后其释药性能可能发生变化。

卡波姆亦可与碱性药物成盐形成可溶性凝胶而发挥缓控释作用，特别适于制备缓释液体制剂，如滴眼剂、滴鼻剂等。

卡波姆也用于制备黏膜黏附片剂以达到缓释效果，与一些水溶性纤维素衍生物配伍使用有更好的效果。

4. 安全性　卡波姆无毒、无刺激性。Carbomer 934 的 LD_{50} 分别为 2.5g/kg（豚鼠口服），4.1g/kg（大鼠口服），4.6g/kg（小鼠口服）；Carbomer 934P 的 LD_{50} 分别为 2.5g/kg（豚鼠口服），2.5g/kg（大鼠口服），4.6g/kg（小鼠口服），0.04g/kg（小鼠 i.p.），0.07g/kg（小鼠 i.v.）；Carbomer 940 的各项 LD_{50} 与 Carbomer 934P 相同；Carbomer 941 的 $LD_{50}>1g/kg$（大鼠口服）。卡波姆干粉对眼、黏膜及呼吸道有刺激性。

（三）聚卡波菲

1. 化学结构和制备　聚卡波菲（polycarbophil）为二乙烯乙二醇为交联剂的丙烯酸聚合物。系在乙酸乙酯中通过沉淀聚合法制备。其结构式如下：

$$\left[CH_2-CH \right]_a \left[CH_2-CH-CH-CH-CH-CH_2 \right]_b$$
$$COOH \qquad OH \quad OH$$

2. 性质　聚卡波菲是一种白色、疏松、引湿性强、有特征性微臭的粉末。其性质与卡波姆相似。

（1）溶解、溶胀及其凝胶特性　聚卡波菲1%水分散体的pH为2.0~4.0。聚卡波菲在水中不溶解，但在pH大于4~6的水溶液中溶胀，使体积增加到初始体积的1000倍，形成凝胶。这是由于聚卡波菲分子中的羧基解离，分子间产生的静电排斥使分子伸展，聚合物膨胀。

（2）乳化作用　聚卡波菲在乳剂系统中具有乳化作用。

（3）稳定性　固态聚卡波菲稳定，104℃加热2小时不影响其性能。但长时间暴露在过高的温度下将降低其稳定性，在某些情况下还会导致聚合物塑化。260℃加热30分钟完全分解。

含有聚卡波菲的胶浆和乳剂反复冻融也不被破坏，但在高温下其黏度下降。聚卡波菲与强碱性物质（氨、氢氧化钠、氢氧化钾或强碱性胺等）接触会产生热量。聚卡波菲不可与阳离子聚合物、强酸、高浓度电解质配伍，高浓度电解质可破坏聚卡波菲凝胶，使凝胶黏性下降。

3. 应用

（1）增黏（稠）剂　极低浓度（小于1%）的聚卡波菲可在外用洗剂、乳膏剂和凝胶剂，口服混悬剂以及透皮凝胶贮库中作增黏（稠）剂。

（2）乳化剂　聚卡波菲可作为乳化剂，用于制备外用O/W型乳剂。

（3）生物黏附制剂　聚卡波菲具有优异的生物黏附特性，被广泛用于将药物输送到各种黏膜，可作为片剂骨架、凝胶剂基质、微球载体材料等，用于制备口腔、眼部、肠道、鼻腔、阴道和直肠的生物黏附制剂。

（4）缓释材料　聚卡波菲作为凝胶剂基质、片剂骨架等，具有缓释作用。聚卡波菲用量较少时还具有阻滞剂的功能。

（5）黏合剂　聚卡波菲可作为片剂的黏合剂。

4. 安全性　聚卡波菲无毒、无刺激性。聚卡波菲的 LD_{50} 分别为 2.0g/kg（豚鼠口服），大于 2.5g/kg（大鼠口服），4.6g/kg（小鼠口服），0.039g/kg（小鼠 i.p.），0.070g/kg（小鼠 i.v.），大于 3.0g/kg（家兔皮肤给药）。聚卡波菲干粉对眼、黏膜及呼吸道有刺激性。

三、丙烯酸树脂类

（一）聚丙烯酸树脂

1. 化学结构和制备

（1）化学结构　聚丙烯酸树脂（polyacrylic resins）是甲基丙烯酸、甲基丙烯酸酯、丙烯酸酯、甲基丙烯酸二甲氨基乙酯等单体按不同比例共聚而成的一大类聚合物，国产的有聚丙烯酸树脂Ⅰ、Ⅱ、Ⅲ、Ⅳ，聚甲基丙烯酸铵酯Ⅰ、Ⅱ，丙烯酸乙酯-甲基丙烯酸甲酯共聚物等（表5-1、表5-2）。

表 5-1　甲基丙烯酸共聚物

共聚单体 （$n_1 : n_2$）	M_W （g/mol）	R_1	R_2	国产树脂名	国外品名 （Evonik）	黏度 （mPa·s）[a]	T_g （℃）
甲基丙烯酸-丙烯酸乙酯（1:1）	3.2×10^5	H	C_2H_5		Eudragit L30D-55	2~15	96
甲基丙烯酸-甲基丙烯酸甲酯（1:1）	1.25×10^5	CH_3	CH_3	聚丙烯酸树脂Ⅱ	Eudragit L100	60~120	>130
甲基丙烯酸-甲基丙烯酸甲酯（1:2）	1.25×10^5	CH_3	CH_3	聚丙烯酸树脂Ⅲ	Eudragit S100	50~200	>130

a. 黏度为《美国药典》中标准。

国产聚丙烯酸树脂Ⅰ为甲基丙烯酸与丙烯酸丁酯（35:65）的共聚物；聚丙烯酸树脂Ⅱ为甲基丙烯酸与甲基丙烯酸甲酯以 50:50 的比例共聚而得，聚丙烯酸树脂Ⅲ则是两者以 35:65 的比例共聚而得；聚丙烯酸树脂Ⅳ为甲基丙烯酸二甲胺基乙酯与甲基丙烯酸酯类的共聚物。聚丙烯酸树脂Ⅰ、Ⅱ和Ⅲ为肠溶型，而聚丙烯酸树脂Ⅳ则为胃溶型（图5-1、图5-2）。

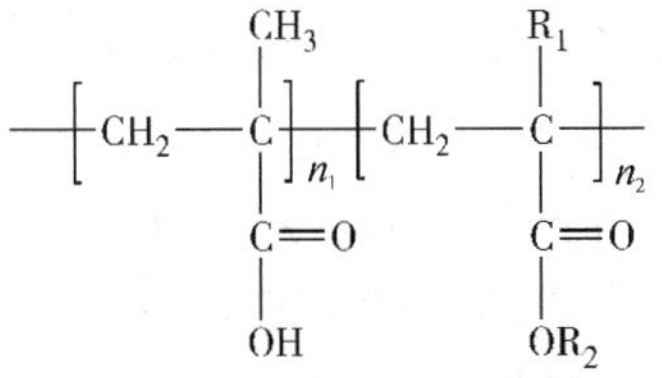

图 5-1　甲基丙烯酸共聚物结构式 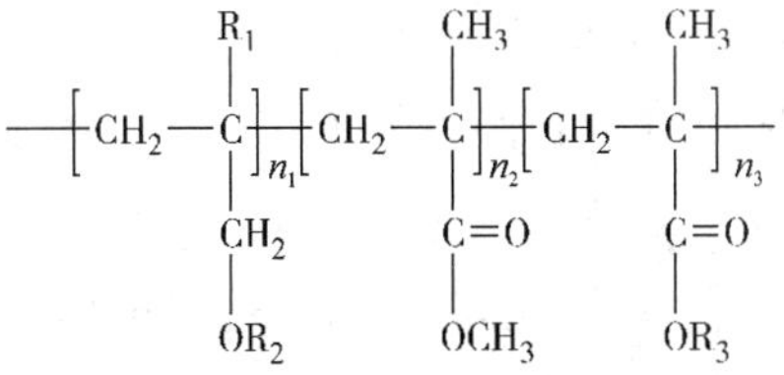　　　　图 5-2　甲基丙烯酸酯共聚物结构式

表 5-2　甲基丙烯酸酯共聚物

共聚单体 $(n_1:n_2:n_3)$	M_W (g/mol)	R_1	R_2	R_3	国产树脂名	国外品名 (Evonik)	黏度 (mPa·s)[a]	T_g (℃)
丙烯酸乙酯-甲基丙烯酸甲酯[b](2:1:0)	$7.5×10^5$	H	C_2H_5	—	胃崩型聚丙烯酸树脂[c]	Eudragit NE30D		-8
丙烯酸甲酯-甲基丙烯酸甲酯-甲基丙烯酸(7:3:1)	$2.8×10^5$	H	CH_3	H		Eudragit FS 30D		43
甲基丙烯酸丁酯-甲基丙烯酸甲酯-甲基丙烯酸二甲胺基乙酯(1:1:2)	$4.7×10^4$	CH_3	C_4H_9	$C_2H_5N(CH_3)_2$	聚丙烯酸树脂IV	Eudragit E100	3~6	45
丙烯酸乙酯-甲基丙烯酸甲酯-甲基丙烯酸氯化三甲胺基乙酯(1:2:0.2)	$3.2×10^4$	H	C_2H_5	$C_2H_5N(CH_3)_3^+Cl^-$	聚甲丙烯酸铵酯I(30:60:10)	Eudragit RL100	1~15	63
丙烯酸乙酯-甲基丙烯酸甲酯-甲基丙烯酸氯化三甲胺基乙酯(1:2:0.1)	$3.2×10^4$	H	C_2H_5	$C_2H_5N(CH_3)_3^+Cl^-$	聚甲丙烯酸铵酯II(30:65:5)	Eudragit RS100	1~15	65

注：a. 黏度为《美国药典》标准；b. 国产产品为丙烯酸甲酯-甲基丙烯酸甲酯（2:1）共聚物的水分散体；c. 本品为非 pH 控制型甲基丙烯酸酯共聚物，不含增塑剂，具有膨胀性及渗透性，适于制备骨架片或缓释片包衣。

Evonik 工业集团生产的商品名为 Eudragit 的聚丙烯酸树脂有不同型号的产品。Eudragit E 是阳离子型的甲基丙烯酸二甲氨基乙酯与其他两种中性甲基丙烯酸酯的共聚物，为胃溶型。Eudragit L 和 S 型是阴离子型的甲基丙烯酸与甲基丙烯酸甲酯的共聚物，L 型中酸和酯的比例为 1:1，S 型中则约为 1:2；Eudragit L 和 S 型为肠溶型。Eudragit L 30D-55 是甲基丙烯酸和丙烯酸乙酯共聚物的水分散体。Eudragit FS 30D 是丙烯酸甲酯、甲基丙烯酸甲酯和甲基丙烯酸共聚物的水分散体。Eudragit RL 和 RS 是含季胺的甲基丙烯酸酯与丙烯酸酯、甲基丙烯酸酯的共聚物，Eudragit RL（A 型）含 10% 季胺基团，Eudragit RS（B 型）则含 5% 季胺基团；Eudragit RL 为高渗透性，而 Eudragit RS 为低渗透性。Eudragit RL 30D 和 Eudragit RS 30D 是低含量季胺基团的甲基丙烯酸酯与丙烯酸酯、甲基丙烯酸酯共聚物的水分散体。Eudragit NE 30D 是中性的甲基丙烯酸酯共聚物，不溶于水，中等渗透性，塑性较好，易成膜，无需添加增塑剂。

Eastacyl 30D、Kollicoat MAE 30D、Kollicoat MAE 30DP 均为甲基丙烯酸和丙烯酸乙酯共聚物的阴离子型聚合物，为肠溶型。

（2）制备　甲基丙烯酸、甲基丙烯酸酯和丙烯酸酯等单体在光、热、辐射或引发剂条件下发生共聚。通常选用过硫酸盐作为引发剂，根据最终成品要求，可采用乳液聚合、溶液聚合或本体聚合等方法制备。聚丙烯酸树脂 II、III 和 IV 采用溶液聚合制备；聚甲丙烯酸铵酯 I、II 采用本体聚合制备。《欧洲药典》和 USP-NF 均规定了各种聚丙烯酸树脂中的残留单体限量。

2. 性质　不同型号的聚丙烯酸树脂可能是粉末、水分散体或有机溶剂溶液。国产聚丙

烯酸树脂 Ⅱ、Ⅲ 为白色条状物或粉末,聚丙烯酸树脂 Ⅳ 为具有特殊臭味的淡黄色粒状或片状固体。

(1)溶解性 国产聚丙烯酸树脂 Ⅱ、Ⅲ、Ⅳ 均溶于温乙醇,不溶于水,Ⅳ型在盐酸溶液(9→1000)中略溶。Eudragit 均可溶于丙酮和异丙醇(60∶40)的混合溶剂中,不同的型号在不同的 pH 下溶解(表5-3)。

肠溶型聚丙烯酸树脂在酸性环境中羧基不发生解离,大分子保持卷曲状态;当溶液 pH 升高时,羧基解离,卷曲分子伸展而发生溶剂化,溶解速度加快。分子中羧基比例越大,需在 pH 更高的溶液中溶解。胃崩型聚丙烯酸树脂和渗透型的聚甲丙烯酸铵酯中的酯基和季铵基在酸性和碱性环境中均不解离,故不溶解。胃溶型聚丙烯酸树脂在胃酸环境中的溶解取决于其叔胺基团。

(2)玻璃化转变温度(T_g) 聚丙烯酸树脂的玻璃化转变温度取决于其取代基的柔性。聚丙烯酸树脂 Ⅱ、Ⅲ 结构中的 α-位甲基阻碍了大分子链段的运动,刚性较强,使 T_g 较高,需在 160℃ 以上才能成膜,且膜的脆性大。胃崩型聚丙烯酸树脂结构中的丙烯酸酯可起内增塑作用,增强大分子的柔性,T_g 低达-8℃,更易成膜。聚甲丙烯酸铵酯的 T_g 介于二者之间。当丙烯酸酯的碳链越长且不含支链时,聚合物的柔性越大,具有更好的成膜性。用于薄膜衣制备时,胃崩型聚丙烯酸树脂、聚丙烯酸树脂 Ⅳ 可不加或只加很少量的增塑剂;聚甲丙烯酸铵酯一般添加 10% 以下增塑剂;聚丙烯酸树脂 Ⅱ、Ⅲ 需加较大比例的增塑剂。

(3)最低成膜温度 最低成膜温度(minimum film-forming temperature,MFT)是指树脂胶乳液在梯度加热干燥条件下形成连续性均匀且无裂纹薄膜的最低温度限。温度低于 MFT 时,聚合物粒子不能发生熔合变形成膜。MFT 太高的树脂不适合作薄膜包衣,一般使 MFT 降至 15~25℃ 利于薄膜衣形成。对于聚丙烯酸树脂 Ⅱ、Ⅲ,必须加入增塑剂。增塑剂的种类对 MFT 的影响很不同,一些疏水性增塑剂使聚丙烯酸树脂 Ⅰ 的 MFT 升高,而亲水性增塑剂可较好地降低 MFT。

(4)机械性质 除胃崩型和一些型号的肠溶型聚丙烯酸树脂外,其他树脂很少能制成具有一定拉伸强度及柔性的独立薄膜。聚丙烯酸树脂在药片上形成薄膜衣主要依赖于分子中的酯基与药片表面分子中带负电的原子形成氢键、分子链对药片隙缝的渗透以及包衣液中其他成分的吸附。聚合物中酯基碳链越长,分子聚合度越大,薄膜衣对药片的黏附性就越强,薄膜具有更大的拉伸强度和断裂伸长。可通过混合应用不同性质的树脂以及加入适宜的增塑剂改善薄膜的机械性能。

(5)渗透性 虽然渗透型的聚甲丙烯酸铵酯在水中不溶,但由于季铵盐基具有很强的亲水性,因此具有一定的水渗透溶胀性。季胺基团比例越高,渗透性越大。

胃崩型聚丙烯酸树脂结构中的酯链侧基具有一定的疏水性,渗透性很小,单独应用时在胃肠液中既不溶解也不崩解,必须添加适量亲水性物质(如糖粉、淀粉等),使树脂成膜时形成孔隙,利于水分渗入。

在纯水和稀酸溶液中,肠溶型聚丙烯酸树脂不溶解,且对水分子的渗透有一定的抵抗作用,可用作隔离层以阻滞水分或潮湿空气的渗透。胃溶型聚丙烯酸树脂对非酸性溶液和潮湿空气亦有类似阻隔作用。

3. 应用

(1)包衣材料 聚丙烯酸树脂主要用作口服片剂和胶囊的薄膜包衣材料。胃溶型聚丙烯酸树脂薄膜衣用于药品防潮、避光、掩色和掩味;肠溶型聚丙烯酸树脂主要用于易受胃酸破坏或胃刺激性较大药物的包衣,也可作为防水隔离层;渗透型的聚甲丙烯酸铵酯薄膜衣可控制药物释放速度。胃崩型聚丙烯酸树脂亦有类似应用,但加入水溶性添加剂后亦可具备胃溶型聚丙烯酸树脂的作用。

（2）缓控释制剂的骨架材料　聚丙烯酸树脂广泛用于缓控释制剂中。可采用直接压片、湿法制粒或制备固体分散体。聚丙烯酸树脂亦用作微囊囊材、经皮给药系统的骨架、压敏胶等。

国外聚丙烯酸树脂的应用见表5-3。

表5-3　聚丙烯酸树脂的溶解性与应用

商品型号	共聚物含量（%）	溶剂或稀释剂	溶解性	商品形式	应用
Eudragit E 12.5	12.5	丙酮、乙醇	pH5 胃液中溶解	有机溶液	薄膜衣
Eudragit E 100	98	丙酮、乙醇	pH5 胃液中溶解	颗粒	薄膜衣
Eudragit E PO	98	丙酮、乙醇	pH5 胃液中溶解	粉末	薄膜衣
Eudragit L 100-55	95	丙酮、乙醇	pH5.5 肠液中溶解	粉末	肠溶衣
Eudragit L 30D-55	30	水	pH5.5 肠液中溶解	水分散体	肠溶衣
EudragitFL 30D-55ᵃ	30	水	pH5.5 肠液中溶解	水分散体	肠溶衣
Eudragit L 12.5	12.5	丙酮、乙醇	pH6 肠液中溶解	有机溶液	肠溶衣
Eudragit L 100	95	丙酮、乙醇	pH6 肠液中溶解	粉末	肠溶衣
Eudragit S 12.5	12.5	丙酮、乙醇	pH7 肠液中溶解	有机溶液	肠溶衣
Eudragit S 100	95	丙酮、乙醇	pH7 肠液中溶解	粉末	肠溶衣
Eudragit FS 30D	30	水	pH7 肠液中溶解	水分散体	肠溶衣
Eudragit FS 100	97	丙酮、乙醇	pH7 肠液中溶解	粉末	肠溶衣
Eudragit RL 12.5	12.5	丙酮、乙醇	高渗透性	有机溶液	缓控释
Eudragit RL 100	97	丙酮、乙醇	高渗透性	颗粒	缓控释
Eudragit RL PO	97	丙酮、乙醇	高渗透性	粉末	缓控释
Eudragit RL 30D	30	水	高渗透性	水分散体	缓控释
Eudragit RS 12.5	12.5	丙酮、乙醇	低渗透性	有机溶液	缓控释
Eudragit RS 100	97	丙酮、乙醇	低渗透性	颗粒	缓控释
Eudragit RS PO	97	丙酮、乙醇	低渗透性	粉末	缓控释
Eudragit RS 30D	30	水	低渗透性	水分散体	缓控释
Eudragit NE 30D	30	水	可溶胀，可渗透	水分散体	缓控释
Eudragit NE 40D	40	水	可溶胀，可渗透	水分散体	缓控释
Eudragit NM 30D	30	水	可溶胀，可渗透	水分散体	缓控释
Eastacryl 30D	30	水	pH5.5 肠液中溶解	水分散体	肠溶衣
Kollicoat 30D	30	水	pH5.5 肠液中溶解	水分散体	肠溶衣
Kollicoat 30DP	30	水	pH5.5 肠液中溶解	水分散体	肠溶衣

注："PO"表示供应形式为细粉；"P"表示加入苯二甲酸二丁酯增塑剂；"D"表示为水分散体。a. Eudragit FL 30D-55 为 30% 固体含量的水分散体，其中固体组分由 25% Eudragit L 30D-55 固体部分和 75% 的 Eudragit NM 30D 固体部分组成。

4. **安全性**　聚丙烯酸树脂无毒、无刺激性。口服 LD_{50} 为 6~28g/kg（大鼠、家兔和狗），动物慢性毒性试验亦未发现组织及器官的毒性反应。虽然制备聚丙烯酸树脂的各种单体毒性很低（如甲基丙烯酸甲酯、甲基丙烯酸、丙烯酸乙酯和甲基丙烯酸二甲胺基乙酯的大鼠口服 LD_{50} 分别为 7.9、2.2、1.02、7.6g/kg），但口服易吸收，因此应控制树脂中残留单体总量在 0.1% 以下，最大不得超过 0.3%。

（二）聚甲丙烯酸铵酯

1. 化学结构　聚甲丙烯酸铵酯（methacrylic acid copolymer）为甲基丙烯酸甲酯、丙烯酸乙酯与甲基丙烯酸氯化三甲铵基乙酯的共聚物。国产有聚甲丙烯酸铵酯Ⅰ、Ⅱ，单体的比例分别为 60∶30∶10 和 65∶30∶5。

2. 性质及应用　聚甲丙烯酸铵酯为白色半透明或透明的形状大小不一的固体。Ⅰ型溶于沸水和丙酮，不溶于异丙醇；Ⅱ型略溶于丙酮，不溶于沸水和异丙醇。

聚甲丙烯酸铵酯用作控释制剂包衣材料或控释骨架材料（表 5-3）。

3. 安全性　聚甲丙烯酸铵酯的安全性参见聚丙烯酸树脂。

第二节　聚乙烯醇和聚乙烯醇醋酸酞酸酯

扫码"学一学"

一、聚乙烯醇

（一）化学结构和制备

聚乙烯醇（polyvinyl alcohol，PVA）是一种水溶性合成树脂，是由聚乙酸乙烯酯（polyvinyl acetate，PVAc）的甲醇溶液加碱液醇解制备得到。其化学结构式如下：

$$\overline{}CH_2-CH\overline{}_n\overline{}CH_2-CH\overline{}_m$$
$$\begin{array}{cc} | & | \\ OH & OCOCH_3 \end{array}$$
$$PVA$$

也可以用酸催化醇解聚乙酸乙烯酯，但以碱催化的醇解产物稳定、易纯化、色泽好。

聚乙酸乙烯酯醇解的百分率称为醇解度。醇解度为 98%～100% 的称为完全醇解聚乙烯醇。

《中国药典》中的聚乙烯醇分子式为 $(CH_2CHOH)_n(CH_2CHOCOCH_3)_m$，其中 $m+n$ 代表平均聚合度，m/n 应为 0～0.35；平均相对分子质量应为 20000～150000；规定 4.0% 水溶液在 $20℃±0.1℃$ 的动力黏度为 $3.0～70mPa·s$。《美国药典》中收载的聚乙烯醇分子式为 $(C_2H_4O)_n$，n 为 500～5000，醇解度为 85%～89%。

（二）性质

聚乙烯醇是白色至微黄色粉末或半透明颗粒，无臭，无味。聚乙烯醇的物理性质和化学性质与其醇解度、聚合度以及结构中的羟基有很大关系。

1. 溶解性　聚乙烯醇的亲水性极强，可溶于水；在酯、醚、酮、烃及高级醇中微溶或不溶，但醇解度低的产品在有机溶剂中的溶解度增加，在一些低级醇和多元醇中加热可溶解。

聚乙烯醇在水中的溶解性与相对分子质量和醇解度有关。相对分子质量越大，结晶性越强，水溶性越差，水溶液的黏度相应增加。醇解度为 87%～89% 的产品水溶性最好，在冷水和热水中均很快溶解。醇解度更高的产品，一般需要加热到 $60℃～70℃$ 才能溶解；醇解度 99% 以上的聚乙烯醇只溶于 $95℃$ 的热水。醇解度 75%～80% 的产品只溶于冷水，不溶于热水；醇解度在 50% 以下的产品则不溶于水。

聚乙烯醇可溶于水/乙醇的混合溶剂，允许加入的乙醇量最大值随聚乙烯醇醇解度下降而提高（图 5-3）。

2. 水溶液性质

（1）溶液黏度　聚乙烯醇水溶液的黏度随品种、浓度和温度而变化。20℃时，4%（W/V）聚乙烯醇水溶液的黏度分别为：40.0~65.0mPa·s（高黏度级）、21.0~33.0mPa·s（中等黏度级）、4.0~7.0mPa·s（低黏度级）。

聚乙烯醇水溶液为非牛顿流体，黏度随浓度增加而急剧上升，温度升高则黏度下降。当水溶液浓度很低（<0.5%）以及低剪切速率时（<400s^{-1}），可视为牛顿流体，测得聚乙烯醇的特性黏数［η］与其相对分子质量（$\overline{M}_n$）的关系为：

$$[\eta]_{30℃} = 6.67×10^{-4}×\overline{M}_n^{0.46}$$

（2）表面活性　聚乙烯醇水溶液具有一定的表面活性，醇解度越低，残存的乙酰基越多，表面张力越低，乳化能力越强（图5-4）。

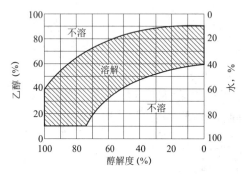

图5-3　聚乙烯醇在乙醇/水混合溶剂中溶解度

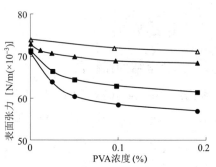

图5-4　各种聚乙烯醇溶液的表面张力

—△—. 完全醇解；—▲—. 醇解度95.2%；
—■—. 醇解度89.7%；—●—. 醇解度83.5%

（3）凝胶化　较高浓度（7%~20%）的聚乙烯醇溶液，在30℃以下贮放过程中，由于聚乙烯醇的凝胶化，黏度逐渐升高，温度越低、浓度和醇解度越高，这种变化越明显。

在低温（<-20℃）下反复冷冻高分子质量的聚乙烯醇水溶液，可形成物理交联的不溶性凝胶。

聚乙烯醇可与其他聚合物（如聚丙烯酸、聚乙二醇等）混合形成凝胶，形成的凝胶兼具两种聚合物的性质，如pH敏感性等。

硼砂或硼酸水溶液与聚乙烯醇水溶液混合时，由于聚乙烯醇与硼砂形成水不溶性络合物，而发生不可逆的凝胶化现象。醇解度越大，凝胶化需要的硼砂或硼酸用量越大。一些多价金属盐（如重铬酸盐、高锰酸钾等）以及二醛、二酚、二甲基脲等也可使聚乙烯醇水溶液形成不溶性凝胶。

（4）成膜性　聚乙烯醇具有良好的成膜性能。10%~30%聚乙烯醇水溶液应用涂布法制备的薄膜具有优良的力学性能，加入甘油、多元醇等增塑剂可进一步改善膜的柔性、韧性及保湿率。聚乙烯醇膜有一定的吸湿性和透湿性，但对氧气、二氧化碳等的透过率极低。聚乙烯醇膜具有良好的耐油性。

（5）混溶性　聚乙烯醇水溶液可与许多水溶性聚合物混合，但与阿拉伯胶、西黄蓍胶和海藻酸钠等混合时，放置后出现分离倾向。聚乙烯醇水溶液与大多数无机盐有配伍禁忌，低浓度氢氧化钠、氢氧化铜、碳酸钙、硫酸钠、硫酸钾等也可使聚乙烯醇从溶液中析出，但可与大多数无机酸混合。

3. 化学性质　聚乙烯醇是结晶性聚合物，玻璃化转变温度约85℃，在100℃开始缓缓脱水，180~190℃熔融（部分醇解级别）。干燥及高温脱水时发生分子内和分子间醚化反应，同时伴有结晶度增加、水溶性下降以及色泽变化。

聚乙烯醇可以发生羟基的化学反应，如醚化、酯化和缩醛化等。与环氧乙烷、丙烯腈、各种无机酸和有机酸等反应制得水溶性大分子醚或酯，但与各种饱和醛或不饱和醛反应，大多形成不溶性交联聚合物。

（三）应用

聚乙烯醇可作为口服片剂、局部用制剂、经皮给药制剂及阴道制剂等的辅料。

聚乙烯醇广泛用于涂膜剂、膜剂中作为成膜材料，如外用避孕膜、口腔用膜、口服膜剂等。

聚乙烯醇可用于制备透皮吸收膜剂以及水凝胶压敏胶。一方面使药物易于释放并与皮肤或病灶紧密接触，另一方面水凝胶基质可促进药物经皮渗透，提高疗效。聚乙烯醇凝胶透皮给药系统已用于硝酸甘油、东莨菪碱、可乐定等。聚乙烯醇可作为外用避孕凝胶剂的主要凝胶材料。

用作凝胶贴膏的基质，聚乙烯醇既作黏着剂，也作骨架材料。

在各种眼用制剂（如滴眼液、人工泪液及隐形眼镜保养液产品）中作增稠剂，具润滑剂和保护剂作用。与一些表面活性剂合用时，聚乙烯醇还具辅助增溶、乳化及稳定作用。

聚乙烯醇具有助悬、增稠（黏）以及在皮肤、毛发表面成膜等作用，用于糊剂、软膏以及面霜、面膜、发型胶中。

聚乙烯醇还可作片剂黏合剂和缓控释骨架材料。利用热、反复冷冻以及醛化等交联手段制备不溶性PVA凝胶，用于药物控制释放、经皮吸收等。

聚乙烯醇还可用于制备微球，作为医用吸附剂载体和药物缓控释载体。

可将药物分子通过共价键或离子键结合到聚乙烯醇的侧基上，制得高分子/药物结合物，以降低药物的毒副作用，并控制药物释放。

（四）安全性

聚乙烯醇对眼、皮肤无毒、无刺激，是一种安全的外用辅料。聚乙烯醇口服后在胃肠道吸收甚少，长期口服未见肝、肾损害，小鼠口服 $LD_{50}=14.7g/kg$，大鼠口服 $LD_{50}>20g/kg$。但是大鼠皮下注射5%（W/V）聚乙烯醇水溶液后引起器官和组织的浸润及贫血，一些规格的聚乙烯醇还可引起高血压和其他病变。

二、聚乙烯醇醋酸酞酸酯

（一）化学结构和制备

聚乙烯醇醋酸酞酸酯（polyvinyl acetate phthalate，PVAP），又称为聚醋酸乙烯酞酸酯、聚醋酸乙烯邻苯二甲酸酯，是聚乙烯醇的衍生物，为《美国药典》收载品种。可通过酞酸酐与部分水解的聚醋酸乙烯酯反应制备。《美国药典》规定酞酰基总含量为55.0%~62.0%（只按一个游离酸的无水物计）。其化学结构式如下：

147

其中，a 随 b 的摩尔百分数而不同；乙酰基的含量 c 保持不变，取决于起始物质。

苏特丽（Sureteric）是一种全配方水性薄膜包衣系统，为微粉化干粉，含 PVAP、增塑剂、色素和乳化剂等。

（二）性质

聚乙烯醇醋酸酞酸酯为白色至类白色，微有醋臭的无定形粉末。相对分子质量为 47000~60700，水分含量为 2.20%~3.74%，密度为 1.31~1.37g/cm³。

1. 溶解性 聚乙烯醇醋酸酞酸酯在乙醇（1:4）和甲醇（1:2）中可溶，在丙酮和异丙醇中微溶，在三氯甲烷、二氯甲烷和水中不溶。聚乙烯醇醋酸酞酸酯的溶解度对溶液的 pH 具有敏锐的响应性，这种响应性发生在 pH 4.5~5.0。当溶液 pH 大于 5.0 时，聚乙烯醇醋酸酞酸酯溶解。该 pH 比溶解大多数肠溶包衣聚合物所需的 pH 都低。此外，聚乙烯醇醋酸酞酸酯的溶解度也受溶液离子强度的影响。

2. 黏度 50% 聚乙烯醇醋酸酞酸酯的甲醇溶液黏度为 5000mPa·s。在甲醇/二氯甲烷体系中，随着甲醇浓度增加，聚乙烯醇醋酸酞酸酯溶液黏度增加。

3. 玻璃化转变温度 聚乙烯醇醋酸酞酸酯的玻璃化转变温度为 42.5℃，随着增塑剂邻苯二甲酸二乙酯的加入量增大，玻璃化转变温度降低。

4. 稳定性 聚乙烯醇醋酸酞酸酯应贮藏在气密容器中，对温度和湿度比较稳定，高温和高湿下不易水解。但在聚乙烯醇醋酸酞酸酯的水分散体中，水解产生的游离酞酸对物理稳定性有不良影响。

（三）应用

聚乙烯醇醋酸酞酸酯在制剂中用作产品的肠溶包衣和糖衣片片芯的隔离层包衣。聚乙烯醇醋酸酞酸酯包衣处方中常需加入增塑剂。

用作肠溶包衣时，聚乙烯醇醋酸酞酸酯与其他辅料一起溶解在溶剂中。无色包衣膜采用甲醇为溶剂，须增重到 8%；有色包衣膜可采用甲醇或乙醇/水作溶剂，增重 6% 即可。苏特丽水性肠溶包衣系统可用于片剂、软胶囊、硬胶囊及颗粒的肠溶包衣。

用作糖衣片片芯隔离层包衣时，为了使隔离层尽可能薄，同时能提供足够的屏障以隔离湿气，在溶剂系统中可使用高比例的乙醇和其他辅料。通常包 2 层衣足以达到密封的目的，含有碱性组分的药片需包 5 层。

聚乙烯醇醋酸酞酸酯包衣的胶囊，室温贮存 9 个月后，仍保持胃不溶的特性，无明显物理变化；但药物的溶出曲线延缓。

（四）安全性

聚乙烯醇醋酸酞酸酯用于口服制剂中，通常认为无毒、无刺激性。

第三节 聚维酮、共聚维酮和交联聚维酮

一、聚维酮

（一）化学结构和制备

聚维酮（povidone），又称聚乙烯吡咯烷酮（polyvinyl pyrrolidone，PVP），是由 1-乙烯基-2-吡咯烷酮（VP）单体在催化剂作用下聚合生成的水溶性聚合物。其化学结构式如下：

扫码"学一学"

$$
\left[\begin{array}{c}
H_2C\!-\!CH_2 \\
\ \ |\qquad\quad| \\
H_2C\quad C\!=\!O \\
\ \ \diagdown N\diagup \\
\ \ \ | \\
CH\!-\!CH_2
\end{array}\right]_n
$$

PVP

可分别用三氟化硼、氨基化钾和过氧化物作引发剂，采用阳离子聚合、阴离子聚合和自由基聚合法制备。高纯度的 VP 单体在空气中可自行发生自由基聚合。目前多采用在氨或低分子有机胺存在下，以过氧化物为引发剂的自由基聚合法。

聚合方法常采用溶液聚合和悬浮聚合。溶液聚合可在水或甲醇、乙醇等亲水性溶剂中进行，反应温度控制在 $35\sim65℃$，反应后的溶液喷雾干燥后即得圆球形成品。该法生产的聚维酮相对分子质量 $\leqslant1.0\times10^4$。悬浮聚合一般在烃类溶剂中进行，维持聚合温度 $65\sim85℃$ 和氮气流条件，反应完成后，加水并升温蒸去有机溶剂，残留的水溶液喷雾干燥即得成品。该法可制得相对分子质量高达 1.0×10^6 的产品，通过控制反应条件，也可以得到 $1.0\times10^5\sim2.0\times10^5$ 的产品。

不同规格的聚维酮以 K 值表示，K 值越大表明聚维酮的相对分子质量越大。标号 C 级的产品为低热原规格，主要用于眼用制剂以及其他非口服制剂。国际市场上的产品主要有 Ashland 公司的 Plasdone 和 BASF 公司的 Kollidon，标号与 USP-NF 中收载的 Povidone 大致相同。

（二）性质

聚维酮为白色至乳白色粉末，无臭或稍有特臭，有吸湿性。不同规格聚维酮的 K 值与相对分子质量之间的对应关系见表5-4。聚维酮的玻璃化转变温度 T_g 随相对分子质量增大而增大。

表 5-4　聚维酮 Plasdone 的 K 值与相对分子质量、玻璃化转变温度及应用

规格	K 值	重均相对分子质量（$\overline{M}_w$）	T_g（℃）	应用
C-12	10.2~13.8	4000		低热原，低黏度，在非口服制剂中良好的促溶/抑制结晶特性
C-17	15.5~17.5	10000		
K-12	10.2~13.8	4000	120	低黏度，在软胶囊中优良的促溶/抑制结晶特性
K-17	15.5~17.5	10000	126	
K-25	24~26	34000	160	低黏度，3%~6%用量时良好的黏性，快速溶解，用于湿法制粒作黏合剂
K-29/32	29~32	58000	164	低黏度，2%~5%用量时良好的黏性，快速溶解，湿法制粒作黏合剂，使用最广泛 喷雾干燥和热熔挤出制备固体分散体，促溶/抑制结晶，促进药物溶出
C-30	29~32	58000		低热原，低黏度，良好的促溶/抑制结晶特性，眼用制剂中作润滑剂
K-90	85~95	1300000	174	高黏度，1%~3%用量时很好的黏性，但黏度过大，用于湿法制粒作黏合剂。剂量大、可压性差的药物遇到硬度、脆碎、裂片问题时的解决方案

1. **溶解性** 聚维酮易溶于水，在许多有机溶剂（甲醇、乙醇、1，2-丙二醇、异丙醇、甘油等）中易溶，在丙酮中极微溶解，不溶于乙醚、烷烃、矿物油、四氯化碳和乙酸乙酯。

2. **溶液黏性** 聚维酮的相对分子质量影响其溶液的黏度。10%以下水溶液的黏度很小，略高于水的黏度，例如5% PVP K11~14 水溶液的相对黏度仅 1.25 ~ 1.37，5% PVP K16~18 水溶液的相对黏度为 1.46 ~ 1.57；当溶液浓度超过10%时，则黏度增加很快；相对分子质量越大，溶液越黏稠。总之，K 值增加，溶液的黏度、黏性增加，而溶解速率下降。聚维酮的特性黏数 [η] 与聚合度及相对分子质量的关系如图5-5所示。

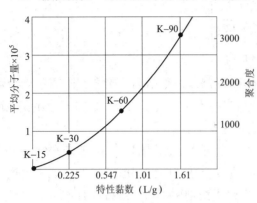

图5-5 PVP 特性黏数与相对分子质量、聚合度的关系

溶剂对聚维酮的黏度影响显著。例如，25℃时，10%PVP K-30 乙醇溶液的运动黏度为 6×10^{-6} m^2/s，1，2-丙二醇溶液为 2.61×10^{-4} m^2/s，丁二醇溶液为 4.25×10^{-4} m^2/s。

聚维酮溶液的黏度在pH 4~10范围内几乎不变，受温度的影响也较小。浓盐酸会增加聚维酮溶液的黏度，浓碱液会使聚维酮发生沉淀。

3. **成膜性** 聚维酮具有较好的成膜性，可形成无色透明的膜。聚维酮作为薄膜包衣材料形成的膜有较好的柔韧性。为了调节聚维酮的吸湿性和柔软性，可加入其他聚合物或化合物。聚维酮用于包衣具有以下优点：①可改善衣膜对片剂表面的黏附能力，减少碎裂现象；②本身可作增塑剂；③可缩短疏水性材料薄膜的崩解时间；④可改善色淀或染料、遮光剂的分散性及延展能力，减少可溶性染料的迁移，防止包衣液中颜料与遮光剂的凝结。

4. **化学反应性** 聚维酮化学性质稳定，能与大多数无机盐、许多聚合物、表面活性剂在溶液中混溶。也能与多种物质（水杨酸、单宁酸、聚丙烯酸、甲基乙烯基醚-马来酸共聚物等）形成不溶性复合物。聚维酮也可与一些药物（碘、普鲁卡因、丁卡因、氯霉素等）形成可溶性复合物，延长药物作用时间。聚维酮碘是一种长效强力杀菌剂。

聚维酮水溶液和固体均较稳定，水溶液在110~130℃下短时间内稳定；固体在150℃以上可因失水而颜色变深，同时软化，水溶性降低。

（三）应用

由于聚维酮具有许多优良的特性，且规格多样，使用方便，在药剂领域中有着非常广泛的应用。

1. **固体制剂的黏合剂** 由于聚维酮在水中和常用有机溶剂中可溶，可适用于多种需要制粒的场合，常用型号为 Plasdone K-29/32 和 K-25，即使浓度高也能保持一定的黏合力且不影响制粒。对于湿热敏感药物，可用聚维酮的有机溶剂溶液制粒；对于疏水性药物，用其水溶液作黏合剂，有利于增加药物溶出度；聚维酮无水乙醇溶液是泡腾剂的理想黏合剂。聚维酮还可用于干法制粒、直接压片中作干燥黏合剂。

2. **固体分散体载体** 利用聚维酮极强的亲水性和水溶性，及其无定形的特性，作为固体分散体的载体可提高难溶性药物的溶出度和生物利用度。

3. **包衣材料** 常用型号为 Plasdone K-29/32 和 K-25，常与其他成膜材料（如聚丙烯酸树脂、乙基纤维素、醋酸纤维素等）合用以增强抗潮性能，也可单独用作片剂隔离层包衣。

4. 缓控释制剂　在不溶性骨架或溶蚀性骨架缓控释制剂中，PVP 常用作致孔剂和黏合剂，以调节药物释放速率；相对分子质量高的 PVP K-90 可作亲水凝胶骨架。PVP 还可用于制备透皮吸收膜剂及水凝胶压敏胶，以聚乙烯醇、PVP 和甘油形成的压敏胶膜可增加药物的透皮吸收。

5. 增溶剂或分散稳定剂　相对分子质量低的聚维酮在注射剂中可作增溶剂/结晶抑制剂，在液体制剂中作增溶剂。在液体制剂中，10% 以上的聚维酮有明显的助悬、增稠和胶体保护作用，且具有对 pH 变化和电解质不敏感的特性，少量 PVP K-90 就能有效地使乳剂或混悬液稳定。PVP K-90 还具有抑制结晶、增强香味及掩盖异味的功能，可显著改善制剂的口感。

6. 眼用制剂　滴眼液中加入聚维酮可减少药物对眼的刺激性，增加溶液黏度，延长药物在眼部的滞留时间。由于 PVP 具有亲水性和润滑作用，含有 PVP（用量 2%～10%）的滴眼液可兼作人工泪液。

7. 其他　聚维酮是涂膜剂的主要材料，对皮肤有较强黏着力、无刺激性，常用量 4%～6%，常与聚乙烯醇合用。PVP 在各类香波、定型发胶、染发剂等化妆品中广泛应用。

（四）安全性

聚维酮口服后不被胃肠道和黏膜吸收，无毒性。大鼠口服的 $LD_{50} > 8.25g/kg$，长期口服 2 年未见毒副作用。小鼠腹腔注射的 LD_{50} 为 12g/kg。聚维酮对皮肤无刺激性，无过敏性。

聚维酮的不良反应主要是肌内注射时可在注射部位形成皮下肉芽肿，肌内注射后会在体内器官中蓄积。WHO 将聚维酮的每日最大摄入量定为 25mg/kg。

二、共聚维酮

（一）化学结构和制备

共聚维酮（copovidone）是 1-乙烯基-2-吡咯烷酮/醋酸乙烯（3∶2）的共聚物。Ashland 公司和 BASF 公司的商品分别为 Plasdone S-630 和 Kollidon VA 64。共聚维酮是由 1-乙烯基-2-吡咯烷酮与醋酸乙烯在有机溶剂中通过自由基聚合法制得。其化学结构式如下：

$$\left[CH_2-CH\right]_n \left[CH_2-CH\right]_m$$

$$(C_6H_9NO)_n + (C_4H_6O_2)_m \quad (111.1)_n + (86.1)_m$$

n 与 m 的比例约为 $n=1.2m$。共聚维酮的黏度通常以 K 值表示，K 值根据 1% 水溶液的运动黏度计算得到。Kollidon VA 64 的 K 值为 28（范围为 25.2～30.8），Plasdone S 630 的 K 值规定在 25.4～34.2 之间。

（二）性质

共聚维酮为白色或黄白色粉末或片状固体。

1. 溶解性、溶液黏性　共聚维酮溶于水及多种有机溶剂（甲醇、乙醇、异丙醇、二氯甲烷、1，2-丙二醇、甘油等），不溶于乙醚、液状石蜡等。其水溶液的黏度取决于相对分子质量和浓度，浓度小于 10% 时，运动黏度小于 10mPa·s（25℃）。

2. 成膜性 由于醋酸乙烯单元的引入，共聚维酮的玻璃化转变温度（T_g）较聚维酮低（106℃）。共聚维酮具有较好的成膜性。

3. 化学反应性 共聚维酮能与大多数无机、有机药物相溶。当暴露于高水分环境中，能与多种物质形成复合物（参见聚维酮相关内容）。

（三）应用

共聚维酮是优良的黏合剂，可用于直接压片和干法制粒，因其较低的吸湿性，适于对湿热敏感药物的湿法制粒。可作为固体分散体的载体，具有促溶/抑制结晶的特性。可作为薄膜包衣的成膜材料、增稠剂、混悬剂的稳定剂、液体制剂的结晶抑制剂。

（四）安全性

通常认为共聚维酮是无毒的，但摄食后有中等毒性，会引起胃功能紊乱。对皮肤无刺激性或致敏作用。大鼠口服的 LD_{50} 大于 0.63g/kg。

三、交联聚维酮

（一）化学结构和制备

交联聚维酮（crospovidone, crosslinked polyvinylpyrrolidone）系乙烯基吡咯烷酮的高相对分子质量的交联物。虽然交联聚维酮是用乙烯基吡咯烷酮单体和少量双功能基单体的聚合反应制备，但实际生成的是一种高度物理交联而非化学交联的网状结构高分子。这种物理交联是聚乙烯吡咯烷酮大分子链极度卷曲，相互间形成极强氢键结合的结果，真正化学交联的双功能基单体单元仅 0.1%～1.5%。国际市场有不同公司的产品，根据粒径不同，又有不同的型号。表 5-5、表 5-6 分别列出了 Ashland 公司和 BASF 公司的产品型号。

表 5-5 Ashland 公司的 Polyplasdone 产品

产品型号	粒径（μm）	轻敲密度（g/cm³）	松密度（g/cm³）
Polyplasdone Ultra	110～140	0.4	0.3
Polyplasdone XL	110～140	0.4	0.3
Polyplasdone Ultra-10	25～40	0.5	0.3
Polyplasdone XL-10	25～40	0.5	0.3

表 5-6 BASF 公司的 Kollidon CL 产品

产品型号	粒径（μm）	轻敲密度（g/cm³）	松密度（g/cm³）
Kollidon CL	90～130	0.40～0.50	0.30～0.40
Kollidon CL-F	20～40	0.25～0.35	0.18～0.28
Kollidon CL-SF	10～30	0.18～0.25	0.10～0.16
Kollidon CL-M	3～10	0.25～0.35	0.15～0.25

（二）性质

交联聚维酮为白色至乳白色、无味、流动性良好的粉末，有一定的吸湿性。

1. 溶解性 交联聚维酮的相对分子质量高（$>1.0 \times 10^6$）且为交联结构，因此不溶于水、有机溶剂及强酸、强碱。

2. 溶胀性 交联聚维酮遇水可迅速溶胀，体积增加 150% ~ 200%。由于其毛细管活性高、水合能力强及相对较大的比表面积，因此可迅速吸收大量水分到片剂内，使交联键之间折叠式的分子链突然伸长，并立即分离，一旦片剂内部的膨胀压力超过药片本身强度，药片瞬间崩解。交联聚维酮的吸水溶胀速度快，1 分钟的吸水量可达总吸水量的 98.5%。交联聚维酮溶胀时不出现高黏度的凝胶层，所以崩解能力相对较高。本品为非离子型，其膨胀和崩解不受 pH 影响。

交联聚维酮为多孔性颗粒，这些颗粒又由 5 ~ 10μm 的球形微粒熔合而成，因此表现出高吸水性、高溶胀压，同时具有良好的可压性及流动性。相同压力下，含交联聚维酮的片剂硬度较大，但崩解时间很少受影响，崩解速度快于含相同用量淀粉、改性淀粉、交联羧甲纤维素的片剂。

（三）应用

交联聚维酮作为片剂的高效崩解剂，用量 1% ~ 2% 时便可取得其他常用的普通崩解剂的崩解作用；同时还可促进难溶性药物的溶出。交联聚维酮具有良好的再加工性，回收加工时不需要再加入多量的崩解剂。粒度较小者还可减少所压片剂片面的斑纹，改善其分布均匀性。

微粉化的交联聚维酮 Kollidon CL-M 还可作为混悬剂的稳定剂。

（四）安全性

交联聚维酮长期口服无毒，不被胃肠道吸收；不被皮肤吸收，对皮肤无刺激性或致敏性，未见对眼刺激性的报道。大鼠口服的 $LD_{50}>100g/kg$，小鼠腹腔注射的 LD_{50} 为 12g/kg。

第四节　乙烯-醋酸乙烯（酯）共聚物

扫码"学一学"

一、化学结构和制备

乙烯-醋酸乙烯（酯）共聚物（ethylene-vinyl acetate copolymer，EVA）是乙烯和醋酸乙烯酯两种单体在过氧化物（或偶氮异丁腈）引发下共聚而成的水不溶性高分子。其化学结构式为：

$$\left[CH_2-CH_2 \right]_x \left[CH_2-CH \atop OCOCH_3 \right]_y$$

根据共聚物中醋酸乙烯酯（VA）的含量不同，将共聚物分为低、中、高三类，EVA 的生产方法列于表 5-7。

表 5-7　EVA 的生产方法

聚合方法	本体聚合	溶液聚合	乳液聚合
VA 含量（%）	5 ~ 40	40 ~ 70	70 ~ 95
平均相对分子质量	$2.0\times10^4 \sim 5.0\times10^4$	$1.0\times10^5 \sim 2.0\times10^5$	$>2.0\times10^5$
反应温度（℃）	180 ~ 280	30 ~ 120	0 ~ 100
反应压力（Pa）	$9.8\times10^7 \sim 2.9\times10^8$	$4.9\times10^6 \sim 3.9\times10^7$	$1.5\times10^6 \sim 9.8\times10^6$

二、性质

乙烯-醋酸乙烯（酯）共聚物通常为透明至半透明、略带有弹性的颗粒状物质。其性能与其相对分子质量及醋酸乙烯单元含量有很大关系。

1. 溶解性　醋酸乙烯比例高的 EVA 可溶于二氯甲烷、氯仿等；醋酸乙烯比例低的 EVA 则类似于聚乙烯，只在熔融状态下才能溶于有机溶剂。

2. 玻璃化转变温度（T_g）　EVA 的玻璃化转变温度和机械强度随着其相对分子质量的增加而升高。相对分子质量相同时，则醋酸乙烯比例越大，材料柔软性、弹性和透明性越大；相反，醋酸乙烯含量下降，则向聚乙烯性质转化。图 5-6、图 5-7 说明了 EVA 中醋酸乙烯比例对其 T_g 和结晶度的影响。

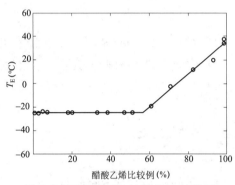

图 5-6　EVA 中 VA 比例与 T_g 的关系

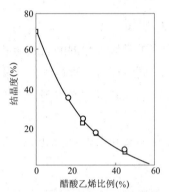

图 5-7　EVA 中 VA 比例与结晶度的关系

3. 药物通透性　药物在结晶性聚合物中的溶解和扩散只能在无定形相中进行，T_g 影响材料在加工和使用时的力学状态，因此结晶度与 T_g 直接影响 EVA 的通透性。由图 5-6、5-7 可知，当醋酸乙烯比例小于 40% 时，药物的通透性主要受 EVA 结晶度的影响，醋酸乙烯比例越大，结晶度越低，药物通透性越大；当醋酸乙烯比例大于 50% 时，虽然结晶度下降，但 T_g 升高，药物的通透性是两者综合作用的结果。

对于同一种 EVA 材料，加工工艺不同时，可能影响材料的结晶度和 T_g，进而影响药物的通透性。吹塑工艺制备的 EVA 膜的结晶度较高，药物的渗透速率常数较低；溶剂法制备 EVA 膜时，由于溶剂蒸发温度和时间、孔隙率和 T_g 等不同，可使药物的通透性发生改变。

加入增塑剂或与其他聚合物（如聚丙烯、聚氯乙烯、硅氧烷等）共混，可改变 EVA 的通透性。增塑剂能改变 EVA 的有序结构，提高链段运动能力，使结晶度及 T_g 降低。当与其他聚合物共混时，这些聚合物以极小的微粒分散于 EVA 中形成非均相的共混体系，因此不会出现低分子增塑剂因自身的迁移和挥发而造成的释药速率不恒定的问题。

EVA 结构中的乙酰基对药物的通透性也有影响。如含羟基或酮基的药物可与 EVA 结构中的羰基发生氢键缔合而影响药物的通透性。

4. 相容性　EVA 与机体组织和黏膜有良好的相容性。

5. 稳定性　EVA 的化学性质稳定，耐强酸和强碱，但强氧化剂可使之变性，长期高热可使之变色。此外，对油性物质耐受性差，例如，蓖麻油对其有一定的溶蚀作用。

三、应用

EVA 适于制备在皮肤、腔道、眼内及植入给药的控释系统，如经皮给药制剂、周效眼膜、宫内节育器等。

扫码"学一学"

四、安全性

乙烯–醋酸乙烯（酯）共聚物无毒，无刺激性。国内外对药用乙烯–醋酸乙烯（酯）乳液的毒性研究表明，小鼠的 LD_{50} 为 1.886g/kg，小鼠亚急性试验亦未发现任何异常。以乙烯–醋酸乙烯（酯）共聚物制备的长效眼用膜剂，在兔眼内试验亦未见刺激性和不良反应。

第五节　环氧乙烷类均聚物和共聚物

一、聚乙二醇和聚氧乙烯

（一）聚乙二醇

1. 化学结构和制备　聚乙二醇（macrogol，polyethylene glycol，PEG）已收载于各国药典，《中国药典》收载相对分子质量不同的多个型号的聚乙二醇，分别为 PEG 300、400、600、1000、1500、4000 和 6000。PEG 是环氧乙烷开环聚合得到的相对分子质量较低的一类水溶性聚醚，反应通式为：

$$n \; H_2C\overset{O}{\underset{}{-}}CH_2 + H_2O \longrightarrow HO\left[C\overset{H_2}{}-C\overset{H_2}{}-O\right]_n H$$

环氧乙烷　　　　　　　聚乙二醇

环氧乙烷的聚合属于离子型开环聚合，聚合方法可采用液相或气相聚合。相对分子质量高于 2.5×10^4 的环氧乙烷均聚物的化学结构与 PEG 相同，但由于相对分子质量大，其物理性质与 PEG 有较大区别，如热塑性好、低吸湿性和高黏度等。习惯上把这类高相对分子质量的均聚物称作聚氧乙烯（polyethylene oxide，PEO），USP/NF 中有专门的品目收载。

2. 性质　室温下，相对分子质量为 200~600 的 PEG 为无色透明液体；相对分子质量大于 1000 者呈白色或米色糊状或固体，微有异臭（表5-8）。

（1）**溶解性**　所有药用型号的 PEG 均易溶于水和多数极性溶剂，在脂肪烃、苯以及矿物油等非极性溶剂中不溶。相对分子质量增大，其在极性溶剂中的溶解度逐渐减小。温度升高时，PEG 在溶剂中的溶解度增加，即使高相对分子质量者也能与水混溶，并在苯中溶解。温度升高至接近 PEG 溶液的沸点时，聚合物中的高相对分子质量部分可能析出，导致溶液混浊或形成胶状沉淀。相对分子质量越高，加热时就越容易观察到这种现象。

表5-8　聚乙二醇的物理性质

PEG	300	400	600	1000	1500	4000	6000
平均相对分子质量	285~315	380~420	570~630	950~1050	1350~1650	3000~4800	5400~6600
聚合度 n	7.4	9.7	14.2	23.3	40	70~85	157
相对密度（g/cm³）	1.125	1.128	1.128	1.170	1.15~1.21	1.212	1.212
凝固点或熔点（℃）	-15~-8	4~8	15~25	37~40	44~48	50~58	55~63
黏度（99℃，mm²/s）[1]	5.4~6.4	6.8~8.0	9.9~11.3	16.0~19.0	26~33	110~158	250~390
黏度（40℃，mm²/s）[2]	59~73	37~45	56~62	8.5~11	3.0~4.0	5.5~9.0	10.5~16.5
水中溶解度	完全	完全	完全	~74%	–	~62%	53%
吸湿性（甘油为100）	–	~55%	~40%	~35%	低	低	很低
闪点（℃）	200	224~243	246~252	254~266		268	271
折光率（n_D^{25}）	1.463	1.465	—				

（1）据 USP37/NF32；（2）据《中国药典》（2020 年版）。

PEG 水溶液发生混浊或沉淀的温度称为浊点或昙点（cloud point），或沉淀温度。聚合物相对分子质量越高，浓度越大，昙点越低，这是由于温度升高，PEG 分子结构中醚氧原子与水分子的水合作用被破坏的结果。常温常压下，相对分子质量低于 2.0×10^4 的 PEG 通常观察不到起昙现象，但水溶液中含有大量电解质时，由于离子化成分竞争水合分子，导致 PEG 昙点降低。例如，0.5% 的 PEG 6000 水溶液中溶解有 5% 氯化钠时，即使加热至 100℃ 也不发混浊，但含 10% 氯化钠时，昙点下降至 86℃，含 20% 氯化钠时，昙点降至 60℃。

PEG 在水中溶解时有明显的热效应，释放的热量主要来自醚氧键的水合热。固态 PEG 的水合热则为溶解所需热能抵消，观察不到热效应。

（2）吸湿性 较低相对分子质量的 PEG 具有很强的吸湿性，随着相对分子质量增大，吸湿性迅速下降。这是因为相对分子质量增大，削弱了末端羟基对整个大分子极性的影响，但高温条件下长期放置，即使相对分子质量较高的 PEG 也会吸收一定量的水分。

（3）表面活性与黏度 PEG 有微弱的表面活性。10% 液态 PEG 水溶液的表面张力约 44mN/m，10% 固态 PEG 水溶液的表面张力约 55mN/m。PEG 分子的端羟基被酯基等其他疏水基团取代后，表面活性会明显增强。许多药用非离子型表面活性剂，如吐温、卖泽、苄泽等，都是低相对分子质量 PEG 的端羟基被取代的衍生物。

相对分子质量较低的 PEG 水溶液的黏度不高，低浓度溶液的黏度几乎与水相似。PEG 的特性黏数与相对分子质量的关系为：$[\eta] = 0.02 + 2 \times 10^{-4} \overline{M}_W$（$\overline{M}_W$ 为 $2.0 \times 10^2 \sim 4.0 \times 10^4$）。

随着相对分子质量增大，PEG 的黏度上升（见表 5-8），但相对分子质量在数万以内的 1% PEG 水溶液的黏度仍低于相近分子质量和相同浓度的甲基纤维素、羧甲纤维素、Carbomer 934、海藻酸钠等水溶性聚合物。PEG 只在很高浓度或在某些极性溶剂中才会形成凝胶。

盐、电解质及温度对 PEG 溶液的黏度影响不大，仅在高温和大量盐存在时，黏度才会出现较明显的下降。

（4）化学反应性 PEG 分子链两端的羟基具有反应活性，能发生所有脂肪族羟基的化学反应，如酯化反应、氰乙基化反应以及被多官能团化合物交联等。120℃ 以上可与空气中的氧发生氧化作用，尤其在产品中存在残留过氧化物时，这种氧化作用更易发生。

PEG 与多种化合物具有良好的相容性，特别是极性较大的物质，甚至某些金属盐在加热时也能溶解在 PEG 中并在室温下保持稳定，如钙、铜、铁、锌的氯化物和碘化钾等。由于 PEG 分子上大量醚氧原子的存在，能与许多物质形成不溶性络合物，如苯巴比妥、茶碱、一些可溶性色素等，有些抗生素和抑菌剂也可因络合而减活或失效。酚、鞣酸、水杨酸、磺胺等则可使 PEG 软化或变色。

3. 应用 PEG 是《中国药典》及英、美等国家药典收载的药用辅料，国内已有部分品种生产。PEG 在制剂中应用十分广泛。

（1）注射用的复合溶剂 以液态 PEG（PEG 300、PEG 400）较常用，最大用量不超过 30%，浓度达 40% 可能发生溶血作用。

（2）栓剂基质 常以固态及液态 PEG 配合使用以调节硬度与熔化温度。与脂肪性基质比较，PEG 作为栓剂基质具有许多优点，如：制备的栓剂能耐受高温天气的影响；药物的释放不受熔点的影响；在贮存期内，物理稳定性较好。但对直肠黏膜的刺激性比脂肪性基质大，所用 PEG 的相对分子质量越大，水溶性药物的释放也越慢。

（3）软膏及化妆品基质 常以固态及液态 PEG 混合使用以调节稠度，具有润湿、软化皮肤、润滑等效果。

（4）液体药剂的助悬、增稠与增溶 以液态 PEG 较常用，与其他乳化剂合用，还具稳定乳剂的作用。

（5）固体分散体的载体 相对分子质量在 $1.0 \times 10^3 \sim 2.0 \times 10^4$ 之间的 PEG 特别适合采用热熔法制备一些难溶性药物的低共熔混合物以加快药物的溶出和吸收。

（6）片剂的固态黏合剂和润滑剂 固体制剂中，高相对分子质量的 PEG 能增加片剂的黏结性，改善颗粒的塑性。单独使用 PEG 时，其黏结作用受限。相对分子质量为 6000 以上的 PEG 可作为片剂的水溶性润滑剂。

（7）用于修饰生物大分子药物 生物大分子药物主要包括多肽、蛋白质和基因类药物。此类药物的药理活性很强，为治疗许多传统药物疗效不佳的疾病带来希望，但同时也存在体内稳定性差、半衰期短等共性问题。将生物大分子药物与 PEG 共价结合（也称 PEG 化，Pegylation）是解决这一问题非常成功的方法（图 5-8）。PEG 共价连接到生物大分子药物的非活性基团上后，形成一道包裹在分子表面的保护性屏障，可避免其被免疫系统识别和吞噬，同时也可减少药物的酶解，减慢其通过肾脏消除的速度。另外，PEG 还会将其优良的水溶性赋予修饰后的药物分子，改变后者在体内的溶解和分配行为。基于上述作用，PEG 修饰可增加生物大分子药物的溶解度和稳定性，改善其在体内的药动学特征，特别是延长其循环时间，有效减少用药频次。目前已有 40 多种 PEG 化的生物大分子药物应用于临床。例如，干扰素（IFN）通过注射方式给药的体内半衰期约为 6.8 小时，每天需要注射一次，用药周期长，患者顺应性差。已经上市的 PEG 化干扰素具有与原药相同的生物活性，同时通过长链 PEG 的修饰延缓了 IFN 在体内的消除，注射一次可在一周时间内维持有效的血药浓度，显著延长了药物作用的持续时间，极大改善患者用药的顺应性。

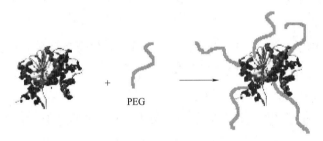

图 5-8 聚乙二醇修饰蛋白质药物示意图

（8）用于纳米制剂表面修饰 纳米制剂可改变所包载的药物在体内的分布，具有靶向功能。但纳米制剂，包括脂质体和利用化学合成的可生物降解聚合物制备的纳米粒，其表面具有一定的疏水性，进入体内后易被蛋白质吸附并被网状内皮系统捕获，从而影响此类制剂的靶向效果。利用 PEG 对脂质体和疏水材料制备的纳米粒进行修饰，PEG 包裹在制剂的表面形成亲水性的外壳，能够有效防止纳米制剂对内源性蛋白质的吸附，在体内可实现长循环的效果，增加药物被递送到其有效作用部位的几率（图 5-9）。例如，将 PEG 修饰的二硬脂酰磷脂酰

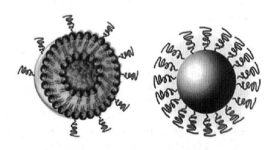

图 5-9 聚乙二醇修饰的脂质体（左侧）和纳米粒（右侧）的结构示意图

乙醇胺（PEG-DSPE）嵌入到脂质体膜中，成功制备出包载阿霉素的空间稳定脂质体（Doxie®）。相比于传统的脂质体，这种 PEG 化修饰的脂质体在体内能够有效规避巨噬细胞的摄取，因此也被称为长循环脂质体或隐形脂质体，在肿瘤组织中可获得更高的药物浓度。在 PEG 修饰的疏水性聚合物分子中，如果亲水性嵌段的空间体积大于疏水嵌段，这些聚合物凭借疏水嵌段间的相互作用通常能够在水性介质中发生自组装，形成以疏水嵌段为内核，以水化的 PEG 嵌段为外壳的纳米胶束。这类胶束的粒径通常小于 100nm，与病毒大小相近，同样具有体内长循环和靶向功能，也是一种理想的药物递送载体。

（9）PEG 用于薄膜衣的增塑剂、致孔剂、打光剂以及滴丸基质等　液态 PEG 可作为与水相混溶的溶剂填装于明胶软胶囊中，但在处方设计中应注意由于其吸收囊壳中的水分而使囊壳变硬。

美国 NF25 收载的新辅料甲氧基聚乙二醇，具有与 PEG 类似的性质和在药剂学中相同的应用。

4. 安全性　PEG 在药剂学领域中应用多年，近年也有关于其不良反应的报道，认为相对分子质量较低的 PEG 毒性较大。局部应用时，特别是黏膜给药，可导致刺激性疼痛。局部用药可能引起过敏反应，包括荨麻疹和延迟性过敏反应。烧伤病人局部应用 PEG 会产生高渗性、代谢物酸中毒和肾功能衰退，因此对于肾衰竭、大面积烧伤，或开放性外伤的患者，局部应用 PEG 应特别谨慎。NF 规定 PEG 含乙二醇和二乙二醇限量应≤0.25%。

大剂量口服 PEG 可出现腹泻。口服液态 PEG 可被吸收，但相对分子质量较高的 PEG 在胃肠道不被吸收。WHO 确定 PEG 可接受的每日剂量最高为 10mg/kg。静脉注射应用高剂量 PEG 应慎重。

（二）聚氧乙烯

1. 化学结构和制备　USP/NF 中描述聚氧乙烯为非离子型环氧乙烷均聚物，分子式为 $(CH_2CH_2O)_n$，PEO 重复单元数和相对分子质量见表 5-9。PEO 的相对分子质量达到 10 万以上时，表现出很高的黏度，易形成凝胶。

与 PEG 的合成不同，PEO 的合成采用不同的金属催化剂体系催化环氧乙烷开环聚合，可得到相对分子质量 $2.5 \times 10^4 \sim 1.0 \times 10^6$ 的产品。

表 5-9　聚氧乙烯的重复单元数、相对分子质量和 25℃时水溶液的黏度

聚氧乙烯级别	重复单元数	相对分子质量	黏度（mPa·s）		
			5%水溶液	2%水溶液	1%水溶液
WSR N-10	2 275	100000	30~50		
WSR N-80	4500	200000	55~90		
WSRN-750	6800	300000	600~1200		
WSR N-205	14000	600000	4500~8800		
WSR N-1105	20000	900000	8800~17600		
WSR N-12K	23000	1000000		400~800	
WSR N-60K	45000	2000000		2000~4000	
WSR-301	90000	4000000			1650~5500
WSR Coagulant	114000	5000000			5500~7500
WSR-303	15900	7000000			7500~10000

注：来自 DOW 公司产品 Polyox 的数据。

2. **性质**　聚氧乙烯为白色至灰白色的自由流动粉末，有轻微的氨臭，密度为 $1.3g/cm^3$，熔点为 65~70℃，含水量<1%。PEO 能溶于水和多种有机溶剂，如乙腈、三氯甲烷和二氯甲烷等，在脂肪族碳氢化合物、乙二醇和乙醇中不溶。本品的黏附力、凝胶强度和溶胀性取决于相对分子质量。高聚合度的 PEO 对悬浮在水中的各种细微物质具有絮凝作用，相对分子质量越高，絮凝作用越强。

PEO 应置于阴凉、干燥处，在密封的容器中保存。高温可导致其黏度降低，因此应避免暴露于高温下。PEO 不能与强氧化剂配伍。

3. **应用**　相对分子质量在 10 万~600 万的聚合物是优质的黏膜黏附剂，可用于制备膜剂、贴剂、片剂、凝胶剂、微粒、糖浆剂和渗透泵控释片。

利用 PEO 制备速释制剂和缓释制剂时，其溶胀能力和相对分子质量之间的关系可作为选型的依据。浓度为 5%~85% 的 PEO 可作为片剂黏合剂。高黏度的 PEO 可作为缓控释制剂的亲水性骨架基质，或双层渗透泵片的助推层。

低浓度的 PEO 是有效的增稠剂，还可用作片剂的黏合剂（浓度为 5%~85%）和包衣材料，也可用作生物黏合剂或用于透皮给药制剂。

PEO 薄膜在润湿时有优良的润滑性，这种特性已应用于改进医疗器械润滑性的涂层。用辐射法处理 PEO 溶液可使 PEO 交联形成凝胶用于外伤护理。

4. **安全性**　本品已收载入 FDA 的《非活性组分指南》，可用于制备控释片剂。PEO 有良好的生物相容性，应用于各种给药途径时毒性均很低。本品在胃肠道吸收少，能快速完全地消除，对皮肤无刺激性、无致敏性，对眼亦无刺激性。

二、聚氧乙烯蓖麻油衍生物

1. **化学结构和制备**　聚氧乙烯蓖麻油衍生物（polyoxyethylene castor oil derivatives）是由低相对分子质量聚乙二醇、蓖麻油酸和甘油形成的一种非离子型表面活性剂。聚氧乙烯蓖麻油衍生物是由不同量环氧乙烷和蓖麻油或氢化蓖麻油反应，得到的多组分混合物，包括聚乙二醇蓖麻油酸酯、乙氧基化甘油三蓖麻油酸酯以及未反应的蓖麻油和乙氧基化甘油等。根据具体品种不同，疏水部分与亲水部分的比例不尽相同，但均以疏水部分为主。

聚氧乙烯 35 蓖麻油（polyoxyl 35 castor oil，商品名 Cremophor EL）中疏水基成分约占 83%，主要成分是聚乙氧基甘油蓖麻油酸酯，其他成分包括聚乙二醇脂肪酸酯和未反应的蓖麻油；亲水成分是聚乙二醇和乙氧基化甘油。Cremophor ELP 是 Cremophor EL 的高纯度级产品，水分和游离脂肪酸含量较低，稳定性高于 Cremophor EL。聚氧乙烯 40 氢化蓖麻油（polyoxyl 40 hydrogenated castor oil，商品名 Cremophor RH 40）中疏水基团约占 75%，主要成分是数种乙氧基化甘油脂肪酸酯和数种聚乙二醇脂肪酸酯；亲水成分是聚乙二醇和乙氧基化甘油。

2. **性质**　聚氧乙烯 35 蓖麻油是淡黄色黏稠性液体，微有异臭，加热到 26℃ 时完全液化为澄明液体。聚氧乙烯 40 氢化蓖麻油为白色糊状物，30℃ 时液化，水溶液微有异臭和异味。聚氧乙烯 60 氢化蓖麻油在室温下为白色糊状物，水溶液气味不大。聚氧乙烯蓖麻油衍生物易溶于水和各种低级醇，易溶于三氯甲烷、乙酸乙酯等有机溶剂，加热时与脂肪酸及动植物油混溶。作为非离子型表面活性剂，聚氧乙烯蓖麻油衍生物对疏水性物质具有很强的增溶和乳化能力（表 5-10）。

表 5-10　聚氧乙烯蓖麻油衍生物的一些物理性质

名称	聚氧乙烯 35 蓖麻油	聚氧乙烯 40 氢化蓖麻油
酸值	≤2.0	≤1.0
HLB 值	12～14	14～16
羟值	65～78	60～80
碘值	28～32	≤1
皂化值	65～70	50～60
水分	≤3%	≤2%
熔点（℃）	19～20	≈30
凝固点（℃）	—	21～23
1%水溶液昙点（℃）	72.5	95.6
密度（g/cm³）	1.05～1.06	—
pH	6～8	6～7
20℃折射率	1.471	1.453
0.1%水溶液表面张力（mN/m）	40.9	43.0
25℃的黏度（mPa·s）	650～800	20～40
临界胶束浓度	≈0.009	≈0.039

聚氧乙烯 35 蓖麻油水溶液可经受 121℃、20 分钟热压灭菌，但颜色变深。聚氧乙烯 40 氢化蓖麻油水溶液也可经受 121℃热压灭菌，但 pH 略有下降。

聚氧乙烯 40 氢化蓖麻油和聚氧乙烯 60 氢化蓖麻油可与多种物质配合应用，一般情况下也不受盐类电解质的影响，但在强酸、强碱环境中可能水解，遇酚类化合物（如苯酚、间苯二酚、鞣酸等）则形成不溶性沉淀。水溶液中，二氯化汞的存在可使聚氧乙烯 35 蓖麻油产生沉淀。

3. 应用　聚氧乙烯蓖麻油衍生物在液体制剂中广泛应用，可作为增溶剂、乳化剂和润湿剂。本品可外用作为液体药剂的增溶剂和乳化剂，也被用于改进气雾剂、抛射剂在水相中的溶解度。本品亦用作栓剂、化妆品的基质成分以及用于动物饲料中。口服制剂中，推荐使用氢化蓖麻油的衍生物，因为蓖麻油衍生物略有不适臭味。

在注射剂中，聚氧乙烯蓖麻油可用作难溶性药物的溶剂，如紫杉醇、丙泊酚、环孢素、地西泮、丙泮尼地和阿法沙龙等。目前在临床上最为常用的紫杉醇注射剂是由 6mg/ml 的紫杉醇溶解于聚氧乙烯 35 蓖麻油与无水乙醇（1∶1）的混合溶媒中制备而成。

25%（V/V）聚氧乙烯 35 蓖麻油水溶液 1ml，可增溶约 10mg 棕榈酸维生素 A、10mg 维生素 D、120mg 维生素 E 或 120mg 维生素 K₁。相同浓度、相同用量的聚氧乙烯 40 氢化蓖麻油可增溶约 88mg 棕榈酸维生素 A 或大约 160mg 丙酸维生素 A。应用聚氧乙烯 35 蓖麻油时，首先将被增溶物质溶解在聚氧乙烯 35 蓖麻油中，然后慢慢加入水搅拌混匀。当水加入时，体系黏度增大，至水含量大约达到 40%（V/V）时黏度最大。在短时间内加热至约 60℃或加入聚乙二醇和（或）丙二醇可提高增溶能力。

聚氧乙烯 35 蓖麻油还可用于栓剂基质。在化妆品方面，聚氧乙烯 35 蓖麻油在含有 30%～50%（V/V）醇（乙醇或丙二醇）的介质中主要用作香料和挥发油的增溶剂。此外，亦用于乳化鱼肝油、其他油和脂肪。

聚氧乙烯 40 氢化蓖麻油还用于含有水的气雾剂中，以改善抛射剂在水相中的溶解度。

此外，也用于乳化脂肪酸和脂肪醇。

4. 安全性 聚氧乙烯蓖麻油衍生物可用于口服、局部和注射等各种给药途径，基本无毒、无刺激性。聚氧乙烯 35 蓖麻油小鼠静脉注射的 LD_{50} 为 2.5g/kg，大鼠口服的 $LD_{50} >$ 6.4g/kg；聚氧乙烯 40 氢化蓖麻油小鼠静脉注射的 $LD_{50} > 12.0g/kg$，大鼠口服的 $LD_{50} >$ 16.0g/kg；聚氧乙烯 60 氢化蓖麻油小鼠腹腔注射的 $LD_{50} > 12.5g/kg$，大鼠口服的 $LD_{50} >$ 16.0g/kg。本品给人和动物静脉注射有较严重的致敏性，有多起死亡病例报道，必须注意。

三、泊洛沙姆

1. 化学结构和制备 泊洛沙姆（Poloxamer）是聚氧乙烯–聚氧丙烯嵌段共聚物的非专利名。《中国药典》收载有口服级别的泊洛沙姆。

泊洛沙姆系以丙二醇为起始剂，依次经环氧丙烷和环氧乙烷的阴离子开环聚合反应，得到两端为聚氧乙烯（PEO）、中间为聚氧丙烯（PPO）的三嵌段共聚物（PEO–PPO–PEO）。

泊洛沙姆具有一系列不同相对分子质量和聚氧丙烯/聚氧乙烯比例的品种。其命名规则是在 "Poloxamer" 后附以三位数字组成的编号，前二位数乘以 100 为聚氧丙烯链段的近似相对分子质量，第三位数乘以 10 为聚氧乙烯链段在共聚物中的重量百分比。例如，Poloxamer 188，前两位数是 18，表示聚氧丙烯链的相对分子质量为 18×100 = 1800（实际为 1750，取整数）；第三位数是 8，表示聚氧乙烯链相对分子质量占总数的 80%，由此推算该共聚物的相对分子质量为 9000（实际为 8350）。在 Poloxamer 的命名规则中，最后一位数是 7 或者 8 的共聚物均为固体，5 以下的则为半固体或液体。

国际市场的泊洛沙姆共聚物主要由 BASF 公司提供，商品名为普朗尼克（Pluronic），在美国指药用级别和工业级别的泊洛沙姆，商品名 Lutrol 的产品在欧洲指药用级别的泊洛沙姆。普郎尼克的命名原则为，前一位（或前两位）是聚氧丙烯链段的相对分子质量的代号；最后一位数代表聚氧乙烯链段的重量百分比；字母 L、P 或 F 分别代表液态、糊状或片状。表 5-11 列出了代表性的泊洛沙姆产品的结构和理化性质。

表 5-11 泊洛沙姆的结构与理化性质

Poloxamer 型号	Pluronic 型号	a	b	$\overline{M}_n$	mp（℃）	溶解度		
						95%乙醇	丙二醇	水
124	L-44	12	20	2029~2360	16	易溶	易溶	易溶
188	F-68	80	27	7680~9510	52~57	易溶	不溶	易溶
237	F-87	64	37	6840~8830	49	易溶	不溶	易溶
338	F-108	141	44	12700~17400	57	易溶	略溶	易溶
407	F-127	101	56	9840~14600	52~57	易溶	不溶	易溶

2. 性质 相对分子质量较高的泊洛沙姆为白色、蜡状、可自由流动的球状颗粒或浇注固体，相对分子质量较低的泊洛沙姆为半固体或无色液体。基本无臭、无味，固体密度为 1.06g/cm³。泊洛沙姆的理化性质与其型号有关。

（1）溶解性 泊洛沙姆是由不同比例聚氧乙烯链段和聚氧丙烯链段构成的嵌段共聚物，其中聚氧乙烯链段相对分子质量比例在很大范围内变动。聚氧乙烯的相对亲水性和聚氧丙烯的相对亲油性使这类共聚物具有极不相同的表面活性，衍生出从油溶性到水溶性的多种产品。

(2) 昙点　泊洛沙姆水溶液加热时，由于其分子的水合结构被破坏并形成疏水链构象而发生起浊的现象。泊洛沙姆溶解度下降，水溶液发生浑浊的温度（即昙点）随分子中亲水性链段和疏水性链段的比例不同而在很大范围内变化。聚氧乙烯部分相对分子质量在70%以上的泊洛沙姆，即使浓度高达10%，常压下加热至100℃，仍观察不到起浊现象。随着聚氧乙烯部分的比例下降，泊洛沙姆的亲水性减弱，昙点降低。溶液浓度增高，昙点也相应降低。

(3) 表面活性　作为非离子型表面活性剂，泊洛沙姆的表面活性与结构有关。泊洛沙姆的亲水亲油平衡值（HLB 值）从极端疏水性的 Poloxamer 401（HLB = 0.5）到极端亲水性的 Poloxamer 108（HLB = 30.5）。聚氧乙烯链段比例越大，HLB 值越高；聚氧乙烯链段比例相同的情况下，相对分子质量越小，HLB 值越高。选择适宜的泊洛沙姆单独使用或配合使用，容易获得乳化液体所需的适宜 HLB 值。

聚氧乙烯链段较小、相对分子质量较高的泊洛沙姆具有较强的润湿能力。含 10% 聚氧乙烯链段的 Poloxamer 101、231、331、401 等均具良好的润湿性。其中以 Poloxamer 401 相对分子质量最大，对于像油这类疏水性物质的铺展效果最佳，而且在室温至 60℃ 的温度范围内润湿性均保持不变。

泊洛沙姆的增溶能力较弱。虽然泊洛沙姆在水中能形成胶团，但其临界胶团浓度及其缔合数尚无定论。泊洛沙姆在水中可能是形成单分子胶团，也可能形成 2~8 个大分子缔合而成的胶团，胶团结构是以聚氧丙烯链段为内核、聚氧乙烯链段为栅状层。由于聚氧丙烯作为疏水基团实际上与非极性或弱极性化合物的亲和能力并不强，大量醚氧原子的存在依然在胶团内核形成相当亲水的环境，同时，与小分子表面活性剂相比，在相同浓度下胶团数量很少，所有这些因素限制了泊洛沙姆的增溶能力。

(4) 胶凝作用　除一些相对分子质量较低的泊洛沙姆品种外，多数泊洛沙姆在较高浓度时即形成水凝胶。泊洛沙姆存在两个临界温度，即低溶液-凝胶转变温度（LCST）和高凝胶-溶液转变温度（UCST），较高浓度的泊洛沙姆水溶液在这两个温度之间即形成水凝胶。相对分子质量越大，凝胶越易形成。相对分子质量在 8000 以上的泊洛沙姆，形成凝胶的浓度约为 20%~30%。这种凝胶可以通过加热其溶液然后冷却至室温，或者在 5~10℃ 冷藏其水溶液然后转移至室温环境下自然形成。循环加热和冷却可使凝胶发生可逆的变化，但不影响凝胶的性质。其胶凝作用是泊洛沙姆分子间形成氢键的结果。

利用泊洛沙姆分子端羟基的反应性，通过 γ-辐射或丙烯酰衍生化，可以制备水不溶性的凝胶。低剂量 γ-射线辐射形成的凝胶在振摇后仍能恢复成溶液；高剂量辐射形成的水凝胶则通常不可逆；丙烯酰氯取代端羟基后，可通过自由基聚合形成具有稳定化学交联结构的水凝胶。

泊洛沙姆水溶液在酸、碱和金属离子存在下稳定，但易长霉。泊洛沙姆 188 与苯酚、羟苯酯类有一定的配伍禁忌，取决于二者的相对浓度。

3. 应用　泊洛沙姆收载于 USP/NF、BP、PhEur 和《中国药典》，收载于 FDA 的《非活性组分指南》，可用于静脉注射剂、吸入剂、眼用制剂、口服散剂、溶液剂、混悬剂和糖浆剂、局部用制剂。

泊洛沙姆可作静脉注射脂肪乳剂的乳化剂，其中 Poloxamer 188 具有最佳乳化性能和安全性。但是，以 Poloxamer 188 为乳化剂的乳剂，经热压灭菌，其物理稳定性将受一定程度的影响。

口服制剂中，主要利用水溶性泊洛沙姆作为增溶剂、乳化剂和稳定剂。其增加药物的溶出速率和体内吸收的作用可能是泊洛沙姆润湿、增溶以及减缓胃肠蠕动、延长吸收时间的综合结果。微粉化的 Poloxamer 188 和 Poloxamer 407 也用于口服固体制剂的水溶性润滑剂。

高相对分子质量的亲水性泊洛沙姆是水溶性栓剂、亲水性软膏、凝胶、滴丸剂等的基质材料，在化妆品和牙膏中也可作为基质材料使用。近年来，泊洛沙姆水凝胶的温度敏感性被用来制备热敏型的缓释、控释制剂，如长效注射剂、长效滴眼液等。

泊洛沙姆的其他应用包括：在液体药剂中用作增稠剂、分散剂、助悬剂；在化妆品中用作乳化剂、润湿剂和香精的增溶剂等。

近 20 年来，泊洛沙姆或 PEG 作为生化试剂用于血浆蛋白的分离是一种理想而有效的方法。水溶性聚合物（如 PEG）一般难与最终产品分离，而泊洛沙姆不溶血，且其处理血浆过程一般在室温和低温条件下进行，在低于室温时，血浆中的各种蛋白在泊洛沙姆 108 溶液中有不同的溶解度，能形成不溶性络合物，已经成功地被应用于白蛋白、免疫血清球蛋白、第 8 因子浓缩制剂和复合凝血酶原等的分离和精制。

泊洛沙姆的常用浓度为：脂肪乳剂或微囊 0.3%，香料增溶剂 0.3%，全氟化碳静脉乳剂 2.5%，凝胶剂 15%～50%，铺展剂 1%，稳定剂 1%～5%，栓剂基质 5% 或 90%，片剂包衣 10%，片剂赋形剂 5%～10%，湿润剂 0.01%～5%。

4. 安全性　狗和家兔的毒性试验表明，5%（W/V）和 10%（W/V）的泊洛沙姆溶液对眼、皮肤和牙龈无刺激性、无致敏性。Poloxamer 188 大鼠口服的 LD_{50} 为 9.4g/kg，大鼠静脉注射 LD_{50} 为 7.5g/kg；小鼠口服的 LD_{50} 为 15g/kg，小鼠静脉注射 LD_{50} 为 1g/kg。Poloxamer 188 在体内不被代谢，以原形由肾脏排出。

四、维生素 E 聚乙二醇琥珀酸酯

1. 化学结构和制备　维生素 E 聚乙二醇琥珀酸酯（D-α-tocopheryl polyethylene glycol succinate，TPGS），又名托可索仑（tocofersolan），是天然维生素 E 的水溶性衍生物，由维生素 E 琥珀酸酯（VES）的羧基与聚乙二醇 1000 酯化而成的两亲性化合物，其结构式见图 5-10。

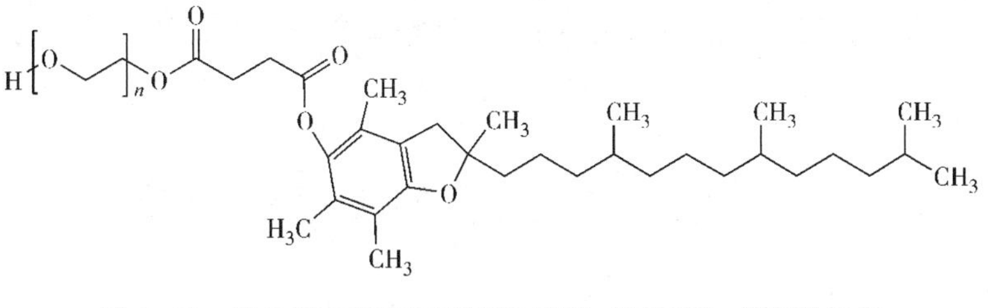

图 5-10　维生素 E 聚乙二醇琥珀酸酯（TPGS）的化学结构

TPGS 最早由美国 Eastman 公司于 1950 年研发，20 世纪 80 年代开始应用于维生素 E 缺乏症的治疗，现在作为一种非离子表面活性剂已被 FDA 批准为安全的药用辅料。

2. 性质　TPGS 为白色至浅棕色的蜡状固体，几近无味，相对分子质量为 1513，以 α-生育酚计其维生素 E 含量不得少于 260～300mg/g。本品的熔点为 37～41℃，热分解温度约 200℃，具有较好的热稳定性，室温条件下长期放置稳定，光照、氧气、氧化剂以及自由基对其稳定性影响不大，但遇碱不稳定。

TPGS 分子中含有亲水性的聚乙二醇长链和疏水性的维生素 E，是一种非离子型表面活性剂，其 HLB 值约为 13，室温条件下临界胶束浓度为 0.026%。本品能溶于水和乙醇等大多数极性有机溶剂，在水中的溶解度为 20%，超过此浓度形成高黏度的液晶相。随着 TPGS 浓度增加，液晶相的结构逐渐变化，从各向同性的球状胶束到圆筒状胶束、正反六角形胶束、反球状胶束，最后形成薄层片状液晶态。

3. 应用 TPGS 作为天然维生素 E 的衍生物，毒性较低，良好的两亲性和较大的分子表面积使其可作为增溶剂、乳化剂、药物晶型的稳定剂、固体分散体的基质或者其他脂溶性药物传递系统的载体，以提高药物的溶解度和溶出速度等。在纳米分散体系中，TPGS 可作为稳定剂，利用其较大的分子体积以及较长的聚乙二醇链形成立体位阻，防止纳米药物和纳米颗粒载体发生聚集，同时还具有提高药物包封率和调控释药速率的作用。

TPGS 可以抑制 P-糖蛋白对药物的外排作用，并能有效克服肿瘤细胞的多药耐药性（multidrug resistance，MDR）。基于此作用，以 TPGS 为辅料可以增加抗癌药物的口服生物利用度，同时还可以提高抗癌药物对癌细胞的杀伤力。

TPGS 在药物制剂领域的应用还包括：增加药物渗透性，可以作为吸收促进剂提高自乳化制剂的生物利用度；用作增塑剂可促进膜剂成型，改善膜的延展性和弹性等。

4. 安全性 毒理学研究表明，TPGS 成年大鼠口服 LD_{50} 大于 7000mg/kg，对体重、进食量、脏器重量、血液学指标和血清生化指标等无明显影响，未观察到明显的生殖毒性。TPGS 已获美国 FDA 的 GRAS 认证，并被批准作为一种安全的药用辅料广泛应用于药品处方中。

第六节 可生物降解聚合物

一、脂肪族聚酯及其共聚物

（一）聚乙醇酸

1. 化学结构和制备 聚乙醇酸（polyglycolic acid，PGA），或聚乙交酯（polyglycolide）可由乙醇酸（羟基乙酸）脱水缩聚得到，但直接缩聚得到的 PGA 相对分子质量不高，可以将乙醇酸制成环状二聚体乙交酯（glycolide）后，经开环聚合法制得高分子质量的 PGA。

乙醇酸　　　　乙交酯　　　聚乙醇酸（PGA）

2. 性质和应用 PGA 为线型脂肪族聚酯，结晶度高（40%~50%），机械性能好，熔点为 224~226℃，不溶于常用的有机溶剂，溶于三氟异丙醇，T_g 为 36℃。

PGA 具有良好的生物降解性，在机体内，PGA 分解后进入代谢循环，并最终分解成为 CO_2 和水。现有的体内可吸收聚合物中，PGA 的降解速度比聚乳酸、聚己内酯快，尤其是力学强度衰减迅速。一般条件下，PGA 在组织中 14 天后强度下降 50% 以上，28 天后下降

90%~95%以上，这使其应用受到了限制，通常使用的是与其他聚酯的共聚物。

由 PGA 制成的 Dexon 为世界上第一个合成的可吸收手术缝合线，PGA 也是最早用于骨折内固定物的可吸收聚合物之一。

（二）聚乳酸和乳酸-乙醇酸共聚物

1. 化学结构和制备 聚乳酸（polylactic acid，PLA），或聚丙交酯（polylactide），可用乳酸直接缩聚制得，但聚合物的相对分子质量较低。通常将乳酸制成环状二聚体丙交酯，然后用酸催化剂或有机金属化合物催化剂（医药用聚乳酸一般选用低毒性三羟基铝）催化开环聚合制备，其化学结构式如下：

$$\text{乳酸} \xrightarrow{-H_2O} \text{丙交酯} \longrightarrow \text{聚乳酸（PLA）}$$

乳酸-乙醇酸共聚物［poly（lactic acid-co-glycolic acid），PLGA］通常采用丙交酯和乙交酯为原料，在羟基铝等催化下开环聚合制备，其化学结构式如下：

乳酸-乙醇酸共聚物

2. 性质与应用 乳酸是光学活性物质，因此聚乳酸有聚 D-乳酸（PDLA）、聚 L-乳酸（PLLA）和聚 D, L-乳酸（PDLLA）。PDLA 为高结晶性聚合物，结晶度 37% 左右，不易加工。PLLA 为半结晶聚合物，熔点为 185℃，具有优良的力学强度且降解时间很长（一般大于 24 个月），是制作植骨固定装置的理想材料。PDLLA 系无定形聚合物，T_g 为 65℃。降解和吸收速度较快，一般为 3~6 个月，适合用于制备药物控释系统，也可作为软组织修复材料。

PLA 的降解为水解反应，降解速度与其相对分子质量和结晶度有关。相对分子质量越高，降解越慢。降解首先发生在聚合物无定形区，降解后形成的较小分子链可能重排形成结晶，故结晶度在降解开始阶段有时会升高。约 21 天后，结晶区大分子开始降解，聚合物的机械强度减弱，约 50 天后，结晶区完全消失。像 PLA 这类聚酯材料，在降解初期材料内部的外形和重量一般并无明显变化。例如 PLA 大约在 60 天内已有 50% 左右酯键断裂，但依然能保持原来的状态和重量。随着相对分子质量降低和一些疏水性甲基从大分子链上断裂，聚合物的亲水性和溶解性增大，水分子扩散进入材料内部的速度加快，水解反应自动加速，材料明显失重和溶解直至完全消失。

调节丙交酯和乙交酯的比例可以得到不同结晶度的 PLGA。PLGA 的降解亦属水解反应，水解速度在很大程度上取决于共聚单体的配比。共聚物的结晶度均低于各自的均聚物。在等摩尔配比时，共聚物的结晶度最低，降解速度也达到最快。体外水解研究表明，当共聚比例一定时，聚合物的水解速度随相对分子质量的增加而减慢，释药速度也相应下降。在等摩尔配比共聚的材料中，相对分子质量为 4.5×10^5 的共聚物在 80 天内释药量仅为相对分子质量为 1.5×10^5 共聚物的 1/2 左右。

PLA 具有很好的可生物降解性，同时也具有良好的生物相容性和生物可吸收性。1997 年 FDA 批准其作为医用手术缝合线以及注射用微囊、微球、埋植剂等的载体材料。

目前，基于 PLA 或 PLGA 的可生物降解长效制剂处于研制阶段的活性成分包括抗肿瘤药物、激素类药物、多肽、蛋白质药物、疫苗等。已上市的此类产品有促黄体激素释放激素（LHRH）类药物戈舍瑞林的皮下植入剂 Zoladex®、注射用亮丙瑞林微球 Lupron®（冻干粉针，用溶剂分散后形成供肌内注射的混悬剂）、促性腺激素释放激素（TRH）类药物曲普瑞林微球 Decapeptyl®、注射用艾塞那肽微球、注射用利培酮微球等。

3. 安全性　PLA、PGA 和 PLGA 具有可生物降解和可生物吸收性、生物相容性，降解产物无毒、无致畸、致癌性，可用于制备植入剂或长效注射剂，已列入 FDA 的安全化合物（GRAS）目录。

（三）聚己内酯和乙醇酸-己内酯共聚物

1. 化学结构和制备　聚己内酯（polycaprolactone，PCL）是由 ε-己内酯（ε-caprolactone）开环聚合而得，阳离子、阴离子和络合离子型催化剂都可以引发该聚合反应。通常可用辛酸亚锡催化，在 140~170℃ 熔融本体聚合。聚合条件不同，PCL 的相对分子质量可从几万到几十万。

$$\varepsilon\text{-己内酯} \qquad\qquad \text{聚己内酯（PCL）}$$

乙交酯-ε-己内酯的共聚物（PGA-PCL）可通过乙交酯与 ε-己内酯的本体聚合制得。

$$\text{PGA-PCL}$$

2. 性质与应用　PCL 是半结晶聚合物，熔点低（60℃），T_g 极低（-62℃），室温下为高弹态，热稳定性好，分解温度 350℃。

PCL 及其单体无毒、有很好的生物相容性和生物降解性，在生理条件下可水解，有些交联的 PCL 可被酶解。低相对分子质量的碎片被巨噬细胞内吞并在细胞内降解。本品与 PGA 和 PLA 具有类似的组织相容性和吸收代谢过程。但 PCL 的降解速度比 PGA 和 PLA 慢得多，在体内完全吸收和排泄需 2~4 年，相对分子质量越大，降解越慢。常与其他聚合物共聚或共混的方式提高熔点和改善生物降解性。

可生物降解聚酯中，PCL 对小分子药物有很好的通透性，适合用于制备以药物扩散为主兼有溶蚀的控释给药系统，可制成（毫）微球、微囊、膜、纤维等形式的制剂。目前已有以 PCL 为基质的长效避孕埋植剂（如美国的 Capronor® 和中国的 CaproF®）进入临床研究阶段。

由于 PCL 比 PGA 有更好的疏水性，体内降解缓慢，常用二者的共聚物 PGA-PCL 改善加工性能和调节降解速率，更适合作为药物缓控释的载体。

（四）聚酯-聚乙二醇共聚物

1. 化学结构和制备　聚乙二醇-聚乳酸（PEG-PLA）和聚乙二醇-聚己内酯（PEG-PCL）等聚酯-聚乙二醇共聚物最常用的制备方法是用亚锡类化合物作催化剂，用聚乙二醇单甲醚（mPEG）为起始剂，丙交酯或己内酯开环聚合得到，其化学结构式如下：

mPEG-PLA

mPEG-PCL

2. 性质与应用 PEG-PLA 或 PEG-PCL 可溶于 N,N-二甲基甲酰胺、乙酸乙酯、四氢呋喃、丙酮、二氯甲烷、三氯甲烷等溶剂中，不溶于醇类溶剂，如甲醇、乙醇等。

聚酯与 PEG 的共聚物在水性介质中自组装形成纳米级的球形核壳结构，称为聚合物胶束。聚合物胶束的研究在近二十年来已经成为药物传递系统研究领域的一个热点，可用于药物增溶、延缓释放和靶向递送等。两亲性聚合物胶束的疏水内核可包载疏水性药物，如紫杉醇等，亲水性外壳可以增强胶束在水性介质中的分散性和稳定性，并减少网状内皮系统（RES）的吞噬。胶束纳米尺度的粒径使其具有增强渗透与滞留（EPR）效应，能通过被动靶向增加其在肿瘤或炎症部位的蓄积。PEO-b-PDLLA 紫杉醇胶束制剂 PAXCEED® 和 Genexol®-PM 已分别在加拿大和韩国上市，用于治疗风湿性关节炎和银屑病，以及用于卵巢癌和乳腺癌的治疗。

二、聚原酸酯

1. 化学结构和制备 聚原酸酯（polyortho esters，POE）是一种人工合成的生物可降解高分子，通过多元原酸或多元原酸酯与多元醇类在无水条件下聚合形成聚原酸酯。合成 POE 的常用方法有 3 种：二元醇与原酸酯或原碳酸酯进行酯交换；双烯酮与多元醇反应；烷基原酸酯与三元醇聚合。

POE Ⅰ　　　　POE Ⅱ　　　　POE Ⅲ

POE Ⅳ

2. 性质 POE 为疏水性聚合物，不溶于水，在水溶液中也不发生溶胀，可溶于环己烷、四氢呋喃等有机溶剂。玻璃化温度>37℃。POE 在酸性条件下易水解，在碱中稳定。在生物体内的降解是由原酸酯键的水解反应引起的，降解最终产物为二醇及 γ-羟丁酸等水溶性的小分子，容易被生物体所代谢，降解过程主要发生在材料表面，具有表面溶蚀特征。

3. 应用 POE 毒性低，但对人体有局部刺激性，目前无药典或其他法定文献收载。POE 可作为某些长效药物制剂的缓控释材料，如长效避孕药和戒毒药。

三、氨基酸类聚合物

1. 化学结构和制备　氨基酸类聚合物［poly amino acid］通常可分为 3 种。①聚氨基酸：是 α-氨基酸之间由肽键相连组成的合成聚合物，如聚天冬氨酸、聚谷氨酸等；②假性聚氨基酸：是 α-氨基酸之间由非肽键相连组成的合成聚合物，如聚氨酯-碳酸酯等；③氨基酸共聚物：聚合物主链由氨基酸和非氨基酸单元组成，如聚乙二醇-聚天冬氨酸、聚乙二醇-聚赖氨酸等共聚物。

氨基酸类聚合物的制备方法有：碳酰氯的 N-羟酸酐法（NCA 法）、活性酯法和发酵法等。氨基酸类聚合物作为药用材料研究最多的有聚天冬氨酸［poly L-aspartic acid，PASP］、聚谷氨酸［poly glutamic acid，PGA］、聚 L-赖氨酸［poly L-lysine，PLL］等，以及聚氨基酸及其衍生物与 PEG 的两亲性共聚物，如聚乙二醇-聚天冬氨酸-阿霉素［PEO-b-P（Asp）-DOX］、聚乙二醇-聚（4-苯基-1-丁酸酯）- L-天冬酰胺（PEO-b-PPBA）等。采用 NCA 法制备氨基酸类聚合物的合成路线如下：

$$\text{HOOC—}\underset{\underset{NH_2}{|}}{\text{C}}\text{—COCl}_2\text{—R} \quad \xrightarrow[-CO_2]{\text{polymerization}} \quad \left(\text{NHCH—}\underset{\underset{R}{|}}{\overset{\overset{O}{||}}{C}}\right)_n$$

2. 性质　聚氨基酸具有优良的生物相容性和生物降解性，体内降解主要为酶解，降解成相应的氨基酸单体，可被机体吸收、代谢和排泄。目前无法定文献收载。

将功能性侧链基团引入聚合物主链，可以改变材料的亲疏水性、荷电性和酸碱性等性质，利用该方法能够调节药物的扩散速度与材料自身的降解进度。也可将药物键合到材料上，形成聚合物前药。

3. 应用　聚氨基酸材料可用作手术缝合线材料、人工皮肤等，在药物制剂领域已被广泛研究用于计划生育、抗肿瘤等药物的递送。

PEO-b-P（Asp）-DOX 和 PEO-b-PPBA 分别被用于制成抗肿瘤药物阿霉素和紫杉醇的胶束制剂，在日本已进入临床研究阶段，其中 PEO-b-P（Asp）-DOX 用于治疗转移的胰腺癌。

四、聚酸酐

1. 化学结构和制备　聚酸酐（polyanhydride）是单体通过酸酐键连接而成的聚合物。已合成的聚酸酐种类很多，可分为芳香族聚酸酐、脂肪族聚酸酐、杂环聚酸酐、交联聚酸酐等。

聚酸酐可通过缩聚和开环聚合而得。缩聚的方法包括熔融、溶液和界面缩聚，其中最常用的是熔融缩聚法，溶液缩聚法所得的产物相对分子质量较低。熔融缩聚使用二羧酸与乙酸酐在一定温度下先制备成二元酸酐预聚体，再在真空下加热缩合，可制成相对分子质量 10 万~20 万的聚酸酐。

$$\text{HO—}\overset{\overset{O}{||}}{C}\text{—R—}\overset{\overset{O}{||}}{C}\text{—OH} + \text{H}_3\text{C—}\overset{\overset{O}{||}}{C}\text{—O—}\overset{\overset{O}{||}}{C}\text{—CH}_3 \longrightarrow$$

$$\text{H}_3\text{C—}\overset{\overset{O}{||}}{C}\left[\text{O—}\overset{\overset{O}{||}}{C}\text{—R—}\overset{\overset{O}{||}}{C}\right]_m\text{O—}\overset{\overset{O}{||}}{C}\text{—CH}_3$$

2. 性质 酸酐键具有水不稳定性，容易水解成二酸单体。聚酸酐以表面溶蚀方式降解。通过选择两种羧酸的种类和组成比例，可以有效控制聚合物的性能和降解速度，降解时间可从几天到几年。

聚酸酐的降解速率与其结构密切相关，共聚物的组成对聚酸酐的降解速率影响很大。脂肪族聚酸酐的降解比其他聚酸酐快，如脂肪族聚二酸酐的水解非常快，一般在数天内降解完全。而芳香族聚酸酐的完全降解则需要几年。调节两者的比例可获得合适的降解时间。聚酸酐的水解受介质的 pH 影响也很大，由于水解后的低聚物在酸性条件下的溶解性差，因此降解就慢，而碱性介质可加快低聚物的溶蚀、提高降解速率。

3. 应用 作为一种新型药物控释材料，聚酸酐，如聚 1，3-双（对羧基苯氧基）丙烷-癸二酸 [P（CPP-SA）]、聚富马酸酐-癸二酸 [P（FA-SA）]、聚芥酸二聚体-癸二酸 [P（EAD-SA）]、聚脂肪酸二聚体酸酐-癸二酸 [P（FDA-SA）] 等，已被广泛研究用于抗肿瘤药物、抗生素、多肽和蛋白质类药物等的递送系统。

卡氮芥 P（CPP-SA）控释片（Gliadel®）于 1996 年被 FDA 批准用于治疗复发性恶性脑胶质瘤。有研究报道，用 P（CPP-SA）或 P（FDA-SA）等聚酸酐包载紫杉醇、喜树碱、氟尿嘧啶、铂类等抗肿瘤药物，用于肿瘤治疗的局部控释给药系统，有些已进入临床研究阶段。庆大霉素与 P（EAD-SA）制成圆柱形控释药棒（Septacin）用于骨髓炎的治疗已在美国进入临床研究。

另外，有报道用聚酸酐毫微球作为胰岛素及 DNA 口服给药的载体。以 P（EAD-SA）为基质的肝素控释制剂用于治疗内皮损伤，用 P（CPP-SA）、P（EAD-SA）为载体材料的布比卡因或二丁卡因长效局麻制剂可用来治疗慢性疼痛、手术镇痛和新生儿疼痛，可降低全身副作用。

交联聚酸酐比未交联的聚酸酐具有抗压强度大、力学性能好和降解时间长等特点，可用作骨科材料。

聚酸酐在高温加工时能与多种胺类物质发生化学反应，因此需要根据所包埋药物的性质选择合适的加工条件。

4. 安全性 聚酸酐在生物体内降解成二酸，在几周到几个月之间完全从体内消除。毒理学研究表明，聚酸酐的细胞毒性极小，无致炎、致热、致突变和致畸作用。

五、聚磷腈

1. 化学结构和制备 聚磷腈（polyphosphazenes）是一类主链结构以磷、氮原子交替组成的高分子材料。聚磷腈最常用的制备方法是，将氯环三磷腈开环聚合生成活泼中间体聚二氯磷腈，然后通过各种取代反应，得到不同的聚磷腈化合物。

2. 性质 聚磷腈具有较好的主链柔顺性，玻璃化温度较低，兼有无机和有机聚合物的性能。聚磷腈热稳定性高，300℃开始降解，同时具有耐水、耐溶剂、耐油、耐辐射、耐溶剂、耐低温等特点。

聚磷腈具有优良的生物相容性和生物降解性。聚磷腈的降解主要是侧链水解，当有易水解的侧链存在时，聚合物遇水首先发生侧链断裂，导致主链上磷氮键不稳定发生降解，降解产物为无毒的磷酸盐、氨和相应的侧链。聚磷腈的降解速率由化学键稳定性、水的渗透性、降解产物的溶解性以及环境温度和 pH 等因素所决定。

聚磷腈的生物相容性、降解速率和材料的物理化学性质等都可以通过侧链的设计来改

$$\left[\begin{array}{c} R \\ | \\ N=P \\ | \\ R \end{array}\right]_n$$

聚磷腈通式

氯环三磷腈　　　　　聚二氯磷腈　　　　聚磷腈（R为烷基、芳基等）

变。侧链经过修饰的聚磷腈按亲水或疏水性的不同，分为疏水性线型聚磷腈和亲水性线型聚磷腈。

3. 应用　聚磷腈安全、无毒。疏水性的线型聚磷腈可用于制备贮库型或骨架型的埋植剂和微球制剂，而亲水性线型聚磷腈则常通过交联形成水凝胶基质。聚磷腈可用作人体的替代组织材料，如人造心脏、人造血管、人造皮肤和其他代用器官等。

六、聚 α-氰基丙烯酸烷基酯

1. 化学结构和制备　聚 α-氰基丙烯酸烷基酯［poly alkyl α-cyanoacrylates，PACA］由氰基丙烯酸烷基酯单体聚合而成，常见有聚氰基丙烯酸甲酯（PMCA）、聚氰基丙烯酸乙酯（PECA）、聚氰基丙烯酸丁酯（PBCA）、聚氰基丙烯酸异丁酯（PIBCA）、聚氰基丙烯酸己酯（PHCA）和聚氰基丙烯酸异己酯（PIHCA）等。由于 PACA 在体内的降解速度与烷基链的长度成反比，细胞毒性随链长增加而减小，故对 PBCA 的研究较多。聚氰基丙烯酸烷基酯可通过自由基聚合、阴离子聚合或两性离子聚合方法制备。

$$nH_2C=C\begin{array}{c} CN \\ \diagdown \\ COOR \end{array} \xrightarrow{B(OH^-)} \left[\begin{array}{c} CN \\ | \\ CH_2-C \\ | \\ COOR \end{array}\right]_n$$

R=-CH$_3$，-CH$_2$H$_5$，-C$_3$H$_7$，-C$_4$H$_9$等

2. 性质　PACA 可溶于醚类溶剂，聚氰基丙烯酸甲酯、乙酯和丁酯可溶于强极性溶剂如硝基苯、乙腈和 N，N-二基甲酰胺，但可能同时发生降解。聚氰基丙烯酸丁酯溶于四氢呋喃。

PACA 在中性介质中降解缓慢，在碱性条件和酯酶作用下降解速度加快，降解产物分别为甲醛、氰基醋酸酯和相应的一元醇、聚 α-氰基丙烯酸。PACA 碱水解会生成甲醛，因此具有毒性，但其体内降解方式主要为酯酶降解。PACA 的降解属于本体降解，降解速率随 pH 降低而减慢，且随烷基链的增长降解速度明显减慢。

3. 应用　聚氰基丙烯酸酯自 1955 年由美国 Eastman 公司合成，最初作为手术黏合剂。聚 α-氰基丙烯酸酯因毒副作用小、生物相容性好、可生物降解等特性，广泛应用于制备纳米给药系统，如包载抗肿瘤药物（如多柔比星、紫杉醇）、核苷酸、多肽和蛋白质药物（如胰岛素）的纳米递药系统。PACA 制成的纳米制剂用于眼部给药，具有比普通滴眼液更

扫码"学一学"

长的消除半衰期。

PACA 安全无毒，无致畸、致癌和致突变作用，但目前无法定文献收载。

第七节 其他药用合成高分子材料

一、二甲硅油

1. 化学结构和制备 二甲硅油（dimethicone，简称硅油）是一系列不同黏度的低相对分子质量聚二甲氧基硅氧烷的总称，其化学结构式如下：

$$\text{H}_3\text{C}-\underset{\underset{\text{CH}_3}{|}}{\overset{\overset{\text{CH}_3}{|}}{\text{Si}}}-\text{O}-\left[\underset{\underset{\text{CH}_3}{|}}{\overset{\overset{\text{CH}_3}{|}}{\text{Si}}}-\text{O}\right]_n\underset{\underset{\text{CH}_3}{|}}{\overset{\overset{\text{CH}_3}{|}}{\text{Si}}}-\text{CH}_3$$

二甲硅油合成的起始原料是二甲基二氯硅烷，二甲基二氯硅烷在 25℃ 水解成不稳定的二元硅醇，在酸性条件下，以六甲基二硅氧烷为封端剂，二元硅醇缩合成低黏度（运动黏度小于 50mm^2/s）的二甲硅油。高黏度二甲硅油的合成是将二元硅醇及根据相对分子质量要求的计算量封端剂（2~10mm^2/s 的低运动黏度二甲硅油），在四甲基氢氧化铵催化下，85~90℃ 减压缩聚而成。

2. 性质 二甲硅油为无色或淡黄色的透明油状液体，无臭、无味，运动黏度 0.65×10^6 ~ 3×10^6 mm^2/s。二甲硅油在使用温度范围内（-40~150℃）黏度变化极小，具有高耐热性。

二甲硅油耐氧化，可耐受 160℃、2h 以上干热灭菌。在 150℃ 以上有氧环境中由于分子链上的甲基逐渐被氧化成甲醛并发生交联，黏度逐渐升高；继续加热至 250~300℃ 或加入适量催化剂（如过氧化物），二甲硅油转变成凝胶或固化。在更高温度，二甲硅油可燃烧灰化。本品对大多数化合物稳定，但在强酸、强碱中降解。在非极性溶剂中二甲硅油易溶，随黏度增大，溶解度逐渐下降。二甲硅油具有疏水性和较小表面张力（20.4mN/m），能够有效地降低水–气界面张力，有良好的消泡和润滑作用。

3. 应用 二甲硅油可直接作为药物使用，是有效的胃肠气体消除剂，《中国药典》和《美国药典》收载的二甲硅油的黏度范围较宽，运动黏度为 20~3×10^4 mm^2/s，适合多种用途。作为制剂辅料，二甲硅油常用作乳膏以及一些化妆品的添加剂，起润滑作用，最大用量可达 10%~30%。二甲硅油亦是压片润滑剂以及散剂、微丸生产中的抗静电剂。此外，二甲硅油还可用作消泡剂、脱模剂和糖衣片打光时的增光剂。为防止一些药液对玻璃容器内壁的腐蚀，或者防止药品包装材料成分对药液的影响，有时用二甲硅油处理容器内壁形成疏水性极强"硅膜"。含有二甲硅油的容器若用作注射剂包装，需进行热原检查。

4. 安全性 二甲硅油为生理惰性物质，口服不被胃肠道吸收；用在皮肤上时有极好的润滑效果，无刺激性和致敏性，能防止水分蒸发以及药物的刺激。但如果产品中存在残留未水解完全的氯硅烷，则遇水可能会释出氯化氢而产生刺激。本品对眼有一过性的刺激作用。由于二甲硅油在肌肉组织内不被吸收而可能导致颗粒性肉芽肿，故不宜用在注射剂中。

二、硅橡胶

1. 化学结构和制备 硅橡胶（silicone rubber）是以高相对分子质量的线型聚有机硅氧

烷为基础，添加某些特定组分，再按照一定工艺要求加工后，制成具有一定强度和伸长率的弹性体。用作医药材料的硅橡胶，主要是已交联并呈体型结构的聚烃基硅氧烷橡胶。

线型结构的高分子聚有机硅氧烷系由高纯度的二烃基二氯硅烷经水解缩聚制得。在有单官能团化合物存在时，产物为低相对分子质量的硅油；当反应中有三官能团化合物存在则导致支链型结构或体型结构（如有机硅树脂）的生成，相对分子质量可高达 $4.0 \times 10^5 \sim 8.0 \times 10^5$。线型聚有机硅氧烷的基本化学结构式为：

$$HO-\underset{\underset{R}{|}}{\overset{\overset{R}{|}}{Si}}-O-\underset{\underset{R}{|}}{\overset{\overset{R}{|}}{Si}}\left[\ -O-\underset{\underset{R}{|}}{\overset{\overset{R}{|}}{Si}}-OH\right]_n$$

改变 R 的结构和调节 R 的相对比例，可以应用不同温度和不同方法硫化，硫化后分子链间产生交联键，形成在溶剂中不溶的硅橡胶。常用的硫化方法包括：过氧化物处理、丁基锡或丙基原硅酸酯交联以及辐射交联等。

2. **性质** 硅橡胶为无色透明的弹性体，或无色透明或带乳白色光的黏稠流体或半固体。硅橡胶耐温、耐氧化、疏水、柔软和渗透性低，这些性能与以—O—Si—为主链重复链节的分子结构、构型、构象和有机侧链的数量和种类，以及相对分子质量及其分布有关。

虽然硅橡胶分子中 Si—O 键极性很强，但由于分子呈螺旋状使偶极矩相互抵消从而消除了键的极性。在分子主链外侧的非极性基团使外界环境中的水分子难与亲水的硅原子相接触，表现出极强的疏水性。整个大分子的这种低极性性质，也使之具有很强的耐臭氧、耐辐射能力以及抗老化性能。

由于聚有机硅氧烷分子结构的对称性，分子间作用力很弱，玻璃化温度很低，具有良好的耐低温性能和柔软性。Si—O 键的极性近似于离子键，主链的 Si—O 键键能为 452.5kJ/mol，即使在高温下主要发生支链的氧化和裂解而主链却没有变化，故具有优异的热氧化稳定性。有机硅树脂的缺点是拉伸强度较低，例如聚二甲基硅氧烷的拉伸强度为 0.98~2.45MPa，这是由于其分子间力较弱所致。

3. **应用** 硅橡胶是早已广泛应用的医用高分子材料。由于其生理惰性和生物相容性，适合于各种人造器官，如心脏瓣膜、膜型人工肺、人工关节、皮肤扩张和颜面缺损修补等；由于其与药物的良好配伍性和具有缓释、控释性，近年来，硅橡胶已用作子宫避孕器、皮下埋植剂的载体材料，控制黄体酮、18-甲基炔诺酮、睾丸素等甾体类药物的释放可长达1年，释药速度取决于主链结构、侧链基团、交联度以及填料等多种因素。硅橡胶也用于经皮给药贴剂的压敏胶。

硅橡胶亦可作为控释包衣材料。将其制成以水为介质的胶乳包衣液，包衣液由平均粒径为200nm、交联的羟基端基封闭的聚二甲基硅氧烷组成，胶乳液的 pH 为 8.2，总固体含量为 53.0%。硅橡胶是否适合作为控释包衣材料，主要取决于所形成包衣膜对药物的通透性。通常在包衣处方中加入水溶性的化合物，如 PEG、乳糖、甘油等，以改善亲水性药物或离子型药物的渗透性和释放；此外，还需加入二氧化钛等以增加膜的弹性和机械强度。

4. **安全性** 硅橡胶口服不被胃肠道吸收；短期接触对皮肤无刺激性和致敏性；一般对眼无刺激性，某些产品与眼直接接触有一过性的刺激，会出现红肿及不适。

三、离子交换树脂

1. 离子交换树脂的结构和制备 离子交换树脂是一类带有功能基团的不溶性高分子材

料，可以再生、反复使用，不被吸收。离子交换树脂由三部分组成：具有三维空间立体结构的网状骨架；与网状骨架载体主链以共价键结合的活性基团（亦称功能基团），可以是酸性或碱性基团；与活性基团以离子键结合的带相反电荷的活性离子（亦称平衡离子）。根据可解离的反离子的电性，离子交换树脂分为阳离子型和阴离子型。在阳离子交换树脂中，聚合物链上的酸性基团常为—SO_3^-、—COO^-、—PO_3^{2-}等负电性基团；在阴离子交换树脂中，聚合物链上基团是—NH_3^+、—NH_2^+、—NH^+等正电性基团。离子交换反应的速度与程度受其结构参数，如酸（碱）性、交换容量、交联度、粒径等的影响。决定树脂物理性质、生物相容性、交换容量等的主要因素是聚合物链结构。虽然无机化合物、多糖或有机化合物均可用作聚合物链结构的前体，但以有机合成离子交换聚合物最为普遍，在药剂中的应用也最多。

丙烯酸或甲基丙烯酸在交联剂存在时共聚合即形成羧酸型阳离子交换树脂，常用的交联剂为二乙烯苯（divinylbenzene，DVB）；其他如苯乙烯亦可与DVB共聚交联，再经过磺化处理后，用氢氧化钠中和制成强酸型离子交换树脂。离子交换树脂应避免与强氧化剂接触，Doulite AP143还应避免与硝酸接触。常用的药用离子交换树脂的理化性质见表5-12。

表5-12 药用离子交换树脂的结构和理化性质

商品名	Amberlite IRP64	Amberlite IRP88	Amberlite IRP69	Doulite AP143
通用名	波拉克林	波拉克林钾	聚苯乙烯磺酸钠	考来烯胺树脂
类型	弱酸型	弱酸型	强酸型	强碱型
功能基团	COO^-	COO^-	SO_3^-	$N(CH_3)^+$
离子类型	H^+	K^+	Na^+	Cl^-
聚合物骨架	甲基丙烯酸-DVB	甲基丙烯酸-DVB	聚苯乙烯-DVB	聚苯乙烯-DVB
树脂粒径	150μm以上，≤1% 75μm以上，15~30% 50μm以上，≤70%	150μm以上，≤1% 75~150μm，≤30%	150μm以上，≤1% 75μm以上，10~25%	150μm以下，≥85% 75μm以下，≥50%
交换容量	≥10mmol/kg 干树脂		钾离子交换容量 110~135mg/g	胆酸钠交换容量 1.8~2.2g/g
制剂应用	掩味剂、稳定剂、药物-树脂复合物	片剂崩解剂、掩味剂	缓释、稳定剂、掩味剂	缓释、稳定剂、掩味剂

药用离子交换树脂为自由流动的细粉，在所有溶剂和pH条件下均不溶解。其结构中的活性基团不仅能与小分子无机离子发生交换，而且能与大分子的有机离子（通常为药物）进行交换。下式为阴离子交换树脂与药物（API）的交换平衡反应式。

$$N^+(R)_3Cl^- + API\text{-}COONa \rightleftharpoons N^+(R_3)API\text{-}COO^- + NaCl$$

该反应是可逆的，向右表示载药，向左表示释药。影响平衡常数的因素有：相对分子质量、药物及树脂的pK_a、溶剂、溶解度、温度、油水分配系数以及竞争离子的浓度。

2. 离子交换树脂的重要特征参数

（1）交换容量 交换容量是指离子交换树脂具有的交换反离子的能力，它包括了聚合物链结构中所有荷电基团或可能荷电基团的总交换能力。其表示方法有重量交换容量（mmol/g 干树脂）和体积交换容量（mmol/ml 湿树脂）。但是，在与不同的药物结合时，只有能够与药物结合的基团起作用。所以，实际有效交换容量不仅与聚合物的聚合度有关，也与聚合物的物理结构有关。

（2）酸碱强度　　该项指标与聚合物链结构中的各种无机或有机酸碱基团有关。磺酸、磷酸和羧酸的 pK_a 值依次为<1、2~3 和 4~6；季铵、叔胺和仲胺基团的 pK_a 值依次为>13、7~9 和 5~9。聚合物的酸、碱强度显著影响树脂载药速度以及药物从胃液或肠液中释放的速度。

（3）交联度、粒径、孔隙率和溶胀度　　离子交换树脂的水化速度、溶胀度是影响树脂的交换容量、交换速度的重要因素。离子交换树脂交联度增加，孔隙率下降，其溶胀度减小，交换药物缓慢。一般离子交换树脂的大小约在数十至数百微米，溶胀后可扩大至 1mm 左右。减小树脂的粒径相当于增加树脂的比表面积，所以树脂与周围溶液交换平衡的时间显著减少。

3. 应用　　离子交换树脂可以作为活性成分应用，如 Amberlite IRP69 可与胃肠道中的钾离子交换，减低血中钾离子浓度，而 Doulite AP143 可与胃肠道中的胆酸钠交换，减少由于肝肠循环作用引起的胆酸钠吸收增加，降低血中低密度脂蛋白的浓度。二者口服分别用于高血钾症和降低胆固醇。

作为药用辅料，离子交换树脂具有多种用途。

（1）药物–树脂复合物缓控释给药系统　　离子交换树脂可用于控制药物在胃肠道中释放速率和释药部位。阳离子型药物或阴离子型药物可分别交换到阴离子树脂或阳离子树脂上生成药物–树脂复合物。这种复合物口服后，依靠胃肠道中存在的钠、钾、氢或氯离子等将药物置换出来，持续释放到胃肠液中而发挥疗效。由于胃肠液中的离子种类及其强度相对恒定，药物以恒定速率释放，不依赖于胃肠道的 pH、酶活性及胃肠液的体积等生理因素。

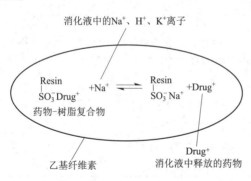

图 5-11　药物–离子交换树脂复合物的释药机制

由于药物从复合物中释放较快，简单的药物–树脂复合物通常不能达到满意的缓释效果，需要用合适的阻滞材料（如乙基纤维素等）对复合物粉末包衣以进一步控制药物的释放，其释药机制如图 5-11 所示。近年来，相继有药物–树脂复合物缓释产品上市，如哌甲酯干混悬剂、右美沙芬缓释混悬剂等。哌甲酯干混悬剂（Quillivant XR）含速释（占 20%）和缓释（占 80%）药物，其中缓释部分为包衣的哌甲酯–聚苯乙烯磺酸钠树脂复合物粉末，加水分散后形成混悬剂，每日口服一次治疗儿童多动症。

（2）改善药物或制剂的稳定性　　一些易受环境湿度、光线、pH 等影响的药物与离子交换树脂结合后，可提高药物的稳定性。如维生素 B_{12} 吸附于离子交换树脂后可避免在胃液中的降解，安全通过胃，到达肠中释放。药品的有效期从几个月增加到 2 年。

药物多晶型的存在会影响到药物的溶解度、溶出速率等性质。在大规模生产，尤其是制剂贮存中很难避免药物发生晶型转变。将多晶型的药物制成药物–树脂复合物，由于复合物为无定形固体，不会结晶，也不会形成水化物，可以保证生产以及贮存中制剂质量的可靠性和一致性，避免由于晶型转换而影响制剂的质量。

（3）掩盖药物的不良味道　　有苦味的药物（如雷尼替丁等）与离子交换树脂形成复合物后可掩盖其在口腔中的苦味，进入胃中药物迅速释放。

（4）防潮 利用离子交换树脂在所有溶剂中均不溶解的性质，将易潮解的药物制成药物-树脂复合物后可消除药物的潮解性，即使在高湿度下仍有很好的流动性。

（5）提高药物的溶出速率 难溶性药物自身的疏水结构及晶格能是影响其在水中快速溶出的屏障。与离子交换树脂形成药物-树脂复合物后，由于该复合物为无定形物，可提高难溶性药物的溶出速率。

（6）崩解剂 Amberlite IRP88 遇水后迅速溶胀，可作片剂的崩解剂。以其作为崩解剂，由于溶胀后黏性小，可克服一些崩解剂由于自身黏性而引起的片剂崩解过程粒子黏结的问题。以 Amberlite IRP88 作为崩解剂时，片剂硬度增加不但不延迟片剂崩解时间，相反却使片剂崩解时间缩短。Amberlite IRP88 的特点是相容性良好，适用于多种药物，流动性好，片剂有光泽、崩解性能优良，用量为 2%～10%，通常为 2%。

离子交换树脂的品种很多，应根据用途选择树脂类型。例如，要使药物-树脂复合物中药物的溶出速率较快可选择交联度低、粒径小的弱酸性或弱碱性树脂，当吸附药量较高时可提高溶出速率。相反，若要实现药物缓慢释放或最大限度地掩盖药物的苦味，则应选择交联度高、粒径大的强酸性或强碱性树脂。

4. 安全性 离子交换树脂已被收载于 FDA 的《非活性组分指南》，可用于口服胶囊剂和片剂。离子交换树脂毒性小，无刺激性，但过量服用可影响体内电解质平衡。粉末对皮肤、眼及呼吸道有刺激性。

四、压敏胶

压敏胶（pressure sensitive adhesive，PSA）是对压力敏感的胶黏剂，它是一类无需借助溶剂、热或其他手段，只需施加轻度指压，即可与被黏物牢固黏合的胶黏剂。压敏胶的黏弹性质和对被黏合材料表面的良好湿润性是产生压力敏感黏合特性的主要原因。由于压敏胶的特殊黏弹性质，使之能在缓慢和适当的外压力作用下产生黏性流动，从而实现与被黏物表面的紧密接触。另一方面，压敏胶黏剂对被黏物表面的润湿性，能使其与被黏物表面充分接近（$5×10^{-10}$m 以内），形成分子间的相互作用力，并产生足够的界面黏合力。

压敏胶的黏附力指标包括：初黏力（tack，T）、黏合力（adhesion，A）、内聚力（cohesive，C）和黏基力（keying，K），见图 5-12。其中，初黏力表示压敏胶与被黏合表面轻轻地快速接触时表现出黏结能力，即所谓的手感黏性。黏合力是指用适当的压力和时间黏贴后压敏胶与被黏合表

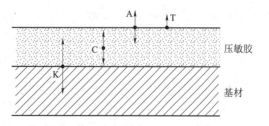

图 5-12 压敏胶的黏附力的示意图

面之间抵抗界面分离的能力，可用 180°剥离强度衡量。内聚力是指胶黏剂层本身的内聚力，可用压敏胶黏贴后抗剪切蠕变和破坏的能力（即持黏力和拉剪强度）衡量。黏基力是指胶黏剂与基材、或胶黏剂与底涂剂及底涂剂与基材之间的黏合力，180°剥离测试发生胶层和基材脱开时所测得的剥离强度即为黏基力。正常情况下，黏基力应大于黏合力。四种黏附力指标应满足 T<A<C<K 的要求。如 T≮A，则无压力敏感性能，如 A≮C，则揭除时会出现胶层破坏，导致胶黏剂粘污被粘表面、拉丝或粘背衬等问题，如 C≮K，则会产生胶层脱离基材的现象。

压敏胶的特点是"粘之容易，揭之不难，剥而不损"。正是基于这些特点，压敏胶是经

皮给药贴膏剂中必不可少的辅料。压敏胶在经皮药物传递系统中的作用是与皮肤紧密贴合，有时又作为药物贮库或载体材料，可调节药物的释放速度。压敏胶应具有良好的生物相容性，对皮肤无刺激性，不引起过敏反应，具有足够的黏附力和内聚强度，化学稳定，对温度和湿气稳定，且有能黏结不同类型皮肤的适应性，能容纳一定量的药物和经皮吸收促进剂而不影响化学稳定性和黏附力。

现代经皮给药贴剂中常用的压敏胶分别介绍如下。

（一）丙烯酸酯压敏胶

丙烯酸酯压敏胶（acrylate PSA）是以丙烯酸高级酯（碳数 4~8）为主成分，配合其他丙烯酸类单体共聚制得，化学结构式为：

$$\left[\begin{array}{c} H \\ CH_2-C \\ C=O \\ OR \end{array}\right]_n \quad R为H，C_2H_5，C_4H_9或C_2H_4C_6H_{13}$$

丙烯酸酯压敏胶常用单体见表 5-13。其中，第一单体是玻璃化温度（T_g）较低并具有柔软性的丙烯酸酯类，用于提高压敏胶的黏附性；第二单体较少，但 T_g 较高，具有刚性，其作用是提高压敏胶的内聚力；官能团单体，用于物理交联以改进内聚力。

表 5-13　丙烯酸酯压敏胶常用单体

	单体	单体含量（%）	T_g（℃）
第一单体	丙烯酸-2-乙基己酯	30~70	−70
	丙烯酸丁酯	10~20	−55
第二单体	醋酸乙烯酯	1~5	32
官能团单体	丙烯酸，丙烯酰胺	1~6	106

采用溶液聚合和乳液聚合可分别制得溶剂型和乳剂型丙烯酸酯压敏胶，目前，经皮给药贴剂中大多采用溶剂型压敏胶。典型的溶剂型丙烯酸酯压敏胶的处方和合成方法如下。

处方：丙烯酸丁酯 100 份，丙烯酸-2-乙基己酯 100 份，醋酸乙烯酯 55 份，丙烯酸 6 份，甲基丙烯酸甲酯 25 份，过氧化苯甲酰 1.5 份，三类有机溶剂适量。

合成方法：一次加入前四种成分和有机溶剂，氮气保护下升温至 60~85℃，分次加入过氧化苯甲酰，反应 5~6 小时，生成黏稠状液体。

丙烯酸酯压敏胶在常温下具有优良的压敏黏合性，不需加入增黏剂、抗氧剂等，很少引起过敏、刺激，同时又具有优良的耐老化性、耐光性和耐水性，长期贮存压敏性没有明显下降。丙烯酸酯压敏胶的剥离强度约 1.76~17.64N/cm，但低温条件下黏性可能下降。对非极性表面的粘贴力较硅橡胶压敏胶略低。丙烯酸酯压敏胶的内聚力较低，抗蠕变性较弱，但乳液聚合容易制得分子质量高的聚合物，其内聚力较溶液聚合的压敏胶有所提高。溶剂型压敏胶可与适量聚酰胺树脂混合，或在共聚单体中使用少量甲基丙烯酸缩水甘油酯之类多官能团单体，使压敏胶内聚力与压敏黏合性、黏合力之间保持均衡。

国内有丙烯酸酯压敏胶水性胶乳液的地方标准，溶剂型丙烯酸酯压敏胶卫健委暂行标准。德国汉高公司商品名为 DURO-TAK® 的系列产品是溶剂型压敏胶。可以根据药物的性质设计特殊用途的压敏胶，如在聚丙烯酸酯、聚异丁烯、聚苯乙烯或 EVA 共聚物主链上接枝羟乙基或乙基吡咯烷酮可控制载药量，调节药物释放速率和药物在压敏胶中的热力学活度。

（二）硅橡胶压敏胶

硅橡胶压敏胶（silicone pressure sensitive adhesive，silicone PSA）是低黏度（12~15Pa·s）聚二甲基硅氧烷与硅树脂（多官能团）经缩聚反应形成的高分子质量体型聚合物，其结构式如下：

$$
\text{R}'-\underset{\underset{\text{Me}}{|}}{\overset{\overset{\text{Me}}{|}}{\text{Si}}}-\text{O}-\left[\underset{\underset{\text{Me}}{|}}{\overset{\overset{\text{Me}}{|}}{\text{Si}}}-\underset{\underset{\text{Me}}{|}}{\overset{\overset{\text{Me}}{|}}{\text{Si}}}-\text{O}-\underset{\underset{\text{Me}}{|}}{\overset{\overset{\text{Me}}{|}}{\text{Si}}}-\text{O}\right]_x\left[\underset{\underset{\text{R}}{|}}{\overset{\overset{\text{R}}{|}}{\text{Si}}}-\text{O}-\underset{\underset{\text{R-Si-R}'}{|}}{\overset{\overset{\text{R-Si-R}}{|}}{\text{Si}}}-\underset{\underset{\text{Me}}{|}}{\overset{\overset{\text{Me}}{|}}{\text{Si}}}-\text{R}'\right]_y
$$

交联可发生在线型聚硅氧烷链之间，也可发生在硅树脂与线型大分子之间，或硅树脂与硅树脂之间。硅树脂与硅橡胶的比例、硅烷醇基的含量等均影响压敏胶的性质，一般作粘贴用的有机硅压敏胶，硅树脂的重量百分率为50%~70%。硅烷醇基数量减少，压敏胶的黏着力下降，但化学稳定性提高。

硅橡胶压敏胶具有耐热氧化性、耐低温、疏水性和内聚强度较低等特点。这些性质使该种压敏胶在粘贴应用时具有良好的柔性。由于硅氧烷压敏胶的极低表面自由能，在许多高、低表面能的基材上都能黏附，因此适用范围广，但同时也较难选择适宜的防黏材料以方便剥离。硅橡胶压敏胶的软化点较接近于皮肤温度，故在正常体温下具有较好的柔软性以及黏附性。此外，由于分子结构中硅氧烷链段的自由内旋转，使之黏性受外界环境温度的影响小，同时链段的运动及较低的分子间作用力造成了较大的自由容积，有利于水蒸气以及药物的渗透，减低了对皮肤的封闭效应。

硅橡胶压敏胶无毒、无刺激性（大鼠口服，$LD_{50}=25.5g/kg$，家兔皮肤，$LD_{50}>2.0g/kg$），适合用作皮肤粘贴制剂的黏着材料，也可以用于控制某些药物的经皮渗透速度。

美国 Dow Corning 公司生产的 Dow Corning 355 及 Bio-PSA Q7-2920 两种硅橡胶压敏胶已通过 FDA 批准，在经皮给药产品中得到实际应用。Dow corning 355 对不锈钢平板黏着强度为5.8N/cm（600g/cm），对低表面能表面剥离强度为$4.9×10^{-2}$N/cm（5g/cm），适合皮肤粘贴使用。Bio-PSA Q7-2920 硅橡胶压敏胶适合于胺类药物的透皮贴剂。

（三）聚异丁烯压敏胶

聚异丁烯压敏胶（polyisobutylene，PSA）是一种自身具有黏性的合成橡胶，系由异丁烯在三氯化铝催化下聚合得到的均聚物。聚异丁烯较长的碳氢主链上，仅端基含不饱和键，可反应部位相对较少，故本品非常稳定，耐候性、耐热性及抗老化性良好，对水的通透性很低。

聚异丁烯系线型无定形聚合物，在烃类溶剂中溶解，其黏性取决于分子质量、分子卷曲程度及交联度等。一般情况下可满足粘贴需要，但由于其非极性性质，对极性基材的黏附性较弱，可加入树脂或其他增黏剂予以克服。

市售的聚异丁烯分子质量范围很宽，低分子质量级的聚异丁烯是一种黏性半流体，主要在压敏胶中起增黏作用以及改善黏胶层的柔韧性，改进对基材的润湿性；高分子质量级聚异丁烯主要增加压敏胶的剥离强度和内聚强度。使用不同分子质量聚合物及配比、添加适量增黏剂、增塑剂、填充剂等可扩大其适用范围。

聚异丁烯是皮肤用贴剂可供选择的黏着材料之一。聚异丁烯压敏胶多由透皮制剂生产厂家自行配制，可以采用不同配比的高、低分子质量聚异丁烯为原料，通常添加适当的增黏剂、增塑剂、填料、软化剂或稳定剂等。

（四）热熔压敏胶

热熔压敏胶包括合成橡胶类或其他聚合物类，品种繁多。德国 Röhm 公司建议用各种型号的丙烯酸树脂添加增塑剂，在适当温度下混合制成热熔压敏胶。

苯乙烯–异戊二烯–苯乙烯嵌段共聚物（styrene-isoprene-styrene copolymer，SIS）可以作为热熔压敏胶（hot-melt PSAs）的原料，其结构如下：

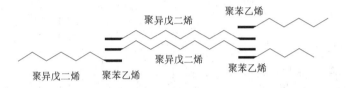

SIS 加热到 100℃ 左右（聚苯乙烯的 T_g）时，呈热可塑性。采用热熔工艺的贴膏剂，生产过程不需有机溶剂和干燥设备，贴剂表面不出现气泡，生产过程安全、节能、环保。SIS 热熔压敏胶与皮肤的黏附性好，与药物混合性好，过敏性和刺激性低于天然橡胶。SIS 热熔压敏胶在中药贴膏剂中应用逐渐增多，有取代硬橡胶膏中的天然橡胶的趋势。

（五）水凝胶型压敏胶

与一般的贴剂或橡胶膏剂比较，水凝胶贴剂（也称作巴布膏剂或凝胶膏剂）的压敏胶基质组成复杂得多，通常这类压敏胶处方中含 10 种以上的辅料，包括凝胶骨架成分、增黏（稠）剂、填充剂、保湿剂、成膜剂和水等，交联型水凝胶型贴剂还需添加适当的交联剂和交联调节剂。由于含水量较高，通常需添加适当的抑菌剂。压敏胶基质的组成对制剂的黏附性、含水量、生物利用度、透气性以及舒适性等有重要影响。

凝胶基质成分和增黏剂为亲水性高分子材料，是主要的黏附材料。最常用的凝胶骨架成分和增黏剂为明胶和聚丙烯酸及其钠盐，以及羧甲基纤维素钠、聚维酮等水溶性高分子。聚丙烯酸钠在溶剂（水）中溶解，由于邻近羧基间的电荷斥力使聚合物溶胀、溶解，产生黏性。聚丙烯酸钠的分子质量对压敏胶基质的性质有很大影响，分子质量大则刚性较强，但黏附性差，分子质量过小则易流淌、但黏附性好，通常应采用不同相对分子质量的聚合物配合使用。市售水凝胶贴剂的基质中通常加入适量铝盐，利用聚丙烯酸与 Al^{3+} 的交联反应改善膏体的内聚力。需要注意的是，这类压敏胶的黏附性不是单纯通过凝胶骨架成分和增黏剂实现的，而是处方中各种成分综合作用的结果。

第八节　药品包装用高分子材料

包装在产品的贮存、运输、展示、销售和使用等方面发挥着诸多功能。药品包装（pharmaceutical package）是指为药品提供外观，保护、标识和容纳作用，以及便利性和顺应性，直至药品的使用，同时适当考虑相关的环境问题的经济手段。药品包装的内涵可概括为两个方面，即为实现上述目的而采用的容器、材料和辅助物；以及包装药品的操作过

扫码"学一学"

程。药品包装用材料主要有塑料、玻璃、橡胶、金属和上述材料的组合材料，其中塑料和橡胶是药品包装领域中必不可缺的材料，尤其是塑料类高分子材料，以质轻、不易破碎、易加工成型、价廉等优点不断竞争玻璃、金属等包装材料的市场份额。新型的聚合物材料（如离聚物、线性低密度聚乙烯等），以及复合膜片材料等，具有优良的物理学性能和阻隔效果，应用逐渐增多。由于塑料和橡胶存在易老化、易燃、物理及化学稳定性较差等缺点，残留单体、引发剂和添加剂有潜在生理活性或可能与药物发生相互作用，药品包装用高分子材料要求更严格的质量和生产规范。

本节将简要介绍常用药品包装（特别是直接接触药品的包装）用高分子材料，及其特点和应用等。

一、药品包装用塑料

目前使用的大部分药品包装用高分子材料属于以下五种通用塑料，即聚乙烯、聚丙烯、聚氯乙烯、聚苯乙烯和聚酯。常用药品包装用塑料的主要性能见表5-14。

表5-14 常用药品包装用塑料的主要性能

	高密度聚乙烯	低密度聚乙烯	聚丙烯	聚苯乙烯	聚氯乙烯	聚对苯二甲酸乙二醇酯	聚碳酸酯
T_g（℃）	−120	−120	−10	105	75~105	73~80	150
T_m（℃）	128~138	105~115	160~175		212	245~265	265
密度（g/cm³）	0.94~0.965	0.912~0.925	0.89~0.91	1.04~1.05	1.35~1.41	1.29~1.40	1.2
拉伸强度（MPa）	17.3~44.8	8.2~31.4	31~41.3	35.8~51.7	10.3~55.3	48.2~72.3	63~72
拉伸模量（MPa）	620~1089	172~517	1140~1550	2270~3270	~4139	2756~4135	2380
断裂伸长（%）	10~1200	100~965	100~600	1.2~2.5	14~450	30~3000	110~150
薄膜撕裂强度（g/25μm）	20~60	200~300	50	4~20		30	10~16
WVTR, 37.8℃, RH 90% [(g·μm)/(m²·d)]	125	375~500	100~300	1750~3900	750~15750	390~510	1900~2300
O₂渗透率, 25℃ (10⁴cm³·μm/m²·d·1.01×10⁵MPa)	4.0~7.3	16.3~21.3	5.0~9.4	9.8~15	0.37~23.6	0.12~0.24	11000
CO₂渗透率, 25℃ (10⁴cm³·μm/m²·d·1.01×10⁵MPa)	20~25	75~106	20~32	35	1.1~19.7	0.59~0.98	675000
吸水率, 厚0.32cm, 24h（%）	<0.01	<0.01	0.01~0.03	0.01~0.03	0.04~0.75	0.1~0.2	0.15

（一）聚烯烃

药品包装用聚烯烃主要为聚乙烯和聚丙烯。

1. 聚乙烯 聚乙烯（polyethylene，PE）是目前世界上产量最大、应用最广的塑料。聚乙烯无毒，是药品和食品包装中最常用的高分子材料。纯聚乙烯树脂为乳白色蜡状固体，工业用聚乙烯树脂一般为半透明颗粒，可能加有稳定剂。

聚乙烯具有良好的阻湿、抗溶剂性，不受强酸和强碱影响，但透明性较差，低密度聚乙烯（LDPE）对水蒸气和气体、氧的渗透率较高。聚乙烯的热膨胀系数较高，易发生环境应力开裂（ESC）。LDPE与洗涤剂、润湿剂、某些烃类或挥发油等接触会发生应力开裂。聚乙烯的收缩率较高，如LDPE为1.5%~2.0%。链长、抗氧剂、催化剂残留、填料、抗静电剂、润滑剂以及脱模剂等均可能影响聚乙烯制品的性能。氟化处理可改善 HDPE 对有机化学品（如溶剂）的耐受性。随着密度增加，聚乙烯树脂的物理和化学性质均发生变化，如硬度增大、抗冲击性降低、透明性下降、强度增大、熔融温度升高、水蒸气和气体渗透性下降、耐环境应力开裂性下降、对化学物质（如防腐剂）的吸附降低。

LDPE 为支链型、部分结晶材料，结晶与无定形的比例约为 3：2。低密度聚乙烯外观呈透明至半透明，柔软、抗冲击性能良好、熔点相对较低、热封性能好。中密度聚乙烯的支化减少而结晶度增加。高密度聚乙烯（HDPE）是高度结晶（约 95%）的非支链聚合物，耐化学品性强、渗透性低，是相对硬和韧的材料。超高分子质量（UHMW）级别的聚乙烯耐冲击性和惰性好，可用于 25L 或更大容积容器等特殊用途。HDPE 有均聚物和高乙烯含量的共聚物（通常也归属于 HDPE），后者的性质介于高密度和低密度品种之间。

线形低密度聚乙烯（LLDPE）通过低压齐格勒-纳塔反应制备，通常加入共聚单体或共聚物，如高级烃类、丁烯、己烯、辛烯等的混合物。作为一种较新颖的材料，LLDPE 在许多领域正逐渐取代传统的 HDPE，在药品包装领域最直接的应用是挤出膜，如注塑膜、搪塑膜和流延膜等。LLDPE 可用于塑料试管，用作热封层可获得高封合强度。LLDPE 的主要优点是可制备厚度较小的制品，同时能够达到与 LDPE 相近的机械强度。

发泡低密度聚乙烯（EPE）可作为交联或非交联的泡沫材料，用来替代密封填料的模塑材料，调节其密度可以获得不同的压缩性。

为了防止聚乙烯的氧化降解和制品因静电作用而吸附尘埃，在聚乙烯加工时常添有微量抗氧剂（如丁羟甲苯或双月桂酰硫代二丙酸酯），抗静电剂（如 0.1%～0.2% 聚乙二醇类或长链脂肪胺类）等。聚乙烯不适于干热灭菌和热压灭菌，但可采用辐射灭菌或环氧乙烷气体灭菌。

2. 聚丙烯　聚丙烯（polypropylene，PP）以丙烯为原料聚合而成，为典型的高立体规整性聚合物，目前工业生产的多为等规聚丙烯。聚丙烯树脂呈半透明或天然的乳白色，是密度最低的塑料之一，其通用性能与 HDPE 类似。聚丙烯在光、热、氧作用下易老化，易蓄积静电荷等，一般需添加抗氧剂、紫外光吸收剂、抗静电剂等以改善性能。聚丙烯的模塑收缩性要低于 PE，但仍然较高（接近 2%）。聚丙烯的透气率、透湿率均低于聚乙烯，吸水性低（<0.02%），质轻价廉、无毒无味，是一种较好的包装材料，广泛用作容器和薄膜包装材料，但壁较厚的聚丙烯容器呈乳白色、不透明。聚丙烯耐弯折性好，机械强度较高，不易产生应力开裂。聚丙烯泡罩包装自 20 世纪 80 年代初面世以来，因其能克服聚氯乙烯和聚偏二氯乙烯泡罩的一些缺点，逐渐获得药品包装市场的青睐。

聚丙烯的主要缺点是耐低温性能较差，在-20℃以下变脆，与聚乙烯或其他材料（如聚异丁烯）共混可有效提高制品的抗冲击性能。与乙烯共聚可以提高产物的透明度和提高冲击强度，同时具有良好的耐化学品性、耐磨性和阻隔水蒸气透过作用。取向或添加澄清剂或成核剂可以改善聚丙烯的澄明度或透明性。

聚丙烯制品能耐受多种化学药品（包括强酸、强碱及大多数有机物），可耐受 115℃ 热压灭菌和环氧乙烷气体灭菌，不适于干热灭菌，2.5Mrad 辐射灭菌时有少量分解。

（二）聚氯乙烯

聚氯乙烯（polyethylene chloride，PVC）是以氯乙烯为单体，经自由基加成聚合而得。PVC 树脂是白色或微黄色粉末，含氯量 56%～58%。由于分子链中 C—Cl 键的偶极影响，其极性、刚性比聚乙烯大，介电常数和介电损耗较高，可耐酸、碱侵蚀，也是氧的良好屏障物。PVC 溶度参数约 19.8（MPa）$^{1/2}$，溶于某些酮类、酯类和氯化烃类溶剂，在溶度参数低的非极性溶剂（如石油、矿物油）中不溶。PVC 树脂本身无毒，但残留单体氯乙烯及其加工助剂（特别是稳定剂锡化合物）都有一定毒性。国家有关标准规定，PVC 树脂中氯乙烯单体残留量应控制在 5ppm 以下，用作药品包装材料时单体残留量应控制在 1ppm 以下，且严格使用无毒稳定剂。为防止聚氯乙烯在贮存或加工过程中出现老化或降解，必须添加稳定剂以提高稳定性。常用的稳定剂系统包括有机锡（如辛基硫代锡复合物），钙-锌盐、钡或镉-锌盐，以及较新型的醚化锡。

直接将 PVC 树脂、稳定剂、润滑剂等助剂在一定温度下混合，经滚压制成的薄片称为硬质聚氯乙烯，或未增塑 PVC。添加增塑剂的产品为软质聚氯乙烯，需要注意的是，增塑会降低耐化学品性和增加气体或水汽的渗透性。常用的增塑剂包括邻苯二甲酸酯类、柠檬酸酯类、癸二酸酯类或大分子增塑剂（如聚氨酯）等，添加量可能超过树脂的重量。硬质聚氯乙烯主要用作片剂、胶囊剂的泡罩包装、药瓶等，其成型方便、强度好、无色透明、透气率低，但加工性、热稳定性和抗冲击性差。软质聚氯乙烯是输液袋的主要材料，也可以用于其他类型药品和食品的薄膜包装，其优点是透明、柔软、质轻、不易破碎，缺点是增塑剂的挥发和浸出可能导致输液澄明度下降、药品和食品异味等。

PVC 中通常还需加入加工助剂（润滑剂等）和冲击改性剂（ABS、MBA 和乙烯-醋酸乙烯酯共聚物等）。吹塑用硬聚氯乙烯中可填加高达 15% 的甲基丙烯酸甲酯-丁二烯-苯乙烯共聚物等冲击改性剂。薄膜用热成型树脂中也需要加入冲击改性剂（通常为聚醋酸乙烯酯），以提高成型速度和降低成型温度。冲击改性剂可能降低耐化学品性能和增加渗透性。对于药品包装用 PVC，需要注意增塑剂、稳定剂、改性剂、单体残留、润滑剂、催化剂残留等因素的影响。

PVC 可用环氧乙烷灭菌，某些型号的软质 PVC 可热压灭菌（115℃）或 2.5Mrad 辐射（γ-射线）灭菌；硬质 PVC 也可辐射灭菌。

（三）聚苯乙烯

聚苯乙烯（polystyrene，PS）可采用发泡聚合、本体聚合、溶液聚合、悬浮聚合和乳液聚合法制备。聚合方法将影响最终塑料产品的特征和可能的残留物，应规定苯乙烯单体的含量限度。

聚苯乙烯是一种线型无规立构聚合物，是脆性最大的塑料之一。常采用共混或接枝共聚方法改善其脆性，如用聚丁烯和苯乙烯-丁二烯改性。改性后的材料称为高抗冲 PS 或增韧 PS，其刚性、硬度、透明性和耐化学品性较低，但渗透性增加。聚苯乙烯大量用于（开孔或闭孔）泡沫材料，用于缓冲或绝热用途。

聚苯乙烯收缩率低、加工性能好，是优良的模塑材料。作为药品包装材料，聚苯乙烯以往多用来盛装固体制剂，具有成本低、吸水性低、易着色等优点。聚苯乙烯能被许多化学药品侵蚀和溶解，造成开裂、破碎，一般不用于液体药剂包装，特别不适合用于包装含油脂、醇、酸等有机溶剂的药品。聚苯乙烯可辐射灭菌，环氧乙烷灭菌，或 115℃ 热压灭菌，不适于干热灭菌。

（四）聚酯

聚对苯二甲酸乙二醇酯（polyethylene terephthalate，PET）是目前包装中应用最广泛的聚酯，它是对苯二甲酸与乙二醇缩合聚合的线型聚合物。尽管在 5 种通用塑料中，PET 的价格相对昂贵，但其各方面性能均相对优异。PET 耐酸（除浓硫酸）、碱及多种有机溶剂，吸水性低。PET 具有优良的机械性能和耐磨性，其拉伸强度和弯曲强度较大，但热机械性能与抗冲击性能相对较差。加工条件对 PET 的结晶性有很大影响。在熔融温度以上急剧冷却聚酯不产生结晶；但若把无定形聚酯加热至 80℃ 以上则开始结晶，温度升高至 180℃ 时结晶度达最大值。PET 长期放置过程中平衡吸水率可达 0.6% 左右，含水量较高的树脂在高温加工时会出现降解，通常应控制含水量在 0.2% 以下。PET 本身无毒、透明，加工成制品时不需添加增塑剂和其他附加剂，故安全性良好，在药品和食品包装领域主要用于制作薄膜，1~3L 的拉伸吹塑容器，以及药品、化妆品包装用小型模塑制品。

聚萘二甲酸乙二醇酯（PEN）是比较新型的聚酯，其与 PET 的共混物或共聚物已商品化。PEN 对水汽和其他气体的阻隔作用较强，具有高紫外光屏蔽作用，并且能缩短容器成型加工的生产周期。PET-PEN 复合物作为一种高强度和透明的材料，有望替代玻璃。目前，PEN 已获 FDA 批准，作为可直接接触食品的包装材料。

（五）纤维素类

纤维素的化学衍生物包括最早被发现的一些塑料品种，如醋酸纤维素、醋酸纤维素丁酸酯、硝化纤维素塑料。纤维素衍生物是一类重要的药用辅料，有些品种也用于药品的包装。醋酸纤维素丁酸酯性能优于单纯的醋酸酯，尤其是韧性和抗冲击强度，主要用作工程塑料，偶尔用于药用装置和辅助给药装置，也可用于透气性硬接触眼镜。硝化纤维素、聚偏二氯乙烯、聚乙烯等涂覆的再生纤维素膜强度大、柔软、透明，具有良好的耐油脂性，可用于透明外包装、窄条包装和层合板的外层。

二、药品包装用橡胶

（一）橡胶（或弹性体）的特点

"弹性体"一般指基础聚合物，而"橡胶"则用于指完全配合好的成品件。橡胶在药品包装中的应用始于 20 世纪早期，由天然橡胶制成的橡胶塞代替了软木塞和玻璃塞，橡胶塞的性质和相应的优点见表 5-15。

表 5-15　橡胶塞的性质和优点

性质	优点
柔性	适应小瓶等的形状
回弹性	针头穿刺后重新密封
非热塑性	能耐受高温灭菌和其他灭菌过程
压缩成型性好	在产品有效期内保持密封
根据组分的选择而变化	可开发不同的配方，与大多数药物相容

注射产品密封常用的弹性体见表 5-16，其中，天然橡胶、合成聚异戊二烯、（氯化或溴化）丁基橡胶一般用于注射产品的包装和给药系统中的橡胶密闭系统和橡胶塞。橡胶的配方是多种成分的复杂共混物，因其多样、复杂的化学性质和某些成分有被浸出的风险，橡胶通常被认为是主包装材料中要求最严格的。

表5-16　弹性体的特性

弹性体	性能
天然橡胶	良好的物理特性
合成聚异戊二烯	良好的物理特性
丁基橡胶	低渗透性
卤化丁基橡胶	与丁基橡胶类似，但水可提取物低
丁腈橡胶	耐矿物油性
硅橡胶	高渗透性
氯丁二烯橡胶	耐油性不如丁腈橡胶

（二）天然橡胶

天然橡胶（天然来源的聚顺式异戊二烯）是第一种在药品包装领域应用的聚合物，其回弹性可提供良好的密封性，以及针刺后的重新密封性。

典型的硫化天然橡胶配方见表5-17。在固化或交联过程中，全部双键中只有10%~20%发生反应，这是导致其暴露于热、氧气或空气等条件下发生化学断链的根源，其结果是橡胶表面变黏、裂纹，并最终发生降解。虽然天然橡胶应用了很多年，但"胶乳蛋白过敏（即天然蛋白和天然橡胶胶乳引起的过敏反应）"问题也不断引发关注。供应商一直在寻求天然橡胶的替代品，如采用合成的聚异戊二烯。

表5-17　典型的硫化天然橡胶配方

类别	原料	含量% （W/W）
弹性体	天然橡胶	60.0
填充剂	碳酸钙	25.0
颜料	红色铁氧化物	4.0
增塑剂	石蜡油	5.0
加工助剂	硬脂酸	1.0
活化剂	氧化锌	2.5
硫化系统	硫	1.0
	硫化促进剂（如硫胺类，二硫代氨基甲酸盐，秋兰姆）	1.5

（三）丁基橡胶

丁基橡胶于1942年上市，氯化或溴化丁基橡胶则分别于1960年和20世纪70年代上市，这3种聚合物均有较低的透气性。丁基橡胶的硫化需要很高的固化剂量以完成交联过程；卤化丁基橡胶具有更大的反应活性，可能使用较低的固化剂量，而采用所谓的非常规橡胶硫化系统可显著降低可浸出物水平。目前，注射产品包装中的胶塞已被丁基橡胶或卤化丁基橡胶取代。

$$\left[\!\left(CH_2-\underset{\underset{CH_3}{|}}{\overset{\overset{CH_3}{|}}{C}}\right)_{\!50}\!\!\left(CH_2-\overset{\overset{CH_3}{|}}{C}=CH-CH_2\right)\right]_n$$

（四）塑料和橡胶的常用助剂

为了提高性能、改善加工成型条件，在聚合物制品中经常添加多种高分子助剂，包括增塑剂、稳定剂、抗氧剂（防老剂）、抗静电剂、填充剂和增强剂、着色剂（颜料和染料）、阻燃剂、紫外线吸收剂、增韧剂、遮光剂、抑菌剂以及加工助剂（如脱模剂、润滑剂等）等。橡胶中一般还需要添加硫化（固化）剂和硫化促进剂等。添加剂的种类和用量，需要根据塑料或橡胶的品种及加工工艺确定，应遵循以下原则：用量恰当、相互协同；安全、无毒，逸散性小，不与药物相互作用；最好无臭、无味等。

三、高分子材料在药品包装中的应用

常用药品包装按形状可划分为 5 类：容器，片材、膜和袋，塞，盖和辅助给药装置。高分子材料在这些典型的药品包装中均有应用，见表 5-18。

表 5-18　高分子材料在药品包装的应用

药品包装及其使用的高分子材料	适用的制剂
塑料输液瓶，聚丙烯、低密度聚乙烯	注射剂≥50ml
输液袋，聚氯乙烯、共挤出复合膜、袋	注射剂≥50ml
口服固体制剂用塑料瓶	片剂、胶囊剂、丸剂
药用聚氯乙烯硬片，铝塑泡罩包装	片剂、胶囊剂
药用聚氯乙烯-聚乙烯-聚偏二氯乙烯复合硬片，铝塑泡罩包装	片剂、胶囊剂
药用聚氯乙烯-低密度聚乙烯复合硬片	片剂、胶囊剂、栓剂
药用聚氯乙烯-聚偏二氯乙烯复合硬片	片剂、胶囊剂
冷冲压成型药用复合硬片，尼龙-铝-聚氯乙烯	片剂、胶囊剂、栓剂
液体制剂包装用塑料瓶	滴眼剂、滴耳剂、滴鼻剂、酊剂、搽剂、洗剂、糖浆剂、口服溶液剂、混悬剂、乳剂
药用铝塑管	软膏剂、眼膏剂
塑料喷雾罐	喷雾剂
药用丁基胶塞	注射剂
药用铝塑组合盖	口服液、注射剂
药品包装用聚乙烯膜、袋	原料药
预灌封注射器	注射剂<50ml

热塑型塑料是药品包装中应用最广泛的一类高分子材料。从经济角度考虑，聚乙烯、聚苯乙烯、聚丙烯及其共聚物、增塑和非增塑聚氯乙烯以及聚酯，这 5 种通用塑料均有食品级的产品，应用也最多。聚苯乙烯的优点是透明、模塑性能好，但与多数其他种类的塑料相比透湿及透气性大，耐热、耐溶剂性差，未进行抗冲击改性的聚苯乙烯脆性大，目前，通用聚苯乙烯的应用已逐渐减少。低密度聚乙烯可用于较柔软的包装，高密度聚乙烯及聚丙烯主要应用于要求具有一定防水汽性能的硬质容器。聚氯乙烯耐湿性较差、对气体阻隔性一般，通常用作药品的"外包装"。增塑聚氯乙烯具有高度的柔性，可用于制备可折叠包装。PET 的价格尽管较高，但通常用于较薄的包装（如采用拉伸模塑工艺制备），可作为口服液体制剂用玻璃容器的替代品。这几种通用塑料均可用于注射吹塑或挤出吹塑方法生产的瓶、管、罐、桶、盒等中空容器，这类包装多用于片剂、胶囊、软膏、液体药剂的分装。

利用特殊性能的塑料盖及接口，如按压螺纹盖、挤压旋转盖、制约环、保险环、易碎盖等，可实现安全包装或防偷换（tamper-evident）包装。压敏胶带、变色黏合剂、热收缩薄膜等封缄技术也是有效的防偷换包装形式。

高密度聚乙烯、聚丙烯、聚氯乙烯等防潮性能好、拉伸强度高，这些聚合物单层材料可用于普通的单层药袋、窄条包装，聚乙烯袋也用于原料药的内包装或外包装材料。但是，单层材料的性能通常不够理想，如聚乙烯和聚丙烯薄膜的气密性、透明度均较差，印刷性能不良；聚偏二氯乙烯、聚酯薄膜性能虽好，但不能热合成袋，且价格较高。由 2 种或 2 种以上聚合物，或聚合物与金属箔、纸质材料等制备的多层复合膜、片则可改进包装的整体性能。这类复合膜或硬片广泛用于片剂、胶囊剂、颗粒剂等包装用复合药袋、泡罩包装等。在泡罩包装的铝箔外层涂有韧性很强的聚酯材料可以得到安全泡罩包装，由于 PET 涂层的铝箔在按压作用下不会破裂，要取出包装内的片剂或胶囊剂，必须从单个泡罩的未热合角撕去涂有 PET 的铝箔。

热固型树脂适用于药品与密闭件不直接接触的容器盖，有些包装的内涂层中使用的材料（清漆）也属于热固型树脂。热固型塑料，例如脲醛树脂、酚醛树脂等，均通过缩合聚合反应制备，在反应过程中存在"固化"状态。热固型清漆可用于黏合剂系统（如层合）和金属罐、金属管的涂层（如环氧树脂、聚酯、聚脲）。

药品包装材料的选择，除了必须考虑保证药品质量外，还应遵循对等性、适应性、协调性、美学性、包装材料与药物相容性以及无污染的原则。药品包装材料的选择一般需经过 4 个阶段。

（1）确定材料的级别　确定材料及所含成分符合食品级标准，明确残留物、添加剂和加工助剂等成分；核对已有的安全性数据。需要注意的是，添加剂含量应较低，且不含镉、铅等重金属。

（2）浸出、化学和生物学试验　这一阶段仅对某些类型的材料有要求。可采用企业内部或被广泛认同的标准进行浸出物的化学和生物学（毒性/刺激性）试验。

（3）产品、包装相容性和研究测试阶段　包括可行性及研究性质的试验（即初步测试阶段，以明确药品–包装组合的适用性）和加速试验。通常在循环条件下进行试验，如15℃、相对湿度 50% 和 37℃、相对湿度 90% 条件下每 12h 或 24h 循环一次，然后将温度升至 50℃。

（4）正式的药品–包装稳定性试验　一般持续 5 年，采用一系列贮存条件和贮存期，在规定的时间点对处方和包装的变化、降解和迁移性等变化进行分析，包括回归方法等统计分析。可能包含进一步的生物学和微生物挑战试验，以确证在贮存期间药品和包装均未发生显著变化。

为了恰当选择包装用高分子材料，实现药品包装的目的，标准化的性能测试方法和评价程序是非常关键的。药品包装材料的性能要求主要包括以下几个方面：力学性能、物理性能、化学稳定性、加工性能、生物安全性，以及无污染和易分解或易回收利用。高分子材料的性能测试各国均有相应的标准，如美国材料与试验学会标准（ASTM）、德国标准（DIN）等，我国国家标准总局和化学工业部对大多数塑料及其制品颁布有国家标准（GB）和部颁标准（HG 和 HGB），详细测试方法可参照相关标准。

扫码"练一练"

参考文献

［1］郑俊民. 药用高分子材料学［M］. 3 版. 北京：中国医药科技出版社，2009.

［2］方亮．药用高分子材料学［M］．4 版．北京：中国医药科技出版社，2015．

［3］郑俊民，等译．药用辅料手册［M］．北京：化学工业出版社，2005．

［4］郭圣荣．药用高分子材料［M］．北京：人民卫生出版社，2009．

［5］Puoci F. Advanced Polymers in Medicine［M］．Switzerland：Springer International Publishing AG，2015．

［6］王浩．制剂技术大全［M］．北京：科学出版社，2009．

［7］俞耀庭．生物医用材料［M］．天津：天津大学出版社，2000．

［8］任杰．可降解吸收材料［M］．北京：化学工业出版社，2003．

［9］陈建海．药用高分子材料与现代药剂［M］．北京：科学出版社，2003．

［10］董炎明，张海良．高分子科学教程［M］．北京：科学出版社，2005．

［11］平其能．现代药剂学［M］．北京：中国医药科技出版社，1998．

［12］戈进杰．生物降解高分子材料及其应用［M］．北京：化学工业出版社，2002．

［13］郑俊民，等译．可注射缓释制剂［M］．北京：化学工业出版社，2005．

［14］陆彬．药物新剂型与新技术［M］．2 版．北京：人民卫生出版社，2005．

［15］郑俊民，等译．片剂包衣的工艺和原理［M］．北京：中国医药科技出版社，2001．

［16］郑俊民．经皮给药新剂型［M］．北京：人民卫生出版社，2006．

［17］Dean DA，Evans ER，Hall IH. Pharmaceutical Packaging Technology［M］．London and New York：Taylor & Francis，2000．

［18］蔡韵宜，赵岩峰．塑料包装技术［M］．北京：中国轻工业出版社，2000．

［19］中国标准出版社第一编辑室．药品包装用材料、容器标准汇编［M］．北京：中国标准出版社，2001．